U0449772

中华传统文化核心读本

余秋雨 题

传承中华文化精髓

建构国人精神家园

素书

全集

原著　【秦】黄石公
注译　刘金松　李绍雪
主编　唐品

天地出版社　TIANDI PRESS

图书在版编目（CIP）数据

素书全集／唐品主编．—成都：天地出版社，2017.4（2019年8月重印）

（中华传统文化核心读本）

ISBN 978-7-5455-2401-7

Ⅰ．①素… Ⅱ．①唐… Ⅲ．①个人—修养—中国—古代②《素书》—通俗读物 Ⅳ．①B825-49

中国版本图书馆CIP数据核字（2016）第283116号

素书全集

出 品 人	杨　政
主　　编	唐　品
责任编辑	陈文龙　卞　婷
封面设计	思想工社
电脑制作	思想工社
责任印制	葛红梅

出版发行	天地出版社
	（成都市槐树街2号　邮政编码：610014）
网　　址	http://www.tiandiph.com
	http://www.天地出版社.com
电子邮箱	tiandicbs@vip.163.com
经　　销	新华文轩出版传媒股份有限公司

印　　刷	河北鹏润印刷有限公司
版　　次	2017年4月第1版
印　　次	2019年8月第5次印刷
成品尺寸	170mm×230mm　1/16
印　　张	23
字　　数	388千字
定　　价	39.80元
书　　号	ISBN 978-7-5455-2401-7

版权所有◆违者必究

咨询电话：（028）87734639（总编室）
购书热线：（010）67693207（市场部）

本版图书凡印刷、装订错误，可及时向我社发行部调换

序言

上下五千年悠久而漫长的历史，积淀了中华民族独具魅力且博大精深的文化。中华传统文化是中华民族无数古圣先贤、风流人物、仁人志士对自然、人生、社会的思索、探求与总结，而且一路下来，薪火相传，因时损益。它不仅是中华民族智慧的凝结，更是我们道德规范、价值取向、行为准则的集中再现。千百年来，中华传统文化融入每一个炎黄子孙的血液，铸成了我们民族的品格，书写了辉煌灿烂的历史。

中华传统文化与西方世界的文明并峙鼎立，成为人类文明的一个不可或缺的组成部分。中华民族之所以历经磨难而不衰，其重要一点是，源于由中华传统文化而产生的民族向心力和人文精神。可以说，中华民族之所以是中华民族，主要原因之一乃是因为其有异于其他民族的传统文化！

概而言之，中华传统文化包括经史子集、十家九流。它以先秦经典及诸子之学为根基，涵盖两汉经学、魏晋玄学、隋唐佛学、宋明理学和同时期的汉赋、六朝骈文、唐诗宋词、元曲与明清小说并历代史学等一套特有而完整的文化、学术体系。观其构成，足见中华传统文化之广博与深厚。可以这么说，中华传统文化是华夏文明之根，炎黄儿女之魂。

从大的方面来讲，一个没有自己文化的国家，可能会成为一个大国甚至富国，但绝对不会成为一个强国；也许它会强盛一时，但绝不能永远屹立于世界强国之林！而一个国家若想健康持续地发展，则必然有其凝聚民众的国民精神，且这种国民精神也必然是在自身漫长的历史发展中由本国人民创造形成的。中华民族的伟大复兴，中华巨龙的跃起腾飞，离不开中华传统文化的滋养。从小处而言，继承与发扬中华传统文化对每一个炎黄子孙来说同样举足轻重，迫在眉睫。中华传统文化之用，在于"无用"之"大用"。一个人的成败很大程度上取决于他的思维方式，而一个人的思维能力的成熟亦绝非先天注定，它是在一定的文化氛围中形成的。中华传统文化作为涵盖经史子集的庞大思想知识体系，恰好能为我们提供一种氛围、一个平台。潜心于中华传统文化的学习，人们就会发现其蕴含的无穷尽的智慧，并从中领略到恒久的治世之道与管理之智，也可以体悟到超脱的人生哲学与立身之术。在现今社会，崇尚中华传统文化，学习中华传统文化，更是提高个人道德水准和构建正确价值观念的重要途径。

近年来，学习中华传统文化的热潮正在我们身边悄然兴起，令人欣慰。欣喜之余，我们同时也对中国现今的文化断层现象充满了担忧。我们注意到，现今的青少年对好莱坞大片趋之若鹜时却不知道屈原、司马迁为何许人；新世纪的大学生能考出令人咋舌的托福高分，但却看不懂简单的文言文……这些现象一再折射出一个信号：我们现代人的中华传统文化知识十分匮乏。在西方大搞强势文化和学术壁垒的同时，国人偏离自己的民族文化越来越远。弘扬中华传统文化教育，重拾中华传统文化经典，已迫在眉睫。

本套"中华传统文化核心读本"的问世，也正是为弘扬中华传统文化而添砖加瓦并略尽绵薄之力。为了完成此丛书，我们从搜集整理到评点注译，历时数载，花费了一定的心血。这套丛书涵盖了读者应知必知的中华传统文化经典，尽量把艰难晦涩的传统文化予以通俗化、现实化的解读和点评，并以大量精彩案例解析深刻的文化内核，力图使中华传统文化的现实意义更易彰显，使读者阅读起来能轻松愉悦并饶有趣味，能古今结合并学以致用。虽然整套书尚存瑕疵，但仍可以负责任地说，我们是怀着对中华传统文化的深情厚谊和治学者应有的严谨态度来完成该丛书的。希望读者能感受到我们的良苦用心。

前言

《素书》是以道家思想为宗旨，集儒、法、兵思想于一体的智慧之作。

它充分发挥诸家思想观点与方法，以道、德、仁、义、礼为立身治国的根本，揆度宇宙万物自然运化的理数，并以此认识事物，对应物理，对纷繁复杂的事理予以厘清和指导。

黄石公是秦朝的隐士高人，虽然隐居，但内心一直忧国忧民，把一生的知识与理想倾注在笔墨上。《素书》写好后，他就四处寻找合适人选，目的是委托重任，以实现他为国效力的意愿。

有一天，张良浪迹到下邳的时候，在一座桥上遇到一位老人。老人故意将鞋扔到桥下，对张良说："小伙子！你替我去把鞋捡回来！"张良心中很不舒服，但他看到对方年纪很老，于是将鞋子捡了回来，老人又说："把鞋给我穿上。"张良心中虽有不满，但还是跪下来给老人穿上了鞋。老人站起身，一句感谢的话也没说，转身走了，那老人走了几步路，又走回来，对张良说："小伙子很有出息，值得我指教。五日后平明，请到桥上与我见面。"张良感到老人举止不凡，立刻跪下来答应。五天后，天还没亮，张良就来到桥上。可是，老人早就在那里等候。老人非常生气地说："跟老人约会，应该早点来。回去吧！五天后早点来。"又过了五天，鸡刚刚打鸣，张良便赶到桥上。不料老人又先到了。老人责备张良说："你又比我晚到，回去吧！五天后再来。"张良下决心这次一定比老人早到，五天后，不到半夜，张良就去桥上等候。不一会，老人一步一挪地走上桥来，高兴地说："小伙子就应该这样做。"老人拿出一本书递给张良，说："你要下苦功钻研这部书。钻研透了，以后可以做帝王的老师。"天亮后，张良才知老人给他的就是《素书》。

《素书》是一部类似"语录"体的书，本书一共130句，1360个字，分为原始章、正道章、求人之志章、本道宗道章、遵义章、安礼章。除第一章论述全书思想体系外，由第二章到第六章这五章的顺序排列乃以道、德、仁、义、礼此五者为一体。各章内的节层亦是以此五者为一体。

原始章首先提到了"夫道、德、仁、义、礼五者一体也"，接着阐释了此五者与事物的辩证关系，黄石公认为事物是不断变化发展的，盛衰有道，成败有数，治乱有势，去就有理。

正道章章首是以"德足以怀远"一义揭示"道"的整体性，由"德"的表现中可体现、证实它的功能。从整体讲，"道"是事物的根本，所以本章开头由"德"的表现中先证实"道"，所以以"正道"作为章名。

求人之志章主要阐述想要建功立业，就必须得到人才，想要得到人才，必先求人之志，求人之志的标准是"德"。"德"是人身应有的作用。此章通篇围绕着"德"，列举了十八条求人之志的准则。

本道宗道章是说，既然得到了人才，就必须以德为本，以道为宗，成就功业必须以德为根本，以道为纲领。"道"

与"德"的表现形式是"仁"。"仁"的验证是造福于人类，利物利人，对社会有益处。本章围绕着"仁"举出了十五个条目。

遵义章是说造福人类，利人利物，对社会有益处，不但利物利人而且更有利于自己立身。赏善罚恶，使事物各得其所，是"义"之所在。粪土虽臭，但能助禾苗生长；泉水虽洁，若流于路面床铺者，人亦会厌。置粪土于田园，供泉水以饮食，不但能使物之本身得宜，而且用途恰当。本章中心是论"义"，故以"遵义"为章名。

安礼章是说事物的成败、盛衰各有因由，亦有道理，必须依理而安之，故以"安礼"为章名。

黄石公的《素书》是以道家思想为宗旨。老子崇尚无为、法自然的思想，黄石公则崇尚潜居抱道，等待时机，即根据客观情况的发展变化而灵活应对，这种思想与老子"无为"、"自然"之意如出一辙。老子对理民统众的指导思想是："处无为之事、行不言之教。"黄石公的指导思想是："略己而责人者不治"、"释己而教人者逆，正己而化人者顺"。以上两个人的观点都认识到，先求诸己的自我建立，是为理民统众的首要条件。老子对待下属的观点是："既以为人己愈有，既以与人己愈多"、"高以下为基，贵以贱为本"。黄石公对下属的做法是：勿"薄施厚望"、"自厚薄人"、"贵而忘贱"。老子对事物变化的认识方法是："执古之道，以御今之有，能知古始，是谓道纪。"黄石公则是说："推古验今，所以不惑。"老子唯一的治国要领是："重积德则无不克，无不克则莫知其极，莫知其极，可以有国"。黄石公主张的是："德足以怀远"、"先莫先于修德"。所以，黄石公在治国统军取众时首先对立身以及对自我要求极为严格，同时对其理家、理国的方略能高瞻远瞩。想要齐家、治国，成就丰功伟业，必须先控制自身的嗜好，减损过恶，戒掉酒色，远避嫌疑，使自身成为一个纯洁无污的清廉者。其二，要博学多问，增广知见，高行微言，修身养性，使自身有高尚的德行，以恭俭谦约对待别人，亲近贤人，和正直的君子结交朋友，怒斥那些为非作歹及进谗言的小人。不可以轻视上级，同时也不能侮辱下级。

黄石公对个人的立身要求，应是橛橛梗梗，坚定不移，孜孜淑淑，始终如一，戒慎笃行，忍辱好善，至诚体物，知足知止，精诚纯一，不苟得，不贪鄙，戒自恃与多私。任材使能，要有充分的认识和了解。发号施令的原则是：心中的想法要与政令保持一致，不可后令谬前，对部下要宽容大度，不能以过弃功，要平易待人，不可薄施厚望，不可贵而忘贱，不可凌下取胜，不可自厚薄人。奖赏的原则：赏罚要分明，不可贪人之有，不可美谗仇谏。处世理国，要体道建德，审权变，察安危，追本溯源，观察现象，度测将来，防患于未然，戒祸于始萌，以此明辨盛衰之道，通晓成败之数，审辨治乱之势，或就或去而顺理。

张良得到《素书》后，每天闭门研读，长达十年之久。十年的苦读，使他思想大变，逐渐趋于成熟。后来，他运用《素书》中的智慧，屡出奇计，一次次帮助刘邦渡过难关。下面几个事例更能体现《素书》中的智慧。

秦二世三年，刘邦已经抵达南阳。为了快速入关，刘邦想要放弃攻打宛，向西进军。张良劝谏说："沛公虽欲急入关，秦兵尚众，距险。今不下宛，宛从后击，强秦在前，此危道也。"刘邦采纳了张良的建议，果不其然，汉军轻而易举地夺取了南阳城。

汉元年（前206年）十月，刘邦攻入咸阳，他被秦宫室的豪华和珍宝美女打动，想在秦宫住下去。樊哙劝谏刘邦，刘邦不听。张良说："夫秦为无道，故沛公得至此。夫为天下除残贼，宜缟素为资。今始入秦，即安其乐，此所谓助桀为虐。且忠言逆耳利于行，良药苦口利于病。愿沛公听樊哙言。"

刘邦觉得张良说得有理，于是便离开秦宫，返回霸上。

汉元年（前206年）四月，刘邦以汉王身份就国。张良送刘邦到褒中，分别时，张良对刘邦说："王何不烧绝所过栈道，示天下无还心，以固项王意。"刘邦让张良在回去的时候，烧毁了他们所经过的栈道。张良还将此事以书信的形式告诉项羽说："汉王烧绝栈道，无还心矣。"同时，张良又写了封书信告知项羽说："齐王田荣想要谋反。"后来，他再次写信给项羽，说："齐欲与赵并灭楚。"张良的这些活动，唯一的目的在于迷惑项羽，保全刘邦的实力，从而为将来楚汉争霸积蓄力量。

汉四年（前203年）八月，楚与汉达成协议，平分天下，鸿沟以西者为汉，鸿沟以东者为楚。项羽随后就引兵东归。刘邦原打算西归。但是张良、陈平却认为这是军事上的重要关头，机不可失，时不再来。他们说："汉有天下太半，而诸侯皆附之。楚兵罢（疲）食尽，此天亡楚之时也。不如因其机而遂取之。今释弗击，此所谓养虎自遗患也。"刘邦听了他们的建议。汉九年十月，刘邦随即出兵攻击项羽。十二月，汉军将项羽围困在垓下，最后终于破楚。

汉五年（前202年），刘邦与韩信、彭越商定好兵分三路一起攻打项羽。但到了约定日期，韩信、彭越却迟迟不发兵。楚军攻击汉军，汉军大败而归。刘邦便询问张良。张良说："楚兵且破，韩信、彭越未有分地，其不至固宜。君王能与共分天下，今可立致也。即不能，事未可知也。君王能自陈以东傅海，尽与韩信，睢阳以北至穀城，以与彭越，使各自为战，则楚易败也。"刘邦派使者按照张良所说告诉了韩信、彭越。两人答应出兵，并很快击败了楚军。

打败项羽后，刘邦在洛阳南宫，看见一些将领坐在宫外窃窃私语，刘邦想知道他们在说什么。张良说，他们是想谋反。"陛下起布衣，以此属天下。今陛下为天子，而所封皆萧曹故人所亲爱，而所诛者皆生平所仇怨。"因而，他们害怕自身难保，所以要谋反。刘邦采纳张良的建议，置办酒宴，款待群臣，封他平日最为痛恨的雍齿为什方侯，并催促丞相御史论功行赏。群臣罢酒皆喜，说："雍齿都能封为侯，我们不会有什么问题了。"于是人心安定了，分封起了很好的效果。

汉朝初建，刘邦一直为定都发愁。刘敬建议定都关中。刘邦的左右大臣都是东方人，纷纷建议定都洛阳，刘邦左右为难。张良说：洛阳四周虽有山河险阻，但仅有地数百里，容易四面受敌，并且土地贫瘠，不是用武之地。而关中地势险要，四塞为关，"沃野千里，南有巴蜀之饶，北有胡苑之利，阻三面而守，独以一面东制诸侯。诸侯安定，河渭漕挽天下，西给京师；诸侯有变，顺流而下，足以委输。此所谓金城千里，天府之国也。"张良的话使刘邦彻底打消了定都洛阳的念头，随即表示定都关中。

刘邦想要废太子刘盈，而要改立戚夫人的儿子如意为太子。大臣们极力劝谏阻止，刘邦都没有采纳他们的意见。张良深知，"此难以口舌争"。他献计吕后以刘盈的名义，厚礼请东园公、甪里先生、绮里季、夏黄公为客。这四个人都是刘邦所敬仰而多次派人请他们都没有请到的。吕后派人奉太子书，卑辞厚礼，竟然把他们请来了。高祖看见四个白胡子长者侍太子游，当他得知是东园公等人时，惊奇地问："吾求公数岁，公避逃我，今公何自从吾儿游乎？"四人说："陛下轻士善骂，臣等义不受辱，故恐而亡匿。窃闻太子为人仁孝，恭敬爱士，天下莫不延颈欲为太子死者。故臣等来耳。"四人走后，高祖对戚夫人说："我欲易之，彼四人辅之，羽翼已成，难动矣。"

高祖酝酿已久的废立念头，从此打消了。

汉六年（前201年）刘邦分封功臣，张良没有任何战功，但是以运筹帷幄，为刘邦所重用，所以分封他齐三万户，这是黄河下游肥沃之区。张良说："始臣起下邳，与上会留，此天以臣授陛下。陛下用臣计，幸而时中，臣愿封留足矣，不敢当三万户。"于是封张良为留侯。晚年，张良抛弃了人世间一切享受，跟从赤松子周游四海去了。吕后元年（前187年）卒，谥文成侯。

张良此生并没有遇到合适的人选将《素书》传承下去，所以他死后此书也同他一起葬在墓中。从此，《素书》销声匿迹了数百年。直到西晋时，天下大乱，群雄逐鹿。有个盗墓贼挖掘了张良的墓地。在玉枕中发现黄石公传给张良的《素书》，书上有条类似咒语的秘诫："此书不许传与不道、不神、不圣、不贤之人；若非其人，必受其殃；得人不传，亦受其殃。"从此，《素书》流传人间。

11

黄石公的《素书》虽然只有1360个字，但是它却涵盖了丰富的领域，而且具有的极强的实用性，如果在现实生活中读者能够将此书灵活运用，那么成就一番事业绝非难事。

　　本书采用了《素书》的权威原著，参照《四库全书》并加上了宋代宰相张商英的注和清代王氏的点评，力求为读者提供原汁原味的原典，并在此基础上甄别、博众家之长，为原典作了简易通俗的译文以及入情入理的精彩评析，同时，针对每一个观点精心选取了大量妙趣横生的历史案例。本书严谨的逻辑结构、精辟的历史案例及评析，融知识性、哲理性、故事性、趣味性于一体，使读者能够深刻地感受《素书》的博大精深，同时也能使读者在为人处世、智谋、才干等方面有所提高。

《素书》原序

（宋）张商英

【原文】

《黄石公素书》六编，按《前汉列传》，黄石公圯桥所授子房《素书》，世人多以《三略》为是，盖传之者误也。

晋乱，有盗发子房冢，于玉枕中获此书，凡一千三百言，上有秘诫："不许传于不道、不神、不圣、不贤之人；若非其人，必受其殃；得人不传，亦受其殃。"呜呼！其慎重如此。

黄石公得子房而传之，子房不得其传而葬之。后五百余年而盗获之，自是《素书》始传于人间。然其传者，特黄石公之言耳，而公之意，其可以言尽哉。

窃尝评之："天人之道，未尝不相为用，古之圣贤皆尽心焉。尧钦若昊天，舜齐七政，禹叙九畴，傅说陈天道，文王重八卦，周公设天地四时之官，又立三公燮理阴阳。孔子欲无言，老聃建之以常无有。"《阴符经》曰："宇宙在乎手，万化生乎身。"道至于此，则鬼神变化，皆不例吾之术，而况于刑名度数之间者欤！

黄石公，秦之隐君子也。其书简，其意深；尧、舜、禹、文、傅说、周公、孔子、老子，亦无以出此矣。

然则黄石公知秦之将亡，汉之将兴，故以此书授子房。而子房者，岂能尽知其书哉！凡子房之所以为子房者，仅能用其一二耳。

《书》曰："阴计外泄者败。"子房用之，尝劝高帝王韩信矣;《书》曰:"小怨不赦,大怨必生。"子房用之,尝劝高帝侯雍齿矣;《书》曰:"决策于不仁者险。"子房用之,尝劝高帝罢封六国矣;《书》曰:"设变致权,所以解结。"子房用之,尝致四皓而立惠帝矣;《书》曰:"吉莫吉于知足。"子房用之,尝择留自封矣;《书》曰:"绝嗜禁欲,所以除累。"子房用之,尝弃人间事,从赤松子游矣。

嗟乎!遗糟弃滓,犹足以亡秦项而帝沛公,况纯而用之,深而造之者乎!

自汉以来,章句文词之学炽,而知道之士极少。如诸葛亮、王猛、房琯、裴度等辈,虽号为一时贤相,至于先天大道,曾未足以知仿佛。此书所以不传于不道、不神、不圣、不贤之人也。

离有离无之谓道,非有非无之谓神;而有而无之之谓圣,无而有之之谓贤。非此四者,虽诵此书,亦不能身行之矣。

【译文】

黄石公的《素书》总共分为六章,按照《前汉列传》记载,黄石公在圯桥将一本《素书》授予张良。后世人多认为这本《素书》就是黄石公的另一部兵书《三略》。这实在是以讹传讹啊。

西晋八王之乱的时候,有一个盗墓贼挖掘了张良的坟墓,在玉枕中找到了这本《素书》。全书共计一千三百字。上面写有秘戒:"不可以将此书传给不神不圣的人。如果所传非人,那他一定会遭到祸殃;但是如果遇到合适的传人而不传授,也会遭到祸殃。"黄石公对此书是否要传世竟然如此谨慎!

黄石公遇到张良,认为他是成大事之人,便将此书传给了他。而张良没能遇到合适的人选,只好将书随同自己一起葬在墓中。五百多年后,此书由盗墓贼得到了。自此,《素书》得以在人间流传。然而公之于世的，也仅仅是黄石公的极其简短的文字而已，至于他的玄机深意，哪里是文字所能完全表达的？

我个人曾有这样的看法：天道与人事之间的关系，何尝不是相辅相成呢。古代的圣贤对这个道理都能够心领神会，并尽心竭力地顺天而行。唐尧虔诚地按照上天的旨意行事；虞舜将天体运行的道理运用在政治上而建立了七种政治制度；夏禹依据山川地理的实际情况，将天下划分为九州；傅说曾向商王武丁讲述天道运行的规则；文王将天道与人间法则结合起来，推演并发展了八卦；周公旦效法天地四时的规则，建立了春夏秋冬四官，同时设立太师、太傅、太保三公负责调和阴阳；孔子欲行无言之政，所以才有"天何言哉"的感慨；老子以常有、常无作为立议的开端。《阴符经》说："手掌可以体悟宇宙万事万物的创造，身体可以领会世间万事万物的变化。"对大道的认识已经到了这个地步，连鬼神的变化都逃不出我们的掌握，何况是刑罚、名实、制度、几何一类的学问呢！

黄石公是秦朝的世外高人，他的《素书》文字简练精辟，含意深邃，就是上至唐尧、虞舜、夏禹、周文王、傅说、周公，下至孔子、老子的思想也没有超过他的这个范围。黄石公知道秦国将亡、汉朝将兴，因此把《素书》授予张良。但是张良又怎么可能完全了解这部书的全部含意呢？张良之所以是豪杰，而不是圣人，就是因为他仅仅使用书中十分之一二的智慧而已。

书中说"阴计外泄者败。"张良曾使用这一条，劝汉高祖刘邦封韩信为齐王，满足韩信称王的要求，使他尽心尽力攻打项羽，为刘邦的霸业打下坚实的基础。

书中说："小怨不赦，大怨必生。"张良运用这一条，劝说汉高祖封曾经与高祖结过仇怨的雍齿为什邡侯，使那些因为没及时得到封赏的将领安下心来，缓解了当时紧张的局势。

书中说："决策于不仁者险。"张良运用这一条，劝说汉高祖打消分封六国后裔为侯的念头，以避免再次出现春秋战国那样的混战局面。

书中说："设变致权所以解结。"张良运用这一条，招来商山四皓，劝说高祖不要改立如意为储君，使太子刘盈地位得以保全。

书中说："吉莫吉于知足。"张良运用这一条，拒绝了齐地三万户封邑的封赏，只求受封于留地，告老不问世事。

书中说："绝嗜禁欲，所以除累。"张良运用了这一条，在功成名就之后，他因势利导，巧妙地跳出了权力之争的漩涡，跟随赤松子逍遥自在地度过了一生。

哎呀，张良仅仅是运用了《素书》中的皮毛而已，就推翻秦王朝，打败楚霸王项羽，从而辅佐刘邦建立大汉王朝。如果有人能完全领悟书中的精髓，并且加以灵活应用，那将创造出什么样的丰功伟绩呢？

自从汉朝以来，研究文学、辞章的学者很多，但真正懂得大道的人极少，像诸葛亮、王猛、房玄龄、裴度等人，虽然号称冠绝一时的贤相，却对前代圣王的大道，仍然不能有更为深刻的理解，这就是此书之所以不传给不知天道、不神异、不圣明、不贤能的人的原因。

能超越"有"和"无"的就是得道之人；能够将大道用之于"非有非无"之间的就是神异之人；从"有"入手，达到"无"的境界者为圣明之人；从"无"起步，达到"有"的境界为贤能之人。做不到这四点，就是每天闭门研究这本书，也不能实际运用。

四库全书《素书》提要

【原文】

　　《素书》一帙，盖秦隐士黄石公之所传，汉留侯子房之所受者。词简意深，未易测识，宋臣张商英叙之详矣，乃谓为不传之秘书。呜呼！凡一言之善，一行之长，尚可以垂范于人而不能秘，是《书》黄石公秘焉。得子房而后传之，子房独知而能用，宝而殉葬；然犹在人间，亦岂得而秘之耶！

　　予承乏常德府事政，暇取而披阅之。味其言率，明而不晦；切而不迂，淡而不僻；多中事机之会，有益人世。是又不可概以游说之学，纵横之术例之也。但旧板刊行已久，字多模糊，用是捐俸余翻刻，以广其传，与四方君子共之。

　　　　　　　弘治戊午岁夏四月初吉蒲阴张官识

【译文】

　　《素书》一卷，就是秦朝隐士黄石公所传，汉代留侯张良所接受的那部书。这部书语言简练，含义深远，不是轻易就能够领会的，宋代的大臣张商英对本书有详细的叙述，称它为不能传授的秘籍。哎呀！哪怕只是一句好话、一技之长，都可以用来做人家的典范而不被保密，何况一本书呢？《素书》这本书确实被黄石公所私藏，在遇到张良后，最终还是把它传给了张良。天下只有张良学到这部书的知识并且能够运用。他太珍爱这本书了，所以拿它来为自己殉葬。即使如此，还是被重新发现，并且在世间流传，怎么可能永远被私藏呢？

  我在常德府任职做事，闲暇时取来翻阅它。我感觉这本书语言直率，说理明确而不晦涩，论事切中要害而不迂腐，平实而不偏激，对事物的发展变化有深刻的把握，有益于做人处世。但又不能把它简单地定义为游说之学，也不等同于纵横之术。

  这本书的旧版已经刊行很久了，字迹很多也模糊了，因此我捐出俸禄重新翻刻此书，以便广为流传，与天下的君子共同拥有它。

        弘治戊午岁夏四月初吉蒲阴张官识

目录

- 原始章第一 …………………………………………001
- 正道章第二 …………………………………………039
- 求人之志章第三 ……………………………………065
- 本德宗道章第四 ……………………………………107
- 遵义章第五 …………………………………………147
- 安礼章第六 …………………………………………247

原始章第一

【题解】

注曰：道不可以无始。

王氏曰："原者，根。原始者，初始。章者，篇章。此章之内，先说道、德、仁、义、礼，此五者是为人之根本，立身成名的道理。"

【释义】

张商英注：大道不可以没有起头。

王氏批注："原"，就是根本。"原始"，就是最开始的。"章"，就是篇章。这一章内，首先提出天道、德行、仁爱、正义、礼制，这五种品质是做人的起码要求，是成就功名的基本办法。

【原典】

夫道、德、仁、义、礼，五者一体也。

注曰：离而用之则有五，合而浑之，则为一；一之所以贯五，五所以衍一。

王氏曰："此五件是教人正心、修身、齐家、治国、平天下的道理；若肯一件件依着行，乃立身、成名之根本。"

【译文】

天道、德行、仁爱、正义、礼制五种品质，本为一体，不可分离。

张商英注：将这个相互联系的整体分离开来而加以使用就有五种思想体系，放在一起而加以融合就成为一个有机的整体。一体是用来贯穿着五种思想体系的，五种思想体系是用来推演一体的。

王氏批注：道、德、仁、义、礼，五种道德标准，是正心、修身、齐家、治国、平天下的办法，如果能够一件件依照着做，就是树立威望、成就功名的基础。

【评析】

道、德、仁、义、礼是立身、成名的根本所在，是古人日常修养的五个具体标准。

历史上许多卓有建树的人，正是依靠在这五方面的严格要求和自我修炼，才得以成就人生的高度。

而今一讲到道德、仁义、礼节、信用，有些人颇不以为然，认为这些陈词滥调对现实生活已经毫无实在意义。这显然是一种浅见，是缺乏修养的表现。就个人而言，唯有修炼这五种品质，人生的理想才可能实现。倘若丢失这五种品质，就算暂时拥有耀眼的光环，也注定只是过眼烟云。就一个民族而言，只有一个民族中大多数人都在追求精神的自我完善，这个民族才可能繁盛昌达。

【史例解读】

孔子道可敬而人可亲

孔子有很强的道德、政治理念，他一生不管是出仕还是授课，都极力想把这些理念贯彻到政治生活和个人行为之中去。他道德上要人"仁义礼智"，政治上要求当权者行仁道、爱民、守礼法。

孔子的一生都郁郁不得志，这样栖栖遑遑的一生，本来是"苦"味儿的，但孔子却不言苦，还"乐天知命"。人家说他是丧家之犬，他说"我看倒也有点儿像"，竟这样自嘲了之。陈蔡绝粮，大家都饿得不能走路了，孔子又弹琴又唱歌，还对弟子们说笑话。他和弟子在树下演示周礼，桓魋砍倒大树威胁他，后又派兵追杀，孔子亡命途中对弟子说："如果上天要给我仁德，桓魋他这个人又能拿我怎么样？"在匡地被围，颜回最后一个逃脱，后来与孔子相见时，孔子说："颜回呀，我以为你已经不在了。"颜回只说："夫子还在，我怎么敢先走呢？"本来是九死一生的事儿，几乎成了阴阳相隔，这简单的话里却又有敬与爱，又有大勇。

孔子虽是儒雅君子，却也是无惧的勇者。他为了自己的"道"四处奔走、九死一生，这就是当仁不让的勇。他明知抱负难以实现，却要"知其不可为而为之"，这就是执著于理想的勇。孔子还有自省、自嘲的勇。有一次别人问他鲁昭公是否知礼，孔子出于偏袒之心说"是"。后来那人就对孔子的学生巫马期说："我听说君子是不结党的。如果鲁昭公都知礼，天下没有人不知礼了。"还举了昭公破坏礼法的具体事例。巫马期把这话和孔子说了，孔子道："丘也幸，苟有过，人必知之。"就是说，我孔丘多幸运啊，偶有个过错，也会被人家看出来。

孔子喜欢周济邻里，富有同情心，这和他重"仁爱"的思想是相通的。学生原思给他当管家，孔子给他俸米九百，原思觉得多，推辞不要，孔子说："不要推辞了，把它分给你的乡亲们吧。"但孔子的仁爱并不是盲目的。子华在齐国当官，他母亲来找孔子借粮。孔子给冉有说了一个数目，冉有却自作主张给了她更多。孔子对他说，子华在齐国当官很富有，君子应该周济贫穷有急需的人，而不是富人。这就是所谓"君子周急不济富"。

可见，孔子不仅有同情心，做法上还十分务实。

孔子也是个重朋友的人。所以《论语》开篇的"两乐"之一，是"有朋自远方来"。子路曾对孔子讲他的理想："愿车马衣轻裘，与朋友共，敝之而无憾。"孔子接着便说，他的理想是"老者安之，朋友信之，少者怀之"。可见朋友对于孔门中人的重要。孔子的朋友死了，没有钱下葬，孔子马上说"于我殡"，自己给他办理后事。做人这样义气厚道。

子贡问玉

子贡有一次向孔夫子请教，问："夫子，很冒昧地向您请教一个问题：为什么君子以玉为贵而以美石为轻呢？难道是因为玉少而美石多的缘故吗？"孔子回答道："并不是因为玉少才以它为贵，美石多就轻贱它。往昔的时候，君子将自己的德行与美玉的性质相比，玉石温和、润泽有光彩，正如君子的仁德一般；它纹理细密而又坚实，就好像君子的智慧，心思细腻、缜密，处事周全；当玉石摔碎后，虽然也有棱角，却不尖锐，不会伤人，如同君子之义，正直刚毅，却以仁爱存心，念及一切；垂挂着的时候，好像要跌落下来的样子，象征着君子的谦下恭谨，有礼有度；敲击它的时候，会发出清澈激昂的声音，最后则戛然而止，与音乐的性德相似；虽然有斑点，但不会因此而遮掩它的优点，纵然它很美，斑点也如此显而易见，如君子之忠，不偏不倚，毫不掩饰；另外，玉的色彩从各个方面都可以看到，好比君子之信，表里如一，纵在暗室，也诚信不欺；它晶莹透亮犹如白虹，与天的白气相似，这是与天相配，与天道相应；而玉的精神可见于山川之中，如'玉在渊则川媚，玉在山而草泽'，所在之处皆能受到感化，如同君子之德风，涵容万物，利益一方。行聘之时，手执玉石所制之圭璋，不假借他物而自然合乎礼，如君子之德，无须假借外物显示，自然德风畅然。天下无不以美玉为贵，这是道的显现。如《诗·秦风·小戎》中提到的'言念君子，温其如玉'。我想念着他啊，他的君子作风，就如同温润的美玉一样。所以君子以玉为贵，它所显出的'仁、智、义、礼、忠、信'等品性，正是仁人君子的德风啊！"

【原典】

道者，人之所蹈，使万物不知其所由。

注曰：道之衣被万物，广矣，大矣。一动息，一语默，一出处，一饮食，大而八荒之表，小而芒芥之内，何适而非道也？

仁不足以名，故仁者见之谓之仁；智不足以尽，故智者见之谓之智；百姓不足以见，故日用而不知也。

王氏曰："天有昼夜，岁分四时。春和、夏热、秋凉、冬寒；日月往来，生长万物，是天理自然之道。容纳百川，不择净秽。春生、夏长、秋盛、冬衰，万物荣枯各得所宜，是地利自然之道。人生天、地、君、臣之义，父子之亲，夫妇之别，朋友之信，若能上顺天时，下察地利，成就万物，是人事自然之道也。"

【译文】

所谓道，就是人所走的道路。它使万事万物不断处在运动变化之中，却不知道它们运动变化的由来。

张商英注："道"覆盖了宇宙万物，广阔无边。人们或者行动或者停止，或者言语或者沉默，或者外出或者内居，或者喝水或者吃饭，大到无极，小到微尘，有哪个归向不在道的遮蔽之下呢？

用仁不能够为它命名，所以仁爱的人看到它称它为仁；用智不能够完全表达它的意思，所以智慧的人看到它称它为智；普通百姓不能够看到它，所以，虽然时时在使用却不知道它。

王氏批注：天有昼夜四时的变化规律，春天和煦、夏天炎热、秋天凉爽、冬天寒冷，太阳月亮一来一往，大地万物自然生长，这是天理自然之道。大地容纳所有河流，不管它是干净的还是污浊的。春季产生，夏季增长，秋季兴旺，冬季衰亡，宇宙万物或者茂盛或者枯萎都能得到它们应该得到的，这是地利自然之道。人类产生了天与地、君与臣的道义，父与子的亲情，夫与妇的不同，朋友间的诚信。如果能够顺应自然运行的时序，调查研究地理的优势，造就万物自然生长，这是人事自然之道。

【评析】

所谓的道，就是自然法则。人们所谓的遵循自然法则，其实也就是顺"道"而行。

天地间没有不变的事情，变是"天道"的法则，是事物发展的规律。虽然"道"恍惚难明，但人要想成就一番事业，必须要尽力去揣摸它，顺守它。尊重现实，量力而行。

大道无术，若自以为是、不知天高地厚地一味偏激和固执，明知其不可为而强为，结果只能是事与愿违，功不成名不就，不但自己身败名裂，还会给社会带来无穷的灾难。

【史例解读】

淡然独与神明居

庄子大限之日。弟子侍立床前，泣语道："伟哉造化！又将把您变成什么呢？将送您到何处去呢？化您成鼠肝吗？化您成虫臂吗？"庄子道："父母于子，令去东西南北，子唯命是从。阴阳于人，不啻于父母。它要我死而我不听，我则是忤逆不顺之人也，有什么可责怪它的呢？夫大块载我以形，劳我以生，逸我以老，息我以死，故善待吾生者，亦同样善待我死也。弟子该为我高兴才是啊！"

弟子听了，竟呜咽有声，情不自禁。庄子笑道："你不是不明白：生也死之徒，死也生之始。人之生，气之聚也。聚则为生，散则为死。死生为伴，通天一气，你又何必悲伤？"

弟子道："生死之理，我何尚不明。只是我跟随您至今，受益匪浅，弟子却无以为报。想先生贫困一世，死后竟没什么陪葬。弟子所悲者，即为此也！"庄子坦然微笑，说道："我以天地作棺椁，以日月为连璧，以星辰为珠宝，以万物作陪葬。我的葬具岂不很完备吗？还有比这更好更多的陪葬？"弟子道："没有棺椁，我担心乌鸦、老鹰啄食先生。"庄子平静笑道："在地上被乌鸦、老鹰吃掉，在地下被蝼蚁、老鼠吃掉，二者有什么两样？夺乌鸦、老鹰之食而给蝼蚁、老鼠，何必这样偏心呢？"

庄子的一生，正如他自己所言：不刻意而高，无仁义而修；无功名而治，无江海而闲；不道引而寿，无不忘也，无不有也；其生也天行，其死也物化；静而与阴同德，动而与阳同波；不为福先，不为祸始；其生若浮，其死若休，淡然独与神明居。真正是得道之人。

【原典】

德者，人之所得，使万物各得其所欲。

注曰：有求之谓欲。欲而不得，非德之至也。求于规矩者，得方圆而已矣；求于权衡者，得轻重而已矣。求于德者，无所欲而不得。君臣父子得之，以为君臣父子；昆虫草木得之，以为昆虫草木。大得以成大，小得以成小。迩之一身，远之万物，无所欲而不得也。

王氏曰："阴阳、寒暑运在四时，风雨顺序，润滋万物，是天之德也。天地草木各得所产，飞禽、走兽，各安其居；山川万物，各遂其性，是地之德也。讲明圣人经书，通晓古今事理。安居养性，正心修身，忠于君主，孝于父母，诚信于朋友，是人之德也。"

【译文】

所谓德，就是人的所得，就是让世间万物各得其所，得到它所希望得到的。

张商英注：有所希求叫作欲望。有欲望却不能得到满足，这不是最道德的。从圆规矩尺中追求得到的是方形和圆形罢了，从秤锤秤杆中追求得到的是轻重分量罢了。从德中追求，没有什么欲望不能实现。君臣、父子之间拥有它得以成为君臣、父子，昆虫、草木之间拥有它得以成为昆虫、草木。大的得到它从而成就其大，小的得到它从而成就其小。近到自身的生命，远到万事万物，没有拥有欲望而不能得以实现的。

王氏批注：气候在四季运行中产生冷热的变化，刮风下雨，滋润万物，这是天的德行。自然植物各自得到自己的产出，飞禽走兽平静地生存在各自的区域，山川万物如其所愿，保持本性，这是地的德行。解释前代圣贤的经典，掌握古今事情的道理，安稳地生活，陶冶心性，对君主忠诚，对父母孝顺，对朋友诚实守信，这是人的德行。

【评析】

孔子说"德不孤，必有邻"。有道德的人生活在人群中，永远不会让自己孤立起来。之所以这么说，一则，有道德的人有修养和风范，会影响周围的人，从而吸引别人与之为友。二则，有道德的人能耐得住孤单和寂寞，纵使暂时得不到别人的理解和支持，也会在先人贤士的思想、人格里找到志同道合的朋友。

在现实生活的人际交往中，道德品质的好坏、个人修养的高下，是决定与他人相处好坏的重要因素。只有以道德作为立身处世的根本，顺天道而行，以天下为怀，才能有求必应，心想事成。无论从政也好、经商也好、处世也好，总能取得成功。这就是人世间最大的功德、最大的谋略！反过来，如果心胸狭窄，目光短浅，只追求个人的、眼前的蝇头小利，纵使想尽千方百计，他的欲望也必将落空。

【史例解读】

周公呕心沥血辅成王

武王伐纣后不久就死去，太子诵继位，是为成王。成王不过是个十多岁的孩子，面对国家初立尚未稳固，内忧外患接踵而来的复杂形势，成王是绝对应付不了的。武王之死使整个国家失去了重心，形势迫切需要一位既有才干又有威望的能及时处理问题的人来收拾这种局面，这个责任便落到了周公肩上。

周公为了巩固周王朝的统治，呕心沥血，兢兢业业。传说，他洗头发的时候，一碰到贤人求见，就马上停止洗发，把头发握在手里去见他们；吃饭的时候，听说有人求见，就把来不及咽下的饭菜吐出来，去接见那些求见的人。这就是后来"周公吐哺"成语的来历。

周公以冢宰的身份摄行王事，未曾称王，管叔有意争权，于是散布流言："周公将不利于孺子（成王）。"灭殷后的第三年，管叔、蔡叔鼓动起武庚、禄父一起叛周，起来响应的有几十个原来同殷商关系密切的大小方国。周王室处在风雨飘摇之中。在王室内部也有人对周公称王持怀疑态度。这种内外夹攻的局面，使周公处境十分困难。他首先稳定内部，保持团结，说服太公望和召公奭。他说："我之所以不回避困难形势而称王，是担心天下背叛周朝，否则我无颜回报太王、王季、文王。三王忧劳天下已经很久了，而今才有所成就。武王过早地离开了我们，成王又如此年幼，我是为了成就周王朝，才这么做。"周公统一了内部意见之后，第二年举行东征，讨伐管、蔡、武庚。经过三年的战争，最终平定了叛乱。

武王克商只是打击了商王朝的核心部分，直到周公东征才扫清了它的外围势力。三年的东征灭国有五十个左右。东征以后，周人再也不是西方的"小邦周"，而成为东至海、南至淮河流域、北至辽东的泱泱大国了。

东方辽阔疆域的开拓，要求统治重心的东移。周公东征班师之后，便着手营建东都洛邑。建城的主要劳力是"殷顽民"，即殷人当中的上层分子。"顽民"西迁，一则使他们脱离了原来住地，失去了社会影响，二则集中起来，便于看管。为了看管殷顽民，周公曾经派了八师兵力驻守。

东都洛邑建成之后，周公召集天下诸侯举行盛大庆典，在这里正式册封天下诸侯，并且宣布各种典章制度，也就是所谓"制礼作乐"。

周公制礼作乐第二年，也就是周公称王的第七年，周公把王位彻底交给了成王。在国家危难的时候，不避艰辛挺身而出，担当起王的重任；当国家转危为安，走上顺利发展的时候，毅然让出了王位。这种无畏无私的精神，始终被后代称颂，周公也因此被尊为儒学奠基人。

以诚待人，以德服人

曹操虽然生性多疑，野心很大，但在军队中却留下了美名。一次麦熟时节，曹操率领大军去打仗，沿途的老百姓因为害怕士兵，都躲到村外，没有一个敢回家收割小麦的。曹操得知后，立即派人挨家挨户告诉老百姓和各处看守边境的官吏：现在正是麦熟的时候，士兵如有践踏麦田的，立即斩首示众。曹操的官兵在经过麦田时，都下马用手扶着麦秆，小心地过，没一个敢践踏麦子的。老百姓看见了没有不称颂的。可这时，飞起一只鸟惊吓了曹操的马，马一下子踏入麦田，踏坏了一大片麦子。曹操要求治自己践踏麦田的罪行，官员说："我怎么能给丞相治罪呢？"曹操说："我亲口说的话都不遵守，还会有谁心甘情愿地遵守呢？一个不守信用的人，怎么能统领成千上万的士兵呢？"随即拔剑要自刎，众人连忙拦住。后来曹操传令三军：丞相践踏麦田，本该斩首示众，因为肩负重任，所以割掉自己的头发替罪。曹操断发守军纪的故事一时传为美谈。

德行在隐忍中得以发扬

相传古时某宰相请一个理发师理发。理发师给宰相修到一半时，也许是过分紧张，不小心把宰相眉毛刮掉了。唉呀！不得了了，他暗暗叫苦，顿时惊恐万分，深知宰相必然会怪罪下来，那可吃不起呀！

理发师是个常在江湖上走的人，深知人之一般心理：盛赞之下无怒气消。他情急智生，猛然醒悟！连忙停下剃刀，故意两眼直愣愣地看着宰相的肚皮，仿佛要把五脏六腑看个透。

宰相见他这模样，感到莫名其妙，迷惑不解地问道："你不修面，却光看我的肚皮，这是为什么呢？"

理发师忙解释说："人们常说，宰相肚里能撑船，我看大人的肚皮并不大，怎能撑船呢？"宰相一听理发师这么说，哈哈大笑："那是宰相的气量最大，对一些小事情都能容忍，从不计较的。"

理发师听到这话，"扑通"一声跪在地上，声泪俱下地说："小的该死，方才修面时不小心，将相爷的眉毛刮掉了！相爷气量大，请千万恕罪。"

宰相一听啼笑皆非：眉毛给刮掉了叫我今后怎么见人呢？不禁勃然大怒，正要发作，但又冷静一想：自己刚讲过宰相气量最大，怎能为这小事，给他治罪呢？

于是，宰相便豁达温和地说："无妨，且去把笔拿来，把眉毛画上就是了。"

【原典】

仁者，人之所亲，有慈惠恻隐之心，以遂其生成。

注曰：仁之为体，如天，天无不覆；如海，海无不容；如雨露，雨露无不润。

慈惠恻隐，所以用仁者也。仁非亲于天下，而天下自亲之。无一夫不获其所，无一物不获其生。《书》曰："鸟、兽、鱼、鳖咸若。"《诗》曰："敦彼行苇，牛羊勿践履。"其仁之至也。

王氏曰："己所不欲，勿施于人。若行恩惠，人自相亲。责人之心责己，恕己之心恕人。能行义让，必无所争也。仁者，人之所亲，恤孤念寡，周急济困，是慈惠之心；人之苦楚，思与同忧；我之快乐，与人同乐，是恻隐之心。若知慈惠、恻隐之道，必不肯妨误人之生理，各遂艺业、营生、成家、富国之道。"

【译文】

所谓仁，是指对事物和人类有亲切的感情和关怀，有慈悲恻隐的心肠，让万事万物都能够遂其所愿，有所成就。

张商英注：仁爱的本体如同上天，上天没有覆盖不到的地方；如同大海，大海没有容纳不了的河流；如同雨露，雨露没有滋润不了的万物。

慈爱施惠恻隐同情是应用仁爱的具体手段，虽然不刻意去和天下万物亲近，但是天下万物无不自觉自愿地亲近他。没有一个人不获得他安乐的地方，没有一物不获得它生存的地方。《尚书》上说："鸟兽鱼鳖都这样顺利地孳长。"《诗经》中说："在那路旁聚集丛生的苇草，不要放牧牛羊去践踏。"这大概就是仁爱的最高表现吧。

王氏批注：自己不愿意的，也不强加给别人。如果人人都可以帮助他人、感激他人，那人们自然亲近。用要求他人的意愿来要求自己，用宽恕自己的意愿去宽恕他人。有仁义的人，是人们愿意亲近的人，关怀鳏夫寡妇孤儿独老，周济困急，这是慈惠之心。他人的苦恼就是自己的苦恼，自己的快乐也是他人的快乐，这是恻隐之心。具有这种胸怀的人，一定不会妨碍别人的生活道路，每个人都有自己的职业、营生，这是维护好一个国、一个家的办法。

【评析】

仁是儒家思想的核心，也是孔子学说的中心。它特别强调先人后己，为别人着想。仁爱之人，总是能充满仁爱之心，将成全别人放在第一位，让周围的人都能快乐地生活。能做到这一点的才是真正的仁者，也才是真正的强者。

作为社会的一分子，人如果只为自己着想，那将是做人策略上的巨大失败。一个人，尤其是领导者，言行举止倘若都能多为他人着想一些，流露出浓浓的人情味，这不但能使自己的道德修养大为提高，更能给自己带来人气，给自己赢得更多的尊重和拥戴，令自己的人生和事业都顺风顺水。

【史例解读】

卫灵公纳谏行仁义

有一年冬天，卫灵公下令调集民工在宫中挖一个大池塘。天气严寒，百姓劳作非常辛苦，但却敢怒不敢言。

大臣宛春知道了这件事后，便劝谏卫灵公："天气如此寒冷，还要兴办工程，恐怕会损害老百姓。"

"我不觉得天很冷呀。"卫灵公不以为然地说。

宛春说："国君您穿着狐皮裘，坐着熊皮席，屋里又有火炉，当然不会觉得冷了。而现在老百姓的衣服捉襟见肘，破旧不堪，鞋子坏了都来不及修补。您是不觉得冷，而百姓却感到冷得很！"

卫灵公称赞地点点头道："你说得很好，我马上下令停工。"他立即下令停止了修池工程。

宛春告退后，侍从们都在一旁劝说道："国君您下令要民工挖池，如果百姓知道是因为宛春劝谏大王而停止工程的，就会感激宛春，而怨恨您的。这恐怕对国君您不利吧！"

卫灵公对此不以为然，淡然一笑说："你们太过虑了，怎么会这样呢？宛春原本不过是鲁国的一个平民，是我任用了他，老百姓对他的了解还很少。现在我要让老百姓通过这件事了解他。而且宛春有善行就如同我有善行一样，宛春的善行不就是我的善行吗？"

刘秀存心养性

刘秀手下的猛将贾复作战勇猛，常置生死于度外，刘秀时刻关注贾复的生命安全。当听说贾复伤重时，说了这样一句话："听说贾复的夫人怀孕了，如果生的是女孩，我的儿子就娶她，如果生的是男孩，将来我的女儿就嫁给他。"刘秀有意不让贾复出征，使他具体战功不多，每当诸将论功时，刘秀都要替贾复说上一句："贾君之功，我自知之。"

刘秀早年有"仕官当作执金吾，娶妻当得阴丽华"的感叹，后来他就把执金吾一职许给了贾复，足见对他的赏识。为这样的君主效力，谁又能不舍生忘死呢！

冯异先前是王莽阵营中人，后又依附刘秀，在刘秀建立东汉政权的过程中立下了汗马功劳。冯异曾连续数年镇抚关中，威权日重，民间称之为"关中王"，朝中亦有人非议。刘秀便将参毁的书信交给冯异本人，冯异看后惊恐异常，上表自辩，刘秀安慰他说："没什么可以担忧的！"后来冯异入朝觐见，刘秀向满朝文武介绍："是我起兵时主簿也。为吾披荆棘，定关中。"回忆起几年前在河北逃难时，冯异为自己弄来豆粥与麦饭充饥，刘秀又感慨地说那是一份无法报答的厚意，这些话让冯异心里感到无比的温暖。

大将李忠从军之后，不能照顾家人，往往失散。刘秀对李忠说出了这样的话来："今吾兵已成矣，将军可归救老母、妻、子，宜自募吏民能得家属者，赐钱千万，来从我取。"

公元24年秋，刘秀率兵在邬地作战，大败敌军后，投降他的人并不很安心。刘秀令降者各归其本部，统领其原来的兵马，他本人则轻骑巡行各部，无丝毫戒备之意。降者感叹道："萧王（刘秀当时被刘玄封为"萧王"）推赤心置人腹中，安得不报死乎！"

自建武二年至四年，刘秀前后九次下诏释放奴婢，或提高奴婢的法律地位。他规定：民有被卖为奴婢而愿意归随父母的，听其自便，奴婢主人如果拘留不放，就依法治罪。对于没有释放的官私奴婢，也在法律上给予一定的人身保障：杀奴婢者不得减罪，炙伤奴婢者要依法治罪。

仁爱而多宽恕

曹彬——北宋名将，字国华，真定灵寿人，曾为后汉、后周将领，宋初为客省使，后擢左神武将军兼枢密都承旨，咸平二年卒。他严于治军，尤重军纪。

他对人仁爱而多宽恕，绝不草菅人命，下面是流传的两个耐人寻味的故事：

他在任徐州知府的时候，有个官吏犯了罪，他通过审理，判决一年后对罪犯执行杖刑。大家对他缓刑的做法不理解。曹彬说："我听说这人刚娶了媳妇，如果立即对其执行杖刑，此女的公婆就必然认为这个媳妇不吉利而厌恶她，一天到晚打骂折磨她，使她无法生存下去。这就是我判缓刑的缘故啊。同时我还要依法办事，不能对他赦免。"

曹彬围攻南京半年多，连秦淮河、白露洲、西门水寨都占领了。到最后，只要一仗就可以轻易攻进金陵——南京城了。在这紧要关头，曹彬突然生病了。大家都着急，于是去探病。问起生的是什么病，曹彬说是心病。于是大家纷纷主张找医生，还要找名医。曹彬说，不必找医生，我的病医生治不好，只有你们各位能医好。大家问什么办法。曹彬说只有一个办法，就是打进南京的时候，不许随便杀一个人，也不许任何人奸淫掳掠，然后问大家做不做得到。这时一班将领们只好说，你命令下来就好了嘛！曹彬说，不行，要先发誓。于是大家就发誓。发过誓后，立刻下攻击令，打进了南京城，而城里的老百姓还不知道呢！

【原典】

> 义者，人之所宜，赏善罚恶，以立功立事。
>
> 注曰：理之所在，谓之义；顺理决断，所以行义。赏善罚恶，义之理也；立功立事，义之断也。
>
> 王氏曰："量宽容众，志广安人；弃金玉如粪土，爱贤善如思亲；常行谦下恭敬之心，是义者人之所宜道理。有功好人重赏，多人见之，也学行好；有罪歹人刑罚惩治，多人看见，不敢为非，便可以成功立事。"

【译文】

所谓义，是指人应该遵从的行为规范。人们根据义的原则奖善惩恶，以建立功业。

张商英注：道理所在的地方叫作义，按照道理而进行决断，是施行义的办法。奖赏美善、惩罚罪恶，是义的道理；建立功劳、成就事业，是义的决断。

王氏批注：心怀宽广，能与各种人交往；志向远大，使人民安宁；轻视金钱如同粪土，爱惜人才如同亲人；怀有一颗谦卑恭敬的心，这些是有义气的人能被人接受的原因。有人做了好事，就奖赏他，使他人也学着做好事；有歹人做坏事，就要惩治他，使他人不敢为非作歹。这样便可使事业兴旺发达。

【评析】

中国古人最讲究一个"义"字，一个人只要讲义气，就能受到大家的拥护。古来成大事的人，都对"义"字有深刻的研究，也无不在实践中身体力行之。因为"义"乃人生事业的基础，是个人才能的统帅和主心骨。缺乏道义的约束和指导，纵使有经天纬地的才能，也不会取得大的成就。

大义之人首先要有宽广的胸襟，宰相一般的度量，能够宽容别人；其次，要有坚定的信念，赏罚分明，视金钱如粪土。所以，无论做人处世、经营企业、治理国家，都应该深入领会"义"的涵义，实践"义"的要求，这样才能不断完善自我，成就丰功伟业。

【史例解读】

义气墩的传说

传说溧水在春秋战国时属于吴楚交界地，因为两国的争夺，它一会儿是楚国的濑渚邑，一会儿是吴国的平陵邑。燕国的左伯桃、羊角哀关系一直不错，听说楚国招纳贤人，两人就结伴去楚国。

衣衫单薄的他们走到东刘村时，遇到大风雪，干粮即将吃完，周围又地广人稀。左伯桃担心继续走下去，两人不是被冻死，就是会饿死，于是寻思把自己的东西给羊角哀一人用，这样羊角哀或许还能活下来。羊角哀也同意左伯桃的话，但两人谁也不肯眼睁睁看着另一个人死掉，各不相让，最后只好作罢，就地休息。第二天醒来，羊角哀发现身上盖着左伯桃的衣服，旁边还放着左伯桃的干粮，但却不见左伯桃的踪影，后来发现，左伯桃已经冻死在附近的一个树洞里。羊角哀把树洞封好做了标志后，一边抹泪一边出发。

到了楚国后，羊角哀很受楚王的器重，被封为大将军，但他心里一直牵挂着好友左伯桃，就把他们的故事告诉了楚王，请求去拜祭左伯桃。楚王深为感动，当即准假。羊角哀把左伯桃安葬好后，就落宿在附近，夜里听到厮杀声，左伯桃托梦告诉他，附近的荆将军（有人称是刺秦王的荆轲）经常欺侮他。天明，羊角哀想去拆荆将军庙，但遭到当地土人的反对。第二夜，他又听到厮杀声，不忍好友受欺，就自刎前去帮战。当地人很受感动，就把两人的尸首合葬在一处，取名义气墩，世代相传。

汉武帝大义灭亲

昭平君是汉武帝的胞妹隆虑公主唯一的儿子，而且是晚年得子，众人无不视为掌上明珠，后昭平君娶武帝之女夷安公主为妻。昭平君平日被娇宠惯了，行为有些不羁，隆虑公主病危临终之际，怕昭平君将来惹下祸患，特地献出百万钱财，请求武帝同意以此替昭平君预先赎死罪。

武帝顾惜兄妹之情，不忍拒绝，只得含泪答应了隆虑公主。

不出隆虑公主所料，昭平君后来果然闯下大祸。在隆虑公主死后，失去约束的昭平君日益骄横放纵，一次醉酒后，竟将侍奉公主的老大夫给杀了，廷尉署将他收押到内宫的监狱内待审。

昭平君是公主之子，属八议范围。按制，八议范围内的犯罪当死时，一般的司法官吏无权审理裁决，只能将其奏报公卿，由公卿议定后再奏明皇帝裁决。这实际上就是给以从宽处理的考虑机会。因此，廷尉将此案以公主之子为由上请汉武帝。

武帝左右亲信侍臣皆劝其手下留情。

汉武帝沉吟片刻，左右为难，想起妹妹临终的遗言，悲伤流泪，叹息不已。

良久，武帝却断然说道："先帝造法有云：自天子至庶民皆平等待之。如果朕因此违反了先帝本意，我还有何脸面进高祖皇帝的祭庙？"

于是下令处斩昭平君。

"王子犯法，与庶民同罪"，这是评价明君与清官的传统标准，不知影响了多少代人。汉武帝挥泪斩亲，执法不徇私情，实在难能可贵。如此决断，虽失信于妹妹，但却赢得了天下民心，对于一位皇帝来讲，还有什么比这更重要呢？

深明大义，维护国法

传说明朝嘉靖四十一年初夏，戚继光率领戚家军来到崇武沿海一带抗倭。这天深夜，戚继光带着两个随从，踏着月光出城巡视，走着走着，忽然听到从海滩那边传来凄惨的哭声。戚继光赶过来一看，只见一个两鬓斑白的老大爷捶胸顿足痛哭着，旁边一个守城士兵好言劝慰。那个士兵一见戚继光，马上站起来行礼，将情况一一禀告。

原来这个老大爷的亲人几乎全被倭寇杀害了，只剩一个孙女。谁知祸不单行，这天半夜，家中突然闯进一个蒙脸人，将他的孙女奸淫了，孙女羞愧难当，跑出家门，跳海自尽了。老大爷和守城士兵赶到海边时，他孙女早已被冲到外海去了。

戚继光劝住老大爷，问他认不认得这个蒙脸人。老大爷说，这人左边眼眉间有一道显眼的伤疤，长得五大三粗。戚继光一听，不由一怔。他搀扶着老大爷，让他先跟他们回营，待调查清楚后再处置。

到了营中，几个当地百姓已将蒙脸人逮住送来了。戚继光一看，果然不出所料，正是亲侄儿戚安顺。他气得面如紫茄，喝令立即推出斩首示众。

戚安顺慌忙跪下，声泪俱下地哭求道："叔父呀，我知错了，就饶我这一次吧！以后我一定痛改前非……当年倭寇奸细要暗杀叔父，我挺身而出，左眼边挨了一刀，面容被毁，以致至今娶亲无望，才去干那……"

"住嘴！即使娶亲无望，你也不能干出这等伤天害理的事！"戚继光厉声斥道。

"你对我委实有救命之情，况且你我有叔侄之亲，但这都是私情。现在你奸淫少女，害死人命，这可是触犯众怒的公事呀，是国法军纪家规所不容的！你今日是自作自受。"

戚继光说着，向手下人喊道："来人，端一碗酒过来。"于是，一个士兵送来了一碗酒。

戚继光端着这碗酒，对戚安顺说："侄儿，你的救命之情叔父是不会忘记的。今日即将永别，就喝下叔父答谢你的这碗酒吧！"

戚安顺深知叔父一向秉公执法，自己今日死罪难逃，便接酒一饮而尽。随后，他就被推出斩首。戚继光命人把他的首级悬挂在城楼上示众三天，以儆效尤。

从此以后，将士们都知道戚继光严于执法，军令如山，公私分明，都不敢做违犯军纪国法的事了。

【原典】

礼者，人之所履，夙兴夜寐，以成人伦之序。

注曰：礼，履也。朝夕之所履践，而不失其序者，皆礼也。言、动、视、听，造次必于是，放、僻、邪、侈，从何而生乎？

王氏曰："大抵事君、奉亲，必当进退；承应内外，尊卑须要谦让。恭敬侍奉之礼，昼夜勿怠，可成人伦之序。"

【译文】

所谓礼，就是人们所身体力行的，在日常生活中，树立起人伦秩序。

张商英注：礼，就是身体力行。人们从早到晚所身体力行而不丧失的秩序，都是礼仪。人的一言一行、一看一听，如果都完全遵循这些礼仪规范，那么，放荡邪僻、邪恶奢侈的现象又从哪里产生呢？

王氏批注：大体而言，服侍君王侍奉父母，应当时刻恭候应承而或进或退。家里家外、长辈晚辈的应承上应该谦虚礼让、恭敬尊重。躬行这样的侍奉礼仪，一刻都不懈怠，这样就可以形成人伦秩序。

【评析】

没有规矩，不成方圆。人不讲礼、不明礼，就不是一个成熟的人。一个社会失去了礼的约束和规范，就会陷入秩序的混乱和精神的迷失。每个人从懵懂到成熟，不论在家还是在社会，一言一行都要涉及礼仪。大到国家、社会的集体活动，小到个人的饮食起居，都必须遵循一定的礼仪规范。朋友、兄弟间再亲密无间，也需要一定的礼数，以避免矛盾的产生。上下级间多一些礼数，也能形成一种融洽的工作氛围，使工作顺利进行……

礼是出自对人的尊重，并通过内心的倾慕和外在的尊崇表现出来。倘若对别人没有那种尊重之心，即使作出一副恭敬有礼的模样，也只能是虚礼。相反，如果对他人有一颗敬重的心，不论你有否向人行礼，实际上都已经是真正的"礼"了。

【史例解读】

国之命在礼

鲁定公十年（前500年），齐景公邀鲁定公在夹谷会盟，企图利用会盟的机会要挟鲁国。

会盟开始不久，齐国的司仪官员大声喊道："演奏四方的乐舞。"乐声响起，坛下一群袒胸露臂的莱人，手持兵器，鼓噪而进，企图劫持鲁定公。孔子见情况不妙，叫鲁国的左右司马率领士兵攻上去阻止莱人，自己一步一阶地登上盟坛的第二层，边行礼边高声对齐景公说："两国的国君友好会盟，莱人本是齐国的战俘，却用武力来捣乱，这不是齐国统帅诸侯的方法。按照周礼，边远地区的人不能图谋中原，不开化的边鄙之民不能扰乱华夏，俘虏不能干预国君的会盟，武力不能逼迫友好。如果这样做，从神明方面讲，是不吉祥的；从德行方面讲，是丧失道义的；从做人方面讲，是丢弃礼仪的。我想齐君必定不会这样做！"齐景公听了孔子的这番义正词严的话，羞惭得汗流满面，只好命莱人退下，孔子也回到原来的位置上。

过了一会儿，气氛稍微缓和。齐国的司仪官又大声喊道："演奏宫中的乐舞。"响起后，齐国的一群侏儒小丑装男扮女，嬉笑吵闹，丑态百出的拥上前来，演唱《文姜爱齐侯》来侮辱鲁国。孔子再一次来到盟坛第二层上，大声向齐景公说："在这样庄严隆重的时刻，这些下贱人竟敢如此侮辱、戏弄国君，按照周礼，这些人罪该处死。"齐景公无奈，只好下令杀掉这群侏儒小丑。

会盟继续进行，由戎右帮助掌管盟礼的司盟杀死牲牛，割下牲牛左耳，放在珠盘里，交给盟主齐景公，叫作"执牛耳"。又取牲牛血盛在玉敦里，蘸着牲牛血书写盟书。齐国官员见劫持、愚弄鲁定公的阴谋未得逞，在签订盟约时加了一条：齐国征伐他国时，鲁国必须派三百战车跟随助战，否则就是破坏盟约。企图以此来要挟鲁国，使鲁国成为齐国的附庸国。孔子针锋相对地提出：齐国如不归还鲁国被齐国侵占的大片土地，而让鲁国来满足齐国的要求，也是破坏盟约。

最后，齐景公准备设享礼招待鲁定公，孔子怕夜长梦多，再出意外，遂对齐国的官员说："齐鲁两国旧有的典礼，您没有听说过吗？会盟已经结束了，而设享礼是徒然烦劳执事的人，并且牺尊、象尊不出国门，编钟、玉磬不在野外合奏，否则那就像秕子和稗子一样轻微而不郑重。像秕子和稗子一样，是国君的耻辱。不合礼法就是名声不好，您为什么这样做呢？享礼是用来宣扬德行的。否则，不如不用享礼。"于是齐国便没有设享礼。

会盟后不久，齐国就归还了侵占鲁国的郓、谨、龟阴三处田地。

在这次会盟中，孔子机智勇敢，随机应变，以"周礼"为武器，有礼有节地同齐国君臣进行了斗争，粉碎了齐国的阴谋，维护了鲁国的尊严和利益，也使自己赢得了极高的声誉。

恪守礼教方能修身

刘邦称帝后，将太公安置在栎阳。公元前201年三、四月间，刘邦回到栎阳后，每隔五日就去看望太公一次，每次看望，一定要再拜问安。此事被太公一家令看到了，觉得他们父子所守的仍是普通百姓之礼，极不合适。如今刘邦即位已久，太公尚无尊号，这样下去，不合朝仪，将会产生不良后果，但他又不好明言，只好寻机设法点破。

一次，家令见太公在家无事，便向前说道："皇帝虽是太公的儿子，毕竟是皇帝；太公虽是皇帝的父亲，毕竟是人臣，怎能让人主拜人臣呢？"太公原本是个乡下人，对家令所言闻所未闻，忙问道："那该如何是好呢？"家令道："下次陛下再来朝拜，您行大礼迎出门去，才算合乎君臣之礼。"待到刘邦再来朝拜，车马还未到，太公就迎到了门前。刘邦见后，大惊，急忙下车，扶住了太公，问道："您何故如此呢？"太公道："皇帝乃是人主，天下共仰，怎可为我一人而乱了天下礼法！"刘邦听后，猛然醒悟，忙将太公扶入室内，婉言盘问。太公就将家令所劝的事说了一遍。

刘邦听了以后，没有说什么，辞别太公回宫后，派人取出黄金五百斤，赏给太公家令。一面使词臣拟诏，尊太公为太上皇，诏云："人之至亲，莫亲于父子，故父有天下传归于子，子有天下尊归于父，此人道之极也。前日，天下大乱，兵革四起，万民苦殃，朕亲被坚执锐，自帅士卒，犯危难，平暴乱，立诸侯，偃兵息民，天下大安，此皆太公之教训也。诸王、通侯、将军、群卿、大夫已尊朕为皇帝，而太公未有号。今上尊太公曰太上皇。"自此，君臣理顺，太公也不用迎门了。

天理节文，人心检制

晋文公重耳是春秋五霸之一，他使晋国成为霸主，是经历了一番艰难曲折的历程的，开始，他受到父亲的宠妃骊姬的陷害，被迫逃出晋国，在许多国家流浪，经历了19年的磨难，增长了见识，积累了经验，开阔了眼界，更重要的是磨炼了他的性格。公元前636年，由于晋国发生内乱，没有了国君，重耳结束了在外国流亡的生活，在秦国的护送下回到了晋国，当了国君，这就是晋文公。

晋文公回国后，雄心勃勃，想成就一番大事业，就开始训练他的百姓。两年以后，晋文公认为差不多了，便准备用他的百姓称霸诸侯。子犯曾经跟他在外流浪，是一个十分有见识的人，他劝阻说："百姓虽经过训练，但还不懂得什么是义，还没能各安其位，不能用。"晋文公听了他的这一番话，觉得很有道理，他便想办法让百姓懂得义。

正在这时，周朝发生了"昭叔之难"。昭叔是周惠王的儿子，他的母亲是惠后，昭叔还有个哥哥，是太子，即后来的周襄王。惠王想立昭叔为太子，但还没来得及便死亡，昭叔便逃到齐国。襄王即位后，将昭叔接回来。然而昭叔回国后，又与襄王的王后乱搞。襄王知道后，便将王后废掉。这下触怒了王后的娘家，他们派兵讨伐周朝，周襄王便逃到了郑国。周朝在当时名义上还是各诸侯国的宗主国，虽然有名无实，但各诸侯国毕竟还得尊重它。于是晋文公决定帮助周襄王返回周朝，其主要的目的是用此事教育晋国的百姓，让他们懂得什么是义。他派出左右两军，右军攻杀昭叔，左军往郑国迎接周襄王返国。周襄王为表彰晋文公的功劳，待之以殊礼。晋文公推辞说："这是臣下分内之事。"晋文公用他的实际行动告诉他的百姓，对上尽忠就是义。他的这一举动对他自己的声誉产生了很好的影响，使得百姓愿意对他尽忠。

他在帮助襄王返国后，又回国致力于造福百姓，使百姓安居乐业。他认为这回可以役用百姓了。不料，子犯又出来阻拦，他说："百姓虽然懂得了义，但还不知道信是怎么回事，还不能使用。"于是，晋文公又想方设法让百姓懂得信。他率领军队攻打原国，命令士兵们携带3天口粮。军队围困原国整整3天，士兵们携带3天的粮食全部吃完了，而原国还未投降。晋文公就下令退兵。正当晋国刚退兵时，派出的间谍从城里出来报告说："原国已经支持不住，准备投降。晋文公说："初带3天军粮，就是准备攻打3天，如今已下令退兵，就应该说话算数。如果不退兵，即使攻下了原国，也不能取信于人。如果没有了信用，百姓也就失去庇护。得失相比哪个多呢？"晋文公故意利用打原国来教育百姓，让他们知道什么是信，以此来树立自己的威望。结果，国内民风大变，凡事以信为本，做买卖不求暴利，不贪不骗，民皆信实。

做到了这些后，晋文公又问子犯："这回行了吧？"子犯回答："还不行。百姓虽知信、义，还不知道什么是礼，还没有养成恭敬的习惯。"于是，晋文公又让百姓在知礼方面做出了努力。他举行盛大的阅兵仪式，每个环节都依照军礼执行，使百姓看到了什么是礼仪。又设立专门执行社会秩序的官员来规定百官的等级职责，使百姓知道对什么官行什么礼。不仅如此，人们还知道了根据礼来判断一件事的是非曲直。

这一次，晋文公没有去问子犯，子犯却主动地找到晋文公，说："民力可用矣！民心可用矣！"

于是，晋文公开始伐曹国、攻卫国，取得齐国之地，解救宋国之围，大败楚军于城濮，遂成为春秋五霸之一。

以礼待人,感天动地

郑均,字仲虞,东汉河北任县人,少年时喜欢黄、老学说,为人清廉诚实。他的哥哥在县衙里当官,经常收受他人的贿赂,郑均知道后多次劝说哥哥不要做犯法之事,可哥哥根本听不进去。

郑均为了挽救哥哥,就到外地给人做佣工。一年之后,郑均带着做工挣来的钱回到家里,把钱全部交给哥哥,并对他说:"钱财用完了,还可以再挣;名声失去了,却是一辈子都找不回来了。你做贪官是会被人唾骂的,一旦事发,你还怎么抬起头来做人?哥哥,你要好好想想我的话有没有道理。"

哥哥听了,很受感动,决心重新做人,后来竟然以廉洁著称。哥哥去世后,郑均又悉心照顾嫂子和侄子,不敢有一点怠慢,和哥哥在世时一样。

人们对郑均的品德称赞不已,官府知道后特召其为官,后来郑均官至尚书一职。汉章帝非常敬重郑均,郑均告老还乡后,章帝东巡时还专门到他家看望。时人都称郑均为"白衣尚书"。

郑均的一言一行,完全出于礼数。哥哥的一意孤行,郑均非但没有效仿,反而常常良言相劝,最后以自己的行动来感动哥哥,使其醒悟。在哥哥去世后,他又悉心照顾嫂子和侄子,尽到了应尽的义务,恪守了礼节。他用自己的"礼",引导了世人的道德取向。

【原典】

夫欲为人之本,不可无一焉。

注曰:老子曰:"夫失道而后德,失德而后仁;失仁而后义,失义而后礼。"失者,散也。道散而为德,德散而为仁;仁散而为义,义散而为礼。五者未尝不相为用,而要其不散者,道妙而已。老子言其体,故曰:"礼者,忠信之薄,而乱之首。"黄石公言其用,故曰:"不可无一焉。"

王氏曰:"道、德、仁、义、礼此五者是为人,合行好事;若要正心、修身、齐家、治国,不可无一焉。"

【译文】

凡是想要树立修身立业的根本，道、德、仁、义、礼这五种思想体系是缺一不可的。

张商英注：《老子》中说："道散失了然后才有德，德散失了然后才有仁，仁散失了然后才有义，义散失了然后才有礼。"失是散失的意思。道散失了从而为德，德散失了从而为仁，仁散失了从而为义，义散失了从而为礼。这五个方面未尝不相互为用，而归纳起来它却不会散失，是由于天道的神妙罢了。《老子》强调的是天道的本体，所以说："礼这东西，标志着忠信的不足，而且意味着祸乱的开始。"黄石公强调天道的功用，所以说：这五种思想体系是缺一不可的。

王氏批注：天道、德行、仁爱、正义、礼制，这五种品质彼此为用才可以做人、做事。想要实现正心、修身、齐家、治国的抱负，这五者缺一不可。

【评析】

高尚的道德品质是人的立世之本，是任何物质都不能换取的。大事业只能是人格完美的人才能担当得起。要立志做大事业，只靠技能还不行，必须要具备"天道、德行、仁爱、正义、礼仪"这些道德品质，否则立身不稳；处事不能不讲技能，否则就难以成功。以道德为准绳，以技能为手段，人生在世，二者缺一不可。只讲技能，不讲道德，终归要失败，终归要被人唾弃。

加强道德品质的自我修养，就要自尊自重，要明确并遵从社会的准则与规范。要时时反躬自省，从而自我完善。

【史例解读】

韩琦德量过人

韩琦出身世宦之家，父韩国华累官至右谏议大夫。韩琦3岁父母去世，由诸兄扶养，"既长，能自立，有大志气。端重寡言，不好嬉弄。性纯一，无邪曲，学问过人"。

天圣五年，弱冠之年考中进士，名列第二，授将作监丞、通判淄州。入直集贤院、监左藏库。三年八月，拜右司谏。

韩琦镇守相州的时候，因为祭祀孔子庙，所以住宿在外地。有个小偷入室行窃，举起刀对韩琦说："我无法自己养活自己，所以来向您请求周济一下。"韩琦说："茶几上的器具价值百千钱，全部都可以给你。"小偷又说："我想得到你的头，将它献给西边国家的人。"韩琦听后便伸出脖子。小偷低下头说："因为我听说过您非常有气量，所以就想来试试您。茶几上的东西，承蒙您已经送给了我，希望您不要把这件事泄露出去。"韩琦说："好的。"最终他兑现了一生不告诉任何人的承诺。后来，这个小偷因为其他事犯了罪，被判了死刑，在刑场上，他将这件事详细地说了出来："我担心我被处死之后，韩琦的德行就不能被世人所知了。"

姜后以德行感化周宣王

　　西周后期，周厉王忽视先王的礼乐教化，贪财争利，施行暴政，终使平民发生"国人暴动"，周厉王仓皇逃往晋国。

　　公元前827年，逃亡了14年的周厉王在晋国去世。隐匿在重臣召公家里的太子静被群臣拥立继承王位，称为宣王。

　　宣王的王后是齐侯的女儿姜氏。年幼时，父母对她的家庭教育非常重视，还专请善传德义的傅母教导训练，所以她不仅有姣好的容貌，更是一位贤德女子，不合礼之言，必不说，不合礼之事，必不做。

　　周宣王即位之初，在召公等人的扶持下，曾勤于政事。可是时间一久，他不免有些懈怠，不但早睡晚起，而且还常留在后宫不愿离去，延迟上朝听政。

　　见宣王如此迷恋女色，贤明的姜后十分担忧。她想：宣王身为天子，肩负造福天下的重责大任，不能全心于天下百姓，长此以往，非但不能力挽周室的衰落局面，而且难免重蹈周厉王的覆辙，甚至还会葬送掉周朝几百年的社稷，自己也将成为历史罪人。当年夏桀不就是由于迷恋妹喜而被商汤讨伐灭亡，商纣也是因为妲己而好色误国，最后落得在鹿台自焚的下场吗？

　　想到这里，姜后就摘下了头上的簪子和耳环等象征王后的饰品，换上普通女子的装束，然后拜托傅母代向宣王禀告说："是臣妾无德无才，滋生淫逸享乐之心，以致使君王受累，常常晚朝失礼，给人留下君王好色而忘德的印象。一旦迷恋于女色，就一定会穷奢极欲，疏于朝政，由此诸侯叛离，百姓怨声载道，引起社会的动乱。今天国家存在动乱的潜在因素，根源就是臣妾，所以特请君王治罪于我。"

傅母的禀告，令宣王如梦初醒，惭愧不已，他忙问傅母："王后现在何处？"傅母回答说："王后正站在长巷里，等候君王治罪。"

　　周宣王听罢遂赶往长巷，看到已脱去王后衣冠、自罚为平民等待发落的姜后。这种引过自责婉谏于君王的妇德，令宣王内心极受震撼，他既悔过又感激地对姜后说："这怎么是王后的错呢？完全是我的失德，不但没有励精图治，全力重整先王创下的基业，更不懂得防微杜渐，以修身为本。如今幸有王后及时提醒，否则我将会成为愧对列祖先王和天下的千古罪人。"

　　周宣王说完，吩咐随侍将姜后请回后宫。自此以后，他再也没有晚起过，对于政事更加勤勉用心，每天早出晚归。在修身上，他更是谨小慎微，不失天子威仪。

　　姜后为了使宣王不再为女色所缚，规定后宫起居内则：侍奉君王者，要等夜色深沉后秉烛而入，一进卧室便要把烛火熄灭。到了鸡鸣时分，就马上起床穿衣，并让身上的玉配等饰物，相互碰撞发出叮当的声音，然后迅速离开。宣王听到声音，也就马上翻身起床。

　　在姜后和众臣的辅助下，周宣王以中兴周室为己任，继承文王和武王遗下的礼乐教化精神。最终于执政45年的时间里，不仅有效延缓了西周王朝的快速衰落，而且还恢复到了周厉王前的太平局面，各诸侯国也纷纷来朝见天子。史称这一时期为"宣王中兴"。

【原典】

　　贤人君子，明于盛衰之道，通乎成败之数；审乎治乱之势，达乎去就之理。

　　注曰：盛衰有道，成败有数；治乱有势，去就有理。

　　王氏曰："君行仁道，信用忠良，其国昌盛，尽心而行；君若无道，不听良言，其国衰败，可以退隐闲居。若贪爱名禄，不知进退，必遭祸于身也。能审理、乱之势，行藏必以其道，若达去、就之理，进退必有其时。参详国家盛衰模样，君若圣明，肯听良言，虽无贤辅，其国可治；君不圣明，不纳良言，远贤能，其国难理。见可治，则就其国，竭立而行；若难理，则退其位，隐身闲居。有见识贤人，要省理乱道，去就动静。"

【译文】

　　贤明能干的人物和品德高尚的君子，都能看清国家兴盛、衰弱、存亡的道理，通晓事业成败的规律，明白社会政治修明与纷乱的形势，懂得隐退仕进的原则。

　　张商英注：兴盛或衰败有一定的道理，成功或失败有一定的规律，安定或大乱有一定的苗头，离去或留下有一定的时机。

　　王氏批注：君主施行仁政，任用忠臣良将，国家繁荣昌盛，那么就可以尽心做事，君王不行正道，不采纳良言，国家衰微，那么就退隐闲居。倘若贪爱功名利禄，不懂得出世入仕的道理，一定会有祸患降临到身上。能看清社会修明与纷乱的形势，入仕、隐居都依照形势而定；能懂得隐退仕进的原则，也就可以选择时机，或进或退。参酌详审国家强盛衰微的样子，君王如果英明，能听善意的话，即使没有贤良臣子辅佐，他的国家也一样能够治理；君王如果不英明，不采纳善意的话，疏远有才能的人，他的国家就难以治理。见到可以治理，就进入他的国家，尽力做事；如果不能治理，就从职位上退下来，退隐独居。有知识见闻的贤人，需要觉悟到治与乱的规律，从而做出出世、入仕的选择。

【评析】

　　世界上的每件事都有它自身的规律，所谓的成功人士就是顺应了这种规律，而不是他创造了某种规律。成功人士就像是摸石过河的人，事物的规律就像是水中的石头。摸准了石头，事半功倍；摸不着石头，只能被河水冲走，结果事倍功半，或者一无所成。有了石头并不代表你就能成功，你还要评估自己的实力，量力而行。

　　人的生命总是有限的，所以我们所经历的不论是成功还是失败，都是人生里宝贵的财富，虽然"人生不如意事十之八九"，但如果认定我们失败的经历就代表我们失败的人生，那不免浪费了生活赐给我们的珍宝。用这些经历历练我们超然于物外的智慧，必将最终使自己成为一个洞明世事、练达人情的智者。

【史例解读】

温峤佯醉巧脱身

　　东晋的时候，有个人叫温峤，自幼聪明颖慧，有胆有识，博学善文，尤其是以孝顺著称乡里。17岁时，他就开始做官，由于业绩突出，因此官职不断上升。晋明帝即位后，任侍中，朝廷里的机密大事他都能够参与。因为受到明帝重用，所以他也受到权臣王敦的嫉恨，但是王敦仍然让他担任左司马。

温峤心里清楚，王敦用他并不是信任他，而是要将自己置于手下加以控制。于是，温峤就假装顺从，以使王敦高兴。同时，对于王敦的心腹钱凤，温峤也常在人前夸赞他才华横溢，满腹经纶。钱凤听后从心里感到高兴，也与温峤相互友好。

这时丹杨尹的职位空缺，温峤主动推荐钱凤，而钱凤亦推举温峤。王敦听从钱凤的建议，请求朝廷任命温峤为丹杨尹，还亲自为温峤饯行。温峤担心钱凤在自己走后从中作梗，在王敦面前说自己的坏话，就在宴席上装作醉酒，用手将钱凤的巾帻击落在地，满脸怒色地大叫："钱凤是什么人，我温峤敬酒他敢不喝！"以此先发制人。

王敦以为温峤真的喝醉了，也不责怪，一笑置之。温峤又担心王敦中途变卦，临行时与王敦洒泪告别，还故意装作恋恋不舍的样子，三出三入，然后才上路赴任。等温峤出发后，钱凤就入见王敦劝谏说："温峤与朝廷关系甚密，与庾亮也是深交，此人未必可信。"

王敦笑曰："温峤昨天醉酒得罪了你，是不是你因此而来谗毁他呢？"钱凤的阴谋没有得逞。而温峤得以安全还都，向朝廷汇报了王敦的逆谋，请求朝廷早做准备，以备不测。

高瞻远瞩求生存

曾国藩被称为清代中兴之臣，然而荣耀得来并非易事，他多次陷入不利的处境，都是用信心鼓舞自己，不至于一蹶不振。事物发展的方向，要么有利于自己，要么不利于自己，曾国藩深得柔忍之道，既非不切实际地奋然一搏，也不永远销声匿迹，而是在貌似"不动"中寻求"变化"的契机。

他在日记中写道："静中细思，古今亿百年无有穷期，人生期间数十寒暑，仅须臾耳，当思一搏。大地数万里，不可纪极，人于其中寝处游息，昼仅一室，夜仅一榻耳，当思珍惜。古人书籍，近人著述，浩如烟海，人生目光之所能及者，不过九牛一毛耳，当思多览。事变万端，美名百途，人生才力之所能及者，不过太仓一粒耳，当思奋争。然知天之长，而吾所历者短，则忧患横逆之来，当少忍以待其定；知地之大，而吾所居者小，则遇荣利争夺之境，当退让以守其雌；知书籍之多而吾所见者寡，则当思择善而约守之；知事变之多而吾所办者少，则不敢以功名自矜，则当思举贤而共图之。"可谓甚解为人处世的智慧。

【原典】

故潜居抱道，以待其时。

注曰：道犹舟也，时犹水也；有舟楫之具，而无江海以行之，亦莫见其利涉也。

王氏曰："君不圣明，不能进谏、直言，其国衰败。事不能行其政，隐身闲居，躲避衰乱之亡；抱养道德，以待兴盛之时。"

【译文】

因此，当条件不适宜之时，都能默守正道，甘于隐伏，等待时机的到来。

张商英注：真道，就像船只一样；时机，就像大水一样。有了船只、船桨的便利却没有江河之水来使它运行，就不可能知道船只船桨有利于渡河。

王氏批注：如果君主不贤明，听不进忠言和真话，国事衰败，做事不能够实现自己的政治抱负，就不如隐藏起来，躲避混乱，修养自己，等待振兴的时机。

【评析】

这里所谓的"道"，就是成功之道，是自身修养的本领和能力，就好比渡河用的船，是实现个人理想的工具。但只有船，没有水也过不了河，水就像机会一样。所谓的成功人士之所以成功在于自身的德才皆备，但更重要的是懂得乘势而行，伺机而动，不会违背事情发展的规律，恣意妄动；倘若时机不成熟，便甘于寂寞，静观其变，这样才有可能收获成功。而世俗之人往往被成功后的光芒刺花了双眼，看不到成功之前的寂寞与无奈，从而一无所获。

【史例解读】

耐心等待，时机必现

战国时，安陵君是楚王的宠臣。有一天，江乙对安陵君说："您没有一点土地，宫中又没有骨肉至亲，然而身居高位，接受优厚的俸禄，国人见了您无不整衣而拜，无人不愿接受您的指令为您效劳，这是为什么呢？"

安陵君说："这不过是大王过高地抬举我罢了。不然哪能这样！"江乙便指出："用钱财相交的，钱财一旦用尽，交情也就断绝；靠美色结合的，色衰则情移。因此狐媚的女子不等卧席磨破，就遭遗弃；得宠的臣子不等车子坐坏，已被驱逐。如今您掌握楚国大权，却没有办法和大王深交，我暗自替您着急，觉得您处于危险之中。"

安陵君一听，恍如大梦初醒，恭恭敬敬地拜请江乙："既然这样，请先生指点迷津。""希望您一定要找个机会对大王说了，必能长久地保住权位。"安陵君说："我谨依先生之见。"

但是过了三年，安陵君依然没对楚王提起这句话。江乙为此又去见安陵君："我对您说的那些话，至今您也不去说，既然您不用我的计谋，我就不敢再见您的面了。"

言罢就要告辞。安陵君急忙挽留，说："我怎敢忘却先生教诲，只是一时还没有合适的机会。"

又过了几个月，时机终于来临了。这时候楚王到云梦去打猎，一千多辆奔驰的马车接连不断，旌旗蔽日，野火如霞，声威壮观。

这时一头狂怒的野牛顺着车轮的轨迹飞奔过来，楚王拉弓射箭，一箭正中牛头，把牛射死。百官和护卫欢声雷动，齐声称赞。楚王抽出带牦牛尾的旗帜，用旗杆按住牛头，仰天大笑道："痛快啊！今天的游猎，寡人何等快活！等我万岁千秋以后，谁与此乐矣？"

这时安陵君泪流满面地走上前来说："我进宫后就与大王同席共座，到外面我就陪伴大王乘车。如果大王万岁千秋之后，我希望随大王奔赴黄泉，变作褥草为大王阻挡蝼蚁，哪有比这种快乐更宽慰的事情呢？"

楚王闻听此言，深受感动，正式设坛封他为安陵君，安陵君自此更得楚王宠信。

甘于寂寞，方成大器

战国时期，赵国将军李牧一直在代郡雁门屯兵把守，以抵御北方匈奴的侵袭骚扰。李牧根据当地的情况，以利国利民的原则设置官吏，把下边收上来的租税一律交到了府署，作为军费使用。每天还要杀牛犒劳士兵，他一边训练士兵骑马射箭，一边布置好烽火报警，经常派人去侦察敌兵的情况。他总是强调让部队小心防备，说："如果匈奴兵来侵袭我们，大家不要乱来，赶快回来保护营寨，谁要是敢出击抓捕、俘虏匈奴人，就斩首示众。"

这样，每当匈奴兵入侵的时候，雁门守兵都不做什么抵抗，只是迅速赶回来保卫自己的营寨。几年下来，虽然匈奴没有占到丝毫便宜，但守关将士都认为李牧过于懦弱。就是赵国上下，也一致认为李牧胆小如鼠，不堪大用。赵王召回李牧，换将上马，一年之中，匈奴每次侵扰，守将都率兵冲出反击，结果次次失败，匈奴掠走了许多牧畜、粮食，边境一带不能够再种田放牧，人民流离失所，赵国损失很大。赵王不得不再重新起用李牧。李牧推说自己有病，闭门不出，赵王就强制让他重新出任雁门关的守将。

李牧对赵王说："您如果真心想用我为边将，那就得允许我用我过去的政策和老办法，我才能不辱使命。"赵王只好答应他。李牧这才去上任。到雁门之后，他依然优抚将士，仍然像以前一样约束他们。士兵每天都接受赏赐，却不同匈奴交兵，个个觉得有愧，纷纷表示愿意与匈奴决一死战。李牧这才决定趁将士士气正旺找机会同匈奴交战。经过精心备战，李牧让边民漫山遍野地放牧牲畜，匈奴兵一见有物可抢，有机可乘，都跃马持枪而来。李牧则指挥部队佯败而走，故意留下大量牧畜和千余人，让匈奴捕获。匈奴首领听到大获全胜的消息，便想乘胜追击，彻底击败李牧，大批人马压境而来，李牧则设置了许多奇阵，包抄了匈奴兵，一口气斩杀了十几万人，匈奴单于狼狈而逃。这一战之后的十几年间，匈奴再也不敢侵犯赵国的边境，边民也过上了安定的生活。

李牧正是运用了兵法中讲的待机而动，如果我方部队精良、势力强大，那么就可以伪装兵力薄弱，诱敌轻率出击，打他个措手不及。李牧匿强而战，也正是忍住自己的强势，取得了最后的胜利。

【原典】

若时至而行，则能极人臣之位；得机而动，则能成绝代之功。如其不遇，没身而已。

注曰：养之有素，及时而动；机不容发，岂容拟议者哉？

王氏曰："君臣相遇，各有其时。若遇其时，言听事从；立功行正，必至人臣相位。如魏征初事李密之时，不遇明主，不遂其志，不能成名立事；遇唐太宗圣德之君，言听事从，身居相位，名香万古，此乃时至而成功。事理安危，明之得失；临时而动，遇机会而行。辅佐明君，必施恩布德；理治国事，当以恤军、爱民；其功足高，同于前代贤臣。不遇明君，隐迹埋名，守分闲居；若是强行谏诤，必伤其身。"

【译文】

一旦时机到来而有所行动，常能建功立业，位极人臣。如果所遇非时，也不过是淡泊以终而已。

张商英注：养道平时有备，赶上时机就立即行动。时机不可错过，哪里允许揣度议论呢！

王氏批注：君王和臣僚的相遇，需要时机配合。如果赶上好的时机，君王对他言听计从，就能建立功名，身居大臣之列。魏征开始跟随李密的时候，不能够实现自己的志向，不能成功立业。直到遇到唐太宗，对他言听计从，官居相位，名垂千古。这就是把握时机而功成名就的例子。知晓侍奉君主的得失，明白自己所处地位的安危，等到有好的机会再施展自己的才能。辅佐贤明君王，一定向下推行君王的恩德；治理国家，首先应当体恤军民。这样就可以建立足以比肩前代贤臣的功绩。如果没有遇到好的君主，就必须懂得守拙之道，隐迹埋名，不问世事。如果强行推行自己的主张，一定会使自己受到伤害。

【评析】

常言道，"时势造英雄。"古今中外伟大人物的成功不仅在于自身的才德皆备，更重要的是懂得乘势而行，待时而动。龙无云则成虫，虎无风则类犬。适当地把握时机,适时掌握主动权,因势利导,就能变不利为有利,变被动为主动。孟子说:"虽有智慧,不如乘势。"可见机遇、局势对于有志者的重要性。

在生活中,我们必须时刻以应变的心态看待社会,要做好应对变故的思想准备,并机动灵活地运用应变之术,以使自己立于不败之地。

【史例解读】

明修栈道,暗度陈仓

汉元年正月,项羽恃强凌弱,自立为西楚霸王,定都彭城(今江苏徐州),统辖梁、楚九郡,他"计功割地",分封了18位诸侯王,并违背楚怀王"谁先攻入关中,谁就做关中王"的约定,把刘邦分封到偏僻荒凉的巴蜀,称为汉王,而把实际的关中之地一分为三,封给了秦的三个降将,用以遏制刘邦北上。刘邦心中十分怨恨,想率兵攻击项羽,后经萧何、张良一再劝阻,这才决定暂且隐忍不发。

天下分封已定,张良打算离开刘邦回韩国再事韩王成。刘邦赐金百镒,珠二斗。而张良把金珠悉数转赠给项伯,使他再为汉王请求加封汉中地区。项伯见利忘义,立即前去说服项羽。这样,刘邦建都南郑(今陕西南郑县东北),占据了秦岭以南巴、蜀、汉中三郡之地。

同年七月,张良送刘邦到褒中(今陕西褒城)。此处群山环抱,沿途都是悬崖峭壁,只有栈道凌空高架,以度行人,别无他途。张良观察地势,建议刘邦待汉军过后,全部烧毁入蜀的栈道,表示无东顾之意,以消除项羽的猜忌,同时也可防备他人的袭击。这样,就可以乘机养精蓄锐,等待时机,再展宏图了。刘邦依计而行,烧掉了沿途的栈道。张良此计,可谓用心良苦,它为刘邦的巩固发展和日后东进,提供了重要的保证。刘邦入汉中后,励精图治,积极休整。同年八月,刘邦用大将韩信之谋,避开雍王章邯的正面防御,乘机从故道"暗度陈仓"(今陕西宝鸡),从侧面出其不意地打败了雍王章邯、塞王司马欣和翟王董翳,一举平定三秦,夺取了关中宝地。略定三秦,刘邦倚据富饶、形胜的关中地区,便可以与项羽逐鹿天下了。一个"明烧",一个"暗渡",张、韩携手,珠联璧合,成为历史上的一段脍炙人口的佳话。

项羽闻知刘邦平定三秦,怒不可遏,决定率兵反击。张良早已料到这一点，于是寄书蒙蔽项羽，声称："汉王名不副实，欲得关中；如约既止，不敢再东进。"同时，张良还把齐王田荣谋叛之事转告项羽，说是"齐国欲与赵联兵灭楚，大敌当前，灭顶之灾，不可不防啊"，意在将楚军注意力引向东部。项羽果然中计，竟然无意西顾，转而北击三齐诸地毫无生气的腐朽力量。张良的信从侧面加强了"明烧栈道"的效果，把项羽的注意力引向东方，从而放松了对关中的防范，为刘邦赢得了宝贵的休养生息的时间。

静待时机终成大业

春秋时期，楚庄王在登基后，为了观察朝野的动态，也为了让别国对他放松警惕，当政三年以来，没有发布一项政令，在处理朝政方面没有任何作为，朝廷百官都为楚国的前途担忧。

楚庄王不理政务，每天不是出宫打猎游玩，就是在后宫里和妃子们喝酒取乐，并且不允许任何人劝谏，他通令全国："有敢于劝谏的人，就处以死罪！"

楚国主管军政的官职是右司马。当时，有一个担任右司马官职的人，看到天下大国争霸的形势对楚国很不利，他就想劝谏楚庄王放弃荒诞的生活，励精图治，使楚国成为继齐桓公、晋文公之后的诸侯霸主。然而，他又不敢触犯楚庄王的禁令，去直接劝谏。他绞尽脑汁也没有想出使楚庄王清醒过来的办法。

有一天，他看见楚庄王和妃子们做猜谜游戏，楚庄王玩得十分高兴。他灵机一动，决定用猜谜语的办法，在游戏欢乐中暗示楚庄王。

第二天上朝，楚庄王还是一言不发，这位右司马陪侍在旁。就在楚庄王准备宣布退朝的时候，他给楚庄王出了个谜语，说："奏王上，臣在南方时，见到过一种鸟，它落在南方的土岗上，三年不展翅、不飞翔，也不鸣叫，沉默无声，这只鸟叫什么名呢？"

楚庄王知道右司马是在暗示自己，就说："三年不展翅，是在生长羽翼；不飞翔、不鸣叫，是在观察民众的态度。这只鸟虽然不飞，一飞必然冲天；虽然不鸣，一鸣必然惊人。你回去吧，我知道你的意思了。"

楚庄王觉得大臣们要求富国强兵的心情十分迫切，自己整顿朝纲，重振君威的时机已经到来。半个月以后，楚庄王上朝，亲自处理政务，废除十项不利于楚国发展的刑法，兴办了九项有利于楚国发展的事务，诛杀了五个贪赃枉法的大臣，起用了六位有才干的读书人当官参政，把楚国治理得很好。

国内政局好转，于是便发兵讨伐齐国，在徐州战败了齐国。又出兵讨伐晋国，在河雍地区，同晋军交战，楚军取得胜利。

最后，在宋国召集诸侯国开会，楚国代替了齐、晋两国，成为天下诸侯的霸主。

因势利导，先发制人

公元617年，李渊在李世民的支持下在太原起兵反隋并很快占领长安。公元618年，隋炀帝被杀之后，李渊建立唐朝，并立世子李建成为太子。据说太原起兵是李世民的谋略，李渊曾答应他事成之后立他为太子。但天下平定后，李世民功名日盛，李渊却犹豫不决。李建成随即联合李元吉，排挤李世民。李渊的优柔寡断，也使朝中政令相互冲突，加速了诸子的兵戎相见。

是年，李建成向李渊建议由李元吉做统帅出征突厥，想要借此把握住秦王的兵马，然后趁机除掉李世民。李世民在危急时刻决定背水一战，先发制人。

武德九年六月四日，李世民向李渊告发了李建成和李元吉的阴谋，李渊决定次日询问二人。李建成获知阴谋败露，决定先入皇宫，逼李渊表态。在宫城北门玄武门执行禁卫总领常何本是太子亲信，却被李世民策反。六月四日（庚申），秦王亲自带一百多人埋伏在玄武门内。李建成和李元吉一同入朝，待走到临湖殿，发觉不对头，急忙拨马往回跑。李世民带领伏兵从后面喊杀而来。李元吉情急之下向李世民连射三箭，无一射中。李世民一箭就射死李建成，尉迟恭也射死李元吉。东宫的部将得到消息前来报仇，和秦王的部队在玄武门外发生激烈战斗，尉迟敬德将二人的头割下示众，李建成的兵马才不得已散去。之后，李世民跪见父亲，将事情经过上奏。三天后，李世民被立为皇太子，诏曰："自今军国庶事，无大小悉委太子处决，然后闻奏。"两个月后，李渊退位，李世民登基。

学会克制心中的不满

杨炎与卢杞在唐德宗时一度同任宰相。卢杞是一个善于揣摩上意、很有心计、貌似忠厚实则除了巧言善变别无所长的小人，而且脸上有大片的蓝色痣斑，相貌奇丑无比。但是与卢杞同为宰相的杨炎，却是个干练之才，受到世人的尊重和推崇，而且还是个仪表堂堂的美髯公。

但是，博学多闻，精通时政，具有卓越政治才能的杨炎，虽然具有宰相之能，性格却过于刚直。因此，像卢杞这样的小人，他根本就不放在眼里，从来都不与卢杞往来。

为此，卢杞怀恨在心，千方百计谋划着报复杨炎。

正好节度使梁崇义背叛朝廷，发动叛乱，德宗皇帝命淮西节度使李希烈前去讨伐。杨炎认为李希烈为人反复无常，不同意重用李希烈，于是极力劝谏德宗皇帝放弃这个决定。但是德宗已经下定了决心，对杨炎说："这件事你就不要管了！"可是，刚直的杨炎并不把德宗的不快放在眼里，还是一再表示反对用李希烈，这使本来就对他有点儿不满的德宗更加生气。

不巧的是，诏命下达之后，正好赶上连日阴雨，李希烈进军迟缓，德宗又是个急性子，于是就找卢杞商量。卢杞见这正是扳倒杨炎的绝好时机，便对德宗说："李希烈之所以拖延徘徊，正是因为听说杨炎反对他的缘故，陛下何必为了保全杨炎的面子而影响平定叛军的大事呢？不如暂时免去杨炎宰相的职位，让李希烈放心。等到叛军平定之后，再重新起用杨炎，也没有什么大关系！"

卢杞的这番话看似是为朝廷考虑，而且也没有一句伤害杨炎的话，德宗又怎能知道卢杞的真实用意呢？德宗果然听信了卢杞的话，免去了杨炎的宰相职务。

就这样，只方不圆的杨炎因为不愿与小人交往，没有适时克制自己的不满，莫名其妙地丢掉了相位。

【原典】

是以其道足高，而名重于后代。

注曰：道高则名随于后世而重矣。

王氏曰："识时务、晓进退，远保全身，好名传于后世。"

【译文】

因此他的道德非常高尚，他的名声也就在后代人中受到推崇，久传不衰了。

张商英注：道德如果高尚，那么名声就会流传后代而且受到推崇。

王氏批注：知晓形势的变化，把握仕隐的尺度，保全好自己，才有机会名传后世。

【评析】

究竟什么才叫成功，自古就没有一个统一的标准。传统的儒家思想看来，正心、修身、齐家、治国、平天下，就是成功。随着时间的推移，现代人又给了成功新的诠释，做名人、当老板、住洋房、开跑车才是真正的成功。无论是古人还是今人，他们都将成功理解得过分狭隘。其实，拥有一颗平常心，容人的雅量，一个和谐的家庭，孝顺的子女，无话不说的朋友……这才是真正的成功，没必要每个人都去争名夺利。只要能够真正理解成功的涵义，完全可以在社会、单位、家庭获得别人的尊敬，从而走向成功。

【史例解读】

王祥剖冰侍母

王祥是晋朝人，年少的时候母亲就过世了。他的继母姓朱，对王祥非常不好。屡次在他父亲面前说王祥的坏话，破坏他跟父亲的关系。王祥不但受尽了委屈，后母还对他百般刁难，甚至让他做一些没办法做的事情。王祥非但没有和后母作对，反而对后母更加的孝顺，希望能改变后母对他的态度。

后母朱氏喜欢吃新鲜的活鱼，所以就命王祥去抓鱼。可是当时时值严冬，所有的江河全部都冻结了，哪里还有鱼呢？但王祥为了满足母亲的愿望，还是顶着严寒来到河边，可河面早已冰封，如何抓鱼？王祥想了想，脱掉衣服，开始在冰上凿洞，希望鱼能出现。冰天雪地的，如今的我们出门都要穿着羽绒服，可王祥为了孝敬后母，却连身上本来单薄的衣服都脱掉了。他双唇变紫了，浑身颤抖。

后母如此难为的要求，王祥都毫无怨言，一心只祈求能捕到一条两条鱼，带回去奉养后母。这么淳厚的孝心，怎能不感动上天？

所以就在这个时候，冰突然自己裂开，竟然有两条鲤鱼跃了出来，王祥非常高兴，就拿回家烹调好给后母吃。

此外，后母还要求王祥捕黄雀烤给她吃。我们想一想这是多么困难的事情。捕捉又大费周折。然而皇天不负苦心人，竟然有好多的黄雀飞到王祥的帐篷里头，让王祥顺利地抓到黄雀。

他的后母不仅如此要求王祥，更过分的是：家里有棵果树，在果实成熟快要落地时，她吩咐王祥守着树，不能让一个果子掉在地上，这简直是成心刁难啊。然而王祥没有和后母大吵大闹。而是每到风雨天，别人都在家里避雨玩耍时，王祥却在风雨中奔向果树，抱着树哭泣，祈求这些果实不要掉落下来。

一个人在如此的环境中，是什么力量支撑他这样生活下去？唯有一个"孝"字，有如此大的力量。所以王祥即使面对这么恶劣的环境，他依然能安然地度过。

王祥有一颗至诚的孝心，实在是难能可贵。后母在王祥如此的孝敬之下，也很惭愧，最终受到了感化，对王祥也同亲生儿子一般对待了。

庾黔娄尝粪

庾黔娄是南北朝时南齐人，字子贞。

他被派到孱陵这个地方去当县令。刚当上县令，他很是欣喜。可是到任还不到十天，突然他就觉得心头好似小鹿撞一般，咚咚直跳，而且额头上的汗珠簌簌往下流。俗话说：父子连心。庾黔娄心想一定是家里有不祥之事，便要辞官回家。衙门里的人听说后，觉得辞掉官职很惋惜，便说："你要是不放心就先派个衙役回家看看。""要不然直接把家人接到这里。"但是庾黔娄一想到家中年迈的老父亲便毅然决然谢绝了众人的好意，马上启程。他不敢耽误片刻工夫，夜以继日地赶路，终于赶到家。

果不其然，他的父亲真的生病了，身患痢疾，卧床不起，刚两天。他看到卧床的老父亲说："是我没有照顾好您，都是我的责任啊！"然后庾黔娄不顾路途的疲劳立即去找最好的医生来为父亲诊断病情。

医生告诉庾黔娄说："如果你想要知道病情的严重与否，你就要去尝尝他的粪便味道如何，到底是苦还是甜。如果是苦的，就很容易医治；如果是甜的就不好了。"

在场的家仆都觉得这样会很为难。

可是庾黔娄听说后，想都不想便尝了。当场的人都深深地被庾黔娄的孝心感动了，有的还在一旁轻轻抽泣着。庾黔娄感到一丝甜味，这说明父亲的病很严重，就忧心如焚。

　　他更加尽力地侍奉父亲，白天亲自服侍，到了晚上就向着北斗七星磕头祈求，希望能以他自己的身体代替父亲承担病情，希望以他的生命来换取父亲的存活。每天如此，迫切地向上天祷告，头都磕破了。

　　但是父亲的病很严重，过了不久，就过世了。庾黔娄在守丧期间非常哀痛。他为了能赶快回家看父亲可以放弃官职，完全抛弃名利。这是一般人无法做到的，可见庾黔娄对父亲的孝心何其深。

正道章第二

【题解】

注曰：道不可以非正。

王氏曰："不偏其中，谓之正；人行之履，谓之道。此章之内，显明英俊、豪杰，明事顺理，各尽其道，所行忠、孝、义的道理。"

【释义】

张商英注：大道不会是偏斜的。

王氏批注：不偏离中间，就是正。人们走的路，就是道。这一章内，告诉人们英、俊、豪、杰是如何通晓事理，并按照各自的道义履行忠诚、仁孝、义气的。

【原典】

德足以怀远。

注曰：怀者，中心悦，而诚服之谓也。
王氏曰："善政安民，四海无事；以德治国，远近咸服。圣德明君，贤能良相，修德行政，礼贤爱士，屈己于人，好名散于四方，豪杰若闻如此贤义，自然归集。此是德行齐足，威声伏远道理。"

【译文】

品德高尚，则可使远方之人前来归顺。

张商英注：怀，是心中真心诚意地服从的意思。

王氏批注：施行仁政，国家平安无事，百姓安居乐业。以德治国，远近的百姓都会臣服。有德的君主和贤能的臣子，修炼自己的道德，并把德行施展在政治上，尊重人才，宁愿降低自己的身份，这样一来，好的名声就传播到远方，豪杰人士听到这样的贤明仁义，自然就归附过来。这就是修炼自己的道德，并在施政时躬行道德、好名远扬、能够使远方的人心悦诚服地归顺的道理。

【评析】

古语有之"以德服人"、"以德报怨"、"以德治国"等。道德高尚者以天下为己任，不拘泥于个人小利，尊敬贤者，爱惜人才，自然可以使人心悦诚服，使天下豪杰之士闻风而动，甘愿归附。孟尝君，战国四大公子之一，就是品德高尚的人，他的门客最多时可达三千余人，来自不同的诸侯国，大家不远千里而来，看重的正是他品德高尚这一点。

注重个人的德行，不仅古代适用，现代也同样适用。明智的管理者最在意的是名声，有好名声才有凝聚力，才能做到众望所归。因此，只有顾及下属对自己品质的评价，在下属面前树立一个公正无私的贤者形象，才能更好地树立起权威，取信于"民"。

【史例解读】

楚庄王绝缨救唐狡

楚庄王一次平定叛乱后大宴群臣，宠姬妃嫔也统统出席助兴，席间丝竹声响，轻歌曼舞，美酒佳肴，觥筹交错，直到黄昏仍未尽兴，楚庄王乃命点烛夜宴，还特别叫最宠爱的两位美人许姬和曼姬轮流向文臣武将们敬酒。

忽然一阵疾风吹过，宴席上的蜡烛都熄灭了。这时席上一位官员斗胆拉住了许姬的手，拉扯中，许姬撕断衣袖得以挣脱，并且扯下了那人帽子上的缨带，许姬回到楚庄王面前告状，让楚庄王点亮蜡烛后查看众人的帽缨，以便找出刚才的无礼之人。

楚庄王听完许姬的话，却传命先不要点燃蜡烛，而是大声说："寡人今日设宴，与诸位务要尽欢而散，现请诸位都去掉帽缨，以便更加尽兴地饮酒。"

听楚庄王这样说，大家都把帽缨取了下来，这才点上蜡烛，君臣尽兴而散。

席散回宫，许姬怪楚庄王不给她出气，楚庄王说："此次君臣饮宴，旨在狂欢尽兴，融洽君臣关系，酒后失性乃人之常情，若要究其责任，加以责罚，岂不大煞风景？"

许姬这才明白楚庄王的用意，这就是历史上有名的"绝缨宴"。

7年后，楚庄王伐郑，健将唐狡自告奋勇，愿率百名壮士，为全军先锋。唐狡拼命杀敌，使大军一天就攻到郑国国都的郊外。楚庄王夸奖统率大军的襄老，襄老说："不是我的功劳，是副将唐狡的战功。"于是，楚庄王决定奖赏唐狡，并要重用他。唐狡说："我就是那位牵夫人衣袂的罪人。大王能隐臣罪而不诛，臣自当拼死以效微力。哪敢奢望奖赏呢？"

战后楚庄王论功行赏，才知这员战将名叫唐狡，唐狡表示不要赏赐，坦承7年前无礼之人就是自己，今日此举全为报7年前不究之恩。

楚庄王大为感叹，便把许姬赐给了他。

成大事者不记小过

袁盎做吴王的相国时，手下有位从史和袁盎的侍妾私通。袁盎知道此事后并没有张扬，但从史还是知道了奸情败露，吓得仓皇逃走。

袁盎亲自去追回从史，从史面色如土，以为自己要被重罚，谁知道袁盎把侍妾带到他身边，说："你既然喜欢她，她就是你的了。"

从此，他待从史还是和过去一样。后来从史离开他去别处为官。

景帝时，袁盎入朝当了太常。他出使吴国时，正好赶上吴王预谋反叛，吴王派了五百人包围了他的住处，要杀死袁盎。袁盎对自己的危机却一无所知，幸好围守袁盎的校尉司马买了二百石好酒，把五百人灌醉，然后通知了袁盎。

袁盎十分惊异，问："您是谁？为什么要帮我？"司马说："您不记得原来与您的小妾有私情的从史了吗？"袁盎这才知道现在救了自己性命的，原来就是当年那个从史。

五代史梁朝的葛周、宋代的种世衡，都因为对此类事情的容忍宽大而得以战胜对手，讨伐叛逆。葛周曾和他宠爱的美妾一起喝酒，有个卫兵用眼睛盯着美妾看，连葛周问他话都答错了。过后他意识到自己的失态，怕葛周加罪于他，但葛周表现得若无其事。后来，葛周在和唐交战时失利，幸好这个卫兵奋勇破敌，打败了敌人。事后葛周把那个美妾送给这个卫兵为妾。

北宋初年，西北诸部落中，苏慕恩的势力最大，当时镇守边关的种世衡曾和他彻夜饮酒，还把一个侍妾叫出来陪酒。过了一会儿，种世衡起身到里面去，苏慕恩就趁机调戏侍妾。这时种世衡从里面出来，正巧撞见，苏慕恩感到十分惭愧，就向他请罪。种世衡说："你喜欢她就送给你。"于是侍妾送给了苏慕恩。正因为如此，各个部落有叛乱，种世衡就让苏慕恩去平叛，每次都能成功。

袁盎、葛周和种世衡对"小过"从不斤斤计较，这样自然会得到人心，有利于为人处世。

曹操不计前嫌重用陈琳

这是一个家喻户晓的故事。官渡之战前，陈琳为袁绍写讨伐曹操的檄文。陈琳才思敏捷，斐然成章，文章从曹操的祖父骂起，一直骂到曹操本人，贬斥他是古今第一"贪残虐烈无道之臣"。据说曹操让手下念这篇檄文时正犯头痛病，听到要紧处不禁厉声大叫，气出一身冷汗，头竟然不疼了。可见此文的确戳到了曹操的要害。

袁绍战败后，陈琳转投曹操。曹操对这篇火力凶猛的檄文还耿耿于怀，便问陈琳："你骂我就骂我吧，为何要牵累我的祖宗三代呢？"陈琳的回答言简意赅："箭在弦上，不得不发耳！"曹操听了呵呵一笑，不再计较。

曹操是三国里最有名的奸雄。奸是说他诡计多端，手腕玩得炉火纯青；雄则表明他并非蝇营狗苟、鼠目寸光之辈，他有英气、有壮志，更有一代雄主的大度。他不杀陈琳，颇能体现后一种风范，因此被人赞不绝口。

曹操知道，陈琳这样的文人并非存心和他过不去，当年写檄文骂他，是形势所逼，迫不得已。所谓各为其主，既然陈琳谋食于袁绍，那主公要他干活，理当尽心竭力。檄文就是这种情形下的产物。杀掉陈琳，虽没有什么明显的负面效应，却也无利可图，倒不如放他一马，为己所用。陈琳是难得的人才，又痛骂过曹操，现在居然在曹营感激涕零地干革命工作，不啻是一个绝妙的广告。曹操此举不仅为自己博得了好名声，且很能吸引读书人，可谓一箭双雕。

这让陈琳很感动，后来为曹操出了不少好主意。直到建安二十二年，中原大疫，陈琳病死。虽称不上善终，比起祢衡被借刀杀掉、孔融的倾巢之覆，以及杨修的死于非命，到底幸运多了。这得感谢曹操。精于算计是一回事，但生杀大权毕竟牢牢握在手中。好在智慧的陈琳不乏运气，遇见一个杀人还算讲点"原则"的主子。

【原典】

信足以一异，义足以得众。

注曰：有行有为，而众人宜之，则得乎众人矣。天无信，四时失序；人无信，行止不立。人若志诚守信，乃立身成名之本。君子寡言，言必忠信，一言议定再不肯改议、失约。有得有为而众人宜之，则得乎众人心。一异者，言天下之道一而已矣，不使人分门别户。赏不先于身，利不厚于己；喜乐共享，患难相恤。如汉先主结义于桃园，立功名于三国；唐太宗集义于太原，成事于隋末，此是义足以得众道理。

【译文】

诚实不欺，可以统一不同的意见。公平合理，可以得到部下群众的拥戴。

张商英注：有行动有作为，而且众人对此能够适应，就会博得众人的拥护。上天失去信用，四季错乱；人没有信用，就不可能有建树。诚实守信是立身成名的根本。所以，自古成就大事业的人大都沉默少言，一旦说出来就必定履行诺言，不会毁约。"一异"的意思是说，天道只有一个，并没有那么多解释和分歧。使别人先于自己得到奖赏，利益自己也不多占有。有乐同享，有苦同当。就像蜀汉刘备当初与关羽张飞桃园结义，最终在三国时成就功名。李世民在太原广行仁义，最终在隋末成就霸业。这就是依靠仁义可以得到群众拥戴的含义。

【评析】

信就是要讲信用，如季布之一诺千金。人无信不立，诚信是立身成名的根本。

诚信的影响无所不及，从一个人的成败得失，到一个民族的兴衰，再到一个社会的前进与否，可见诚信的重要性。

时至今日，诚信依然是当今社会稀有的资源。除了注重诚信外，今人在为人处世上也应重情重义，这样才能事半功倍。诚信无价，虽然一时的坦诚可能会失去眼前的利益，但换来的确是比金钱更重要的信任，收获的是长期的利益。

【史例解读】

季札墓地挂剑

周代的季札，是吴国国君的公子。有一次，季札出使鲁国时经过徐国，于是就去拜会徐君。徐君一见到季札，就被他的气质涵养所打动，内心感到非常亲切。徐君默视着季札端庄得体的仪容与着装，突然，被他腰间的一把祥光闪动的佩剑深深地吸引住了。在古时候，剑是一种装饰，也代表着一种礼仪。无论是士臣还是将相，身上通常都会佩戴着一把宝剑。

季札的这柄剑铸造得很有气魄，它的构思精巧，造型温厚，几颗宝石镶嵌其中，典丽而又不失庄重。只有像季札这般气质的人，才配得上这把剑。徐君虽然喜欢在心里，却不好意思表达出来，只是目光奕奕，不住地朝它观望。季札看在眼里，内心暗暗想道：等我办完事情之后，一定要回来将这把佩剑送给徐君。为了完成出使的使命，季札暂时还无法送他。

怎料世事无常，等到季札出使返回的时候，徐君却已经过世了。季札来到徐君的墓旁，内心有说不出的悲戚与感伤。他望着苍凉的天空，把那把长长的剑挂在了树上，心中默默地祝祷着："您虽然已经走了，我内心那曾有的许诺却常在。希望您的在天之灵，在向着这棵树遥遥而望之时，还会记得我佩着这把长长的剑，向您道别的那个时候。"他默默地对着墓碑躬身而拜，然后返身离去。

季札的随从非常疑惑地问他："徐君已经过世了，您将这把剑悬在这里，又有什么用呢？"季子说："虽然他已经走了，但我的内心对他曾经有过承诺。徐君非常喜欢这把剑，我心里想：回来之后，一定要将剑送给他。君子讲求的是诚信与道义，怎么能够因为他的过世，而背弃为人应有的信与义，违弃原本的初衷呢？"

至诚至信的诸葛亮

三国时，蜀汉建兴九年，诸葛亮用木牛运输军粮，再出兵祁山（今甘肃礼县东北祁山堡），第四次攻魏。魏明帝曹叡亲自到长安指挥战斗，命令司马懿统帅费曜、戴陵、郭淮诸将领，征发雍、凉二州精兵三十余万迎战蜀军。司马懿调齐军马，留费曜、戴陵二将屯扎，然后率大军直奔祁山。诸葛亮见魏军兵多将广，来势凶猛，不敢轻敌，命令部队占据山险要塞，严阵以待。魏蜀两军旌旗在望，鼓角相闻，战斗随时可能发生。在这紧要时刻，蜀军中有八万人服役期满，已由新兵接替，正整装待返故乡。魏军有三十余万，兵力众多，连营数里。蜀军中这八万老兵一离开，就显得单薄了。众将领都为此感到忧虑。这些整装待归的战士也在忧虑，生怕盼望已久的回乡心愿不能立即实现，估计要到这场战争结束才能回去。

蜀军将领纷纷向诸葛亮进言，要求八万兵士留下，延期一个月，等打完这一仗再走。诸葛亮断然拒绝道："统帅三军必须以遵守承诺、坚守信用为本，我岂能以一时之需，而失信于军民？"诸葛亮停了一停，又道："何况远出的兵士早已归心似箭，家中的父母妻儿终日倚门而望，盼望着他们早日归家团聚。"遂下令各部，催促兵士登程。此令一下，准备还乡的士兵开始感到意外，接着欣喜异常，感激得涕泪交流。他们反而不愿走了，纷纷说："丞相待我们恩重如山，我们理应誓死杀敌，以报大恩。"他们一个个自愿报名，要求留下参加战斗。那些在队的士兵也受到极大的鼓舞，士气高昂，摩拳擦掌，准备痛歼魏军。诸葛亮在紧要关头不改原令，使还乡的命令变成了战斗的动员令。他运筹帷幄，巧设奇计，在木门设下伏兵。魏军先锋张郃，是一员勇将，被诱入木门埋伏圈中，弓弩齐发，死于乱箭之下。蜀军人人奋勇，个个争先，魏军大败，司马懿被迫引军撤退。诸葛亮犒劳三军，尤其褒奖了那些放弃回乡、主动参战的士兵。蜀营中一片欢腾。

诸葛亮取信于士兵，宁肯使自己一时为难，也要对士兵、百姓讲诚信。他深知一次欺诈的行为可能会解决暂时的危机，但这背后所隐伏的灾患却比危机本身更危险。

【原典】

才足以鉴古，明足以照下，此人之俊也。

注曰：嫌疑之际，非智不决。

王氏曰："古之成败，无才智，不能通晓今时得失；不聪明，难以分辨是非。才智齐足，必能通晓时务；聪明广览，可以详辨兴衰。若能参审古今成败之事，便有鉴其得失。天运日月，照耀于昼夜之中，无所不明；人聪耳目，听鉴于声色之势，无所不辨。居人之上，如镜高悬，一般人之善恶，自然照见。在上之人，善能分辨善恶，别辨贤愚；在下之人，自然不敢为非。

能行此五件，便是聪明俊毅之人。

德行存之于心，仁义行之于外。但凡动静其间，若有威仪，是形端表正之礼。人若见之，动静安详，行止威仪，自然心生恭敬之礼，上下不敢怠慢。

自知者，明智人者。明可以鉴察自己之善恶，智可以详决他人之嫌疑。聪明之人，事奉君王，必要省晓嫌疑道理。若是嫌疑时分却近前，行必惹祸患怪怨，其间管领勾当，身必不安。若识嫌疑，便识进退，自然身无祸也。"

【译文】

才识杰出，可以知古鉴今。聪明睿智，可以知众而容众。具备这样的

"德、信、义、才、明"五种品质的人，可以称之为人中之俊。

张商英注：遇到疑惑难辨的事情时，如果没有智慧就不能决断。

王氏批注：参照古人成功与失败的事例，如果没有才智，就不能预见现在的成功或者失败，如果不够聪明，就不能分辨正确还是错误。才智双全，必能了解当下的情况；聪明广闻，必能够预测兴衰成败。如果参照从古至今的那些成功和失败的事迹，就能够对现在的所作所为正确与否做出判断。天空中，白天有太阳，晚上有月亮，没有什么大地上的东西可以不被照见。人如果耳聪目明，体察古今形势的转变，没有什么东西可以不被预测到。身居高位，如同镜子挂在高处，人们的善恶贤愚就都能够很自然地看见了。身居要职的人倘若能够明辨是非，底下的人就不敢为非作歹了。

德行高尚、恪守信用、办事公正、博学多才、明智通达——具备这五种品质的，就是聪明俊毅之人。

于自己的内心保守德行，于身体之外躬行仁义，举手投足间，端庄大方，符合礼仪。众人见到了，自然心生恭敬之心，从君王到臣僚，没有人敢怠慢。

自知的人，也就是明智的人。"明"是说能够省悟体察到自己的优缺点，"智"是说可以感受到别人对自己是否猜疑，是否信任。聪明的人侍奉君王，一定要弄明白这个"猜疑"的含义。如果正在被怀疑，还要主动做事，一定会惹上祸患、遭受责备。治理实施的过程中，自身一定不安全。如果知道被猜疑，便知道该做事还是该隐退，自然就不会受到伤害。

【评析】

孔子曾言："四十而不惑"，对于孔子这种大智的人，也许可以做得到，对活在当下的人而言，这只能是一个理想。如今的四十岁正是"大惑"之期，心中有惑，眼中无奈，焦急地注视着岁月的流逝。

人之所以有"困惑"，就在于选择太多、诱惑太多。由于信息太通畅，现代人都生活在"机会泡沫"之中，许多人因为定力不够，最后都淹死在泡沫里。人们不明白一个道理，世界上路再多，你能走的只有一条，没有一个人可以同时在两条路上行走。那么再多的路，对你又有什么意义呢？选择一条路，只要专注地走下去，条条都是金光大道。

那些成功人士，无论周围环境如何纷乱，他们从不会被其干扰，因为在他们的内心里永远有一块与世隔绝的乐土，这里是智慧发芽、成长的田园。

【史例解读】

遵循客观规律

楚灵王派其弟公子疾灭掉蔡国后，想封弃疾为蔡公，心里未决，便与上大夫申无宇商议怎么办。

申无宇答曰："'知子莫若父，知臣莫若君。'关于此事，还是大王您自己决定吧。若要臣表态，那我就给您讲一个故事吧——从前，郑庄公建成栎城后，派子元去防守。子元去后，招兵买马，扩充实力，其势越来越大。到了郑昭公时代，子元的势力能够钳制王室，逼得昭公连'公'字也称不起了。有这么一种说法：不能同时把五个身份高贵的人置于远方，也不能同时把五个身份低贱的人留在朝廷。不能让血亲到外界去，也不能让外臣进入朝廷机要处。这是治国安邦的好方法。大王您不依这个道理办事，竟想让弃疾戍守在外，而使郑丹为臣居于朝内，这将招致大祸呀！请大王明察！"

灵王认为申无宇说得有道理，便听从了他的建议。接着他又问道："国内筑大城是好事，还是坏事？"

申无宇回答："郑昭公因筑栎城而见杀，宋子游为建亳城而被诛，齐无知因渠城被害，卫献公却因蒲城而遭放逐。栎、亳、渠、蒲都是大城，甚至与国都都相等。这好比大树一样，当树枝的末梢过大时，树干就不堪其累而折断，又如动物一样，其尾太粗，超过了头部，它就无法摇动、辗转。因此，敦请君主再慎重斟酌。"

申无宇以他头脑清晰、思维敏捷的辩才，为灵王提供了答案。他的回答深入浅出、有理有据、立论环环相扣，不怕灵王不听。同时也为我们提供了一个很好的借鉴：做事一定要遵循客观规律，头脑发热盲目地去办事不但不能达到预期目的，还会受到客观规律的惩罚。

【原典】

行足以为仪表，智足以决嫌疑，信可以使守约，廉可以使分财，此人之豪也。

注曰：孔子为委吏乘田之职是也。

王氏曰："诚信，君子之本；守己，养德之源。若有关系机密重事，用人其间，选拣身能志诚，语能忠信，共与会约；至于患难之时，必不悔约、失信。

掌法从其公正，不偏于事；主财守其廉洁，不私于利。肯立纪纲，遵行法度，财物不贪爱。惜行止，有志气，必知羞耻；此等之人，掌管钱粮，岂有虚废？

若能行此四件，便是英豪贤人。"

【译文】

行为端正，可以为人表率。足智多谋，可以解决疑难问题。讲究信用，可以守约而无悔。廉洁公正，并且疏财仗义，这样的人，可以称他为人中之豪杰。

张商英注：孔子年轻时做过管理仓库的"委吏"和看管牛羊的"乘田"。

王氏批注：诚信是君子为人的根本，安守本分是培养品德的根源。如果有需要严守秘密的重大事情，需要挑选人才，选择行为态度诚心诚意、言语忠诚信实的人，与他共同订立规约。一旦有了忧患灾难，他一定不会违背协议，丧失信用。

履行规则采取公正的原则，不因为某一案件而有所偏颇。掌管财务遵守廉洁的原则，不私自拿好处。能够制定法度，遵行法规，不贪爱财物。注重自己的一言一行，有上进心的人，必定知道羞辱惭愧。让这样的人掌管税收财物，钱财怎么会白白丢失呢？

具备这些品质的，就是人中之"豪"。

【评析】

古今中外的成功者，都有成功的内在因素，其中执行力、判断力、自制力、自省力就是最基本的四项因素。比如说自制能力，这几乎是每一个成功者都应具备的能力。它使我们可以坚持自己的信念，给我们顽强的毅力，不受周围事物的影响，不论成功与失败，不论屈辱与荣耀，永远不失去自我。虽然金钱、名利、美色等都有可能使人丧失理智，然而，真正的智慧是不会被其困扰的，而且，只有具备真正的智慧，才能在这些诱惑面前做出冷静、正确的抉择。

【史例解读】

廉洁守己留美名

列子有一段时间在郑国游学。因为所讲的内容过于高深，所以到他门下来听课的人很少，他的衣食也就成了问题。

列子食不果腹经常挨饿，脸上露出了菜色。有一个经常聆听列子讲述治国安邦、修身养性大道理的人，对列子十分佩服。可是久而久之，他发现列子的脸色不好，惊问其故。列子据实相告，这个人非常不平。

有一次他在路上遇见了郑国的宰相子阳，就对他说："列御寇是一位有道德有学问的人，在你这里却穷困不堪，难道你不喜欢道德学问都好的读书人吗？"

子阳听了十分惊讶，回到宫里之后，他就命令手下人，赶快给列子送去一车粮食。

列子听说有人给自己送粮食来了，连忙打听这粮食是谁送的，押车的人就把情况讲了一番。

列子当即拒绝接受这车粮食，送粮的人十分惊讶，一定要列子收下，可列子就是不收，无奈之下送粮的人只好把粮食又运了回去。

妻子对此十分不解，她惋惜地说："我听说做有学问人的妻子，都能得到安逸快乐的生活。现在我们吃不饱穿不暖，上面派人给你送粮食，你却不接受，难道你不让我们活了吗？"

列子说："宰相送粮食给我，并不是他自己知道的，而是因为听了别人说我穷才送我的，他没有来亲自了解我的情况；将来要是有人在他面前说我坏话，而他照样不来亲自了解情况，那不就后患无穷了吗？"

妻子点头称是。果然没过多久，有人作乱杀掉了子阳。列子因拒食子阳送来的粮食而得以免受牵连。

不识大体丢性命

唐贞观八年，吐谷浑可汗伏允年老昏庸，在权臣天柱王的唆使下，多次兴兵侵入河西走廊，截断由长安通往西域的丝绸之路。吐谷浑还多次故意挑起事端，拘留唐朝的使臣。唐太宗十余次遣使交涉，伏允都置之不理，并口出狂言。

吐谷浑的使者来到长安，唐太宗亲自接见，苦口言利弊，晓以祸福，希望能够与吐谷浑改善关系，重开丝绸之路。吐谷浑的使者表面上应允而去，但实际上伏允并没有悔改之意，依旧不断地骚扰边境。唐太宗对这种阳奉阴违的做法实在忍无可忍，决心重新打通通往河西走廊的路线。他先派左晓卫大将军段志玄为西海道行军总管，率军出征。但是，段志玄的部队虽然获得几次小的胜利，却无损吐谷浑实力，这让伏允更加猖狂。唐军一来，他就率部驱马携帐而走；唐军一退，他又卷土重来。

唐太宗决心大举进攻吐谷浑，派老将李靖为帅出征。

贞观九年，以李靖为西海道行军大总管，任城王李道宗、兵部尚书侯君集为副帅，唐军到达鄯州，伏允一见唐军大批人马前来，便引军西逃，试图以险恶的地形、多变的气候为有利条件，使距大后方路途遥远、运粮困难的唐军大败而归。李靖依据这种情况制定了"连续作战，速战速决"的方针。大军到达库山后，立刻分兵千余骑绕过库山，从背后袭击伏允。伏允腹背受敌，仓皇而逃。

为阻止唐军的追击，伏允下令烧粮草和草原，退向沙漠。唐军追赶过来，却见满目焦土。没有粮食可用的唐军顿时陷入了困境。有人主退，有人主战。副帅侯君集认为："之前，段志玄前脚刚刚到鄯州，敌军后脚就到城下。现在吐谷浑如鼠逃鸟散，取之不难，如现在不追将来让他们有了喘息的机会就要悔之不及。"于是下令兵分南北两路，深入敌境夹击逃敌。

李靖率一部北进，势如破竹，一败吐谷浑于曼头山，再败敌军于牛心堆。侯君集率南军穿越2000里的无人区，直追到乌海，才见到吐谷浑的营帐，唐军当即端营杀入，伏允逃散而去。唐军紧追不放，连战连捷，吐谷浑将领大多非死即降。伏允走投无路，只好逃入沙漠深处。李靖率军穷追猛打，将士们没有水喝，只好刺出马血，吮吸解渴。终于在一天傍晚，唐军追上了正准备安营扎寨的伏允。唐军将士奋勇杀敌，斩杀千余，缴获牲畜二十余万头。伏允的儿子慕容顺被迫率众投降，伏允率亲信十余骑再次逃走，但没几日，部众散尽，伏允自杀而亡。

伏允的狂妄自大、不识大体，不仅酿成了一场大规模的战争，令众多将士战死，而且也葬送了自己的性命。

【原典】

守职而不废，处义而不回。

注曰：迫于利害之际，而确然守义者，此不回也。

王氏曰："设官定位，各有掌管之事理。分守其职，勿择干办之易难，必索尽心向前办。不该管之事休管，逞自己之聪明，强揽揽而行为之，犯不合管之事；若不误了自己之名爵，职位必不失废。

避患求安，生无贤易之名；居危不便，死尽效忠之道。侍奉君王，必索尽心行政；遇患难之际，竭力亡身，宁守仁义而死也，有忠义清名；避仁义而求生，虽存其命，不以为美。故曰：有死之荣，无生之辱。

临患难效力尽忠，遇危险心无二志，身荣名显。快活时分，同共受用；事急、国危，却不救济，此是忘恩背义之人，君子贤人不肯背义忘恩。如李密与唐兵阵败，伤身坠马倒于涧下，将士皆散，唯王伯当一人在侧，唐将呼之，汝可受降，免你之死。伯当曰：忠臣不事二主，吾宁死不受降。恐矢射所伤其主，伏身于李密之上，后被唐兵乱射，君臣迭尸，死于涧中。忠臣义士，患难相同；临危遇难，而不苟免。王伯当忠义之名，自唐传于今世。"

【译文】

恪尽职守，而无所废弛；恪守信义，而不稍加改变。

张商英注：在利害相迫时依然坚持正义，这就是义无反顾。

王氏批注：设立官职，规定职位，彼此各有主持的事情。安守自己的本职工作，不挑剔公事的艰难或者容易，一定要竭尽心力向前推进。不该管理的事物不要管，不要依仗自己的聪明，硬揽在自己手里去做，侵犯到了不该管的事情。如果可以使自己的名号、爵位、职位不受到侵害，就没有什么东西可以废弛缺失了。

躲避祸患，苟且偷安，想做个不费力的贤人是没有机会的；遇到危险和困难，即使身死也要尽忠尽孝。侍奉君主一定会尽心办理政事，遭遇忧患苦难的时候，竭尽全力而不考虑自己，宁可保持仁义而死去，这样会有一个"忠义"的美名。不顾仁义而苟且活着，虽然能保住生命，却不是美善的事情。因此说，宁要死去后的荣耀，不要苟且偷生的耻辱。

遇到忧患困难时，为君主效劳，竭尽忠诚；面临可能失败的境况，不起异心，就会一生荣耀，声名显达。快乐的时候一同享受，事情紧急、国家危难时，却不来帮忙，这是忘恩负义的小人。君子贤人是不愿意做忘恩负义之人的。比如隋末时候，瓦岗军首领李密和唐军作战失败了，受伤后从马上掉落到水沟里，将领和士兵都跑光了，只有王伯当一个人还在他身旁。唐兵将领对他喊："你投降吧，饶你不死。"王伯当却说："忠于君主的臣子不侍奉第二个主子，我宁愿死也不投降。"他担心箭矢伤害到李密的身体，就自己伏在李密身体上。最后唐兵乱箭齐射，君臣身体相叠，都死在水沟里。忠臣义士，遭遇祸患时与平日并没有差异，面临危险时，并不苟求不被伤害。王伯当忠义美名，从唐代一直传到现在。

【评析】

不管职务大小，不管在什么岗位，都要忠于职守、爱岗敬业；不论遇到什么情况，如果你认定是正确的东西就要坚持，而且百折不挠，永不回头。

工作不分贵贱，但是有一些人常常轻视自己那份不起眼的工作，结果却与大事业擦肩而过。其实将一件小事专心做到极致，那就变为大事业了。当然也不能忽视坚持的力量，抱定"将小事做到极致"这个信念，就应该永不放弃，这样离成功就更近了一步。

【史例解读】

不辱君命得善果

匈奴自从被卫青、霍去病打败以后，双方有好几年没打仗。他们口头上表示要跟汉朝和好，实际上还是随时想进犯中原。

匈奴的单于一次次派使者来求和，可是汉朝的使者到匈奴去回访，有的却被他们扣留了。汉朝也扣留了一些匈奴使者。

公元前100年，汉武帝正想出兵打匈奴，匈奴就派使者来求和了，还把汉朝的使者都放回来。汉武帝为了答复匈奴的善意表示，派中郎将苏武拿着旌节，带着副手张胜和随员常惠，出使匈奴。

苏武到了匈奴，送回扣留的使者，送上礼物。苏武正等单于写个回信让他回去，没想到就在这个时候，出了一件倒霉的事儿。

苏武没到匈奴之前，有个汉人叫卫律，在出使匈奴后投降了匈奴。单于特别重用他，封他为王。卫律有一个部下叫虞常，对卫律很不满意。他跟苏武的副手张胜原来是朋友，就暗地跟张胜商量，想杀了卫律，劫持单于的母亲，逃回中原去。

张胜表示同意，没想到虞常的计划没成功，反而被匈奴人逮住了。单于大怒，叫卫律审问虞常，还要查问出同谋的人来。

苏武本来不知道这件事。到了这时候，张胜怕受到牵连，才告诉苏武。

苏武说："事情已经到这个地步，一定会牵连到我。如果让人家审问以后再死，不是更给朝廷丢脸吗？"说罢，就拔出刀来要自杀。张胜和随员常惠眼快，夺去他手里的刀，把他劝住了。

虞常受尽种种刑罚，只承认跟张胜是朋友，说过话，死也不承认跟他同谋。

卫律向单于报告。单于大怒，想杀死苏武，被大臣劝阻了，单于又叫卫律去逼迫苏武投降。

苏武一听卫律叫他投降，就说："我是汉朝的使者，如果违背了使命，丧失了气节，还有什么脸见人。"就拔出刀来向脖子抹去。

卫律慌忙把他抱住，苏武的脖子已受了重伤，昏了过去。卫律赶快叫人抢救，苏武才慢慢苏醒过来。

单于觉得苏武是个有气节的好汉，十分钦佩他。等苏武伤痊愈了，单于又想逼苏武投降。

单于派卫律审问虞常，让苏武在旁边听着。卫律先把虞常定了死罪，杀了；接着，又举剑威胁张胜，张胜贪生怕死，投降了。

卫律对苏武说："你的副手有罪，你也得连坐。"苏武说："我既没有跟他同谋，又不是他的亲属，为什么要连坐？"

卫律又举起剑威胁苏武，苏武不动声色。卫律没法，只好把举起的剑放下来，劝苏武说："我也是不得已才投降匈奴的，单于待我好，封我为王，给我几万名的部下和满山的牛羊，享尽富贵荣华。先生如果能够投降匈奴，明天也跟我一样，何必白白送掉性命呢？"

苏武怒气冲冲地站起来，说："卫律！你是汉人的儿子，做了汉朝的臣子。你忘恩负义，背叛了父母，背叛了朝廷，厚颜无耻地做了汉奸，还有什么脸来和我说话。我绝不会投降，怎么逼我也没有用。"

卫律碰了一鼻子灰回去，向单于报告。单于把苏武关在地窖里，不给他吃的喝的，想用长期折磨的办法，逼他屈服。

这时候正是入冬天气，外面下着鹅毛大雪。苏武忍饥挨饿，渴了，就捧了一把雪止渴；饿了，扯了一些皮带、羊皮片啃着充饥。过了几天，居然没有饿死。

单于见折磨他没用，就把他送到北海（今贝加尔湖）边去放羊，跟他的部下常惠分隔开来，不许他们通消息，还对苏武说："等公羊生了小羊，再放你回去。"公羊怎么会生小羊呢？这不过是说要长期监禁他罢了。

苏武到了北海，旁边什么人都没有，唯一和他做伴的是那根代表朝廷的旌节。

匈奴不给口粮，他就掘野鼠洞里的草根充饥。日子一久，旌节上的穗子全掉了。

一直到了公元前85年，匈奴的单于死了，匈奴发生内乱，分成了三个国家。新单于没有力量再跟汉朝打仗，又打发使者来求和。那时候，汉武帝已死去，他的儿子汉昭帝即位。

汉昭帝派使者到匈奴去，要单于放回苏武，匈奴谎说苏武已经死了。使者信以为真，就没有再提。

第二次，汉使者又到匈奴去，苏武的随从常惠还在匈奴。他买通匈奴人，私下和汉使者见面，把苏武在北海牧羊的情况告诉了使者。使者见了单于，严厉责备他说："匈奴既然存心同汉朝和好，就不应该欺骗汉朝。我们皇上在御花园射下一只大雁，雁脚上拴着一条绸子，上面写着'苏武还活着，你怎么说他死了呢？'"

单于听了，吓了一大跳。他还以为真的是苏武的忠义感动了飞鸟，连大雁也替他送消息呢。他向使者道歉说："苏武确实是活着，我们把他放回去就是了。"

当年苏武出使匈奴的时候，才40岁。在匈奴受了19年的折磨，他胡须、头发全白了。他回到长安的那天，长安的人民都出来迎接他。他们瞧见白胡须、白头发的苏武手里拿着光杆子的旌节，没有一个不受感动的，说他真是个有气节的大丈夫。

李善尽忠护主

　　在汉朝，有一位叫李善的人，当过李家的苍头。他忠实老成、勤勉厚道，多年来，一直忠心耿耿奉侍主人。在建武年间，瘟疫横扫洧阳县，李府全家上下不幸都染上了瘟疫。短短期间，一家老小都接二连三地过世了，只留下了万贯家财，和出生不久的婴儿——李续。

　　这是多么悲惨的境况啊！一个人丁兴旺的大户人家，一夕之间，家人相继撒手人世，空旷的房舍，只剩下孤儿李续凄凉的啼哭声。李家堆积如山的金银财宝，刹那间成为婢女和仆人争夺的对象，利字当头，他们铤而走险，随时都想杀害李家这个唯一的命脉与忠心耿耿的老仆，然后夺取所有的财产。

　　望着这个孤苦伶仃的小生命，多少恍如昨日的往事，一幕幕浮现在眼前，李善心中激荡奔腾，眼泪不禁潸潸而下。想起多年来，李元夫妇一直都把他当成是李家的一分子，无尽的关怀和照顾令李善感动不已，而这种恩情，哪里是"感恩"两个字所能诉尽的！如今物是人非，受过李家深恩的李善，怎么能够在主人家里最艰难的时候，就这样离去呢？

　　尽管主仆处在险象环生中，随时都有生命的危险，但在势单力薄下，实在是敌不过这些唯利是图的佣人。李善唯一能做的就是，不管怎样，也一定要保护小主人的安全。万般不得已之下，只有赶紧一走了之，放弃一切家产，才能保护幼小的李续。于是他偷偷地收拾行李，伺机逃离李家。

　　他带着熟睡的李续，连夜逃了出去，他们逃到了山阳瑕丘的深山中，开始了无比艰难的隐居生活。可是维持生计的一切从哪里来啊？尤其这么小的李续怎么喂乳呢？李善不由自主地仰天长叹。

　　意志坚强的李善有着男子汉的坚定气魄，他吃苦耐劳，喝着山间的泉水，啃着树上的野果，就得以饥一顿饱一顿地活下去。可是婴儿还那么小、那么脆弱，又是李家唯一的命根子，面对这个娇弱的小生命，李善真的犯了愁，到底要怎么抚养他、照顾他呢？他开始感到无助和忧虑。

　　李善跪在地上，哀伤不已，不断地磕头祈求说："苍天啊！孩子生下来才几十天，如果没有办法活下去，我怎能对得起主人的在天之灵呢？"说着说着，他伏在地上放声痛哭，悲怆凄凉的哭声在深山中久久地回荡着。

　　想不到几天之后奇迹出现了，李善的双乳竟然流出了乳汁。饥饿难忍的李续终于停止了哭泣，开始尽情地吮吸这天赐的美味。多日的啼哭早已使他筋疲力尽，吃饱了之后，小生命就甜甜地睡了过去。

李善看到这一幕，感激地流下泪来。一想到自己终于见到了希望，再想到自己终于得以告慰主人在天之灵，他忍不住跪倒在地，磕头礼拜，感恩老天眷顾他们这样孤苦无依的人。

山居的生活，是常人无法想象的艰难。一个男人，不但要耕种采集、煮饭洗衣，而且还要养育年幼的李续，那更是难上加难了。李善就像慈母一样，细心地照顾小主人，尽管备尝艰辛，但在他的呵护与照顾下，李续渐渐地长大了。每天，李善都会讲故事给他听，教给他做人的道理，在李善的言传身教下，年少的李续也秉承了他厚道善良的品格。

当李续还在襁褓的时候，不管大小事情，李善都会在小主人面前，恭敬地向他禀报，因为他把李家唯一的命脉，看作是主人的化身，一样地尊敬他。所以特别教导他，希望李续能成为德才兼备的人，将来能重振李家门风。

光阴如梭，转眼间，李续已经10岁了。李善决心为李家恢复家业，于是就来到官府击鼓申冤，希望能讨回公道。县令钟离意，了解了李善忠义的节操之后，被深深地感动了，他为李家主持了公道、收回了财产，侵占李续家产的佣人也都受到了惩治，李善带着小主人终于回到了久别的故乡。

县令在感叹之余，决定把李善感动天地的事迹呈禀皇上，他相信李善忠义的节操，不仅能够移风易俗，而且能够教化后人。光武帝非常感动，于是就请李善来担任太子舍人这一要职。

在古时候，培育太子是帝王特别用心的一件事。司马光曾经感叹地说，为什么历史上会出现那么多的昏君？这多半是由于他们当太子的时候，就没有受到很好的教育。所以贤明的帝王总是会精挑细选，把太子托付给真正贤德之人，让他跟老师生活在一起，举凡出入应对，日常礼仪，点点滴滴的言行举止，都得到严格的调教和指正。老师会夜以继日地看顾太子，长养他的德行，进而奠定成为贤明仁君的基础，承担治理天下的重责。

后来李善被任命为太守，上任途中路过涓阳。阔别了李家这么多年，回忆过去，历历如前，此时的李善百感交集，在一里之外，他仿佛已经见到了李元的坟墓。他一时悲从中来，就命人停下了轿子。他卸下官服，换上粗布衣裳，缓缓地走向墓园。荒芜的小径，杂草丛生，李善提起一把老旧的锄头，开始卖力地清理杂草。他一步步来到主人的墓旁，抚摸着残损不堪的墓碑，禁不住心中的悲恸，跪地放声大哭，哭声哀凄，闻者莫不为之动容泣泪。

正道章第二

·057·

李善开始整理周围的环境，他把墓园打扫得干干净净，筑起了炉灶，准备了丰富的祭品，来奉祀主人。他跪在主人的灵位前，非常伤感地说：老爷、夫人，我是李善，我今天回来探望、祭拜你们，愿你们在天之灵都能够得到安慰……

　　几天来，他都徘徊不忍离开墓园，时时刻刻地追思恩主，不时抚着墓碑暗自抽泣。纵使今天他已不再是卑微的佣人，而是令人尊敬的朝廷命官，但是他依然不忘本，依然感念李元当年关心照顾他的恩德情义，就好像自己仍然是往昔的李善一样，随侍在主人的身旁。

　　饱经沧桑的李善，深深了解百姓的疾苦，所以能够用仁民爱物的心来照顾大众，把地方治理得很好，得到了人们的爱戴。后来小主人李续也很有成就，成为河间王的相官。

【原典】

见嫌而不苟免。

注曰：周公不嫌于居摄，召公则有所嫌也。孔子不嫌于见南子，子路则有所嫌也。居嫌而不苟免，其惟至明乎。

【译文】

受到猜疑，而能不为自己辩解，不躲避。

张商英注：周公不把居于摄政地位当作嫌疑，召公在这方面却有所嫌疑了。孔子不把会见南子当作嫌疑，子路却在这方面有所嫌疑了。居于嫌疑地位而不苟且避开，大概只有高明的人能够做到吧！

【评析】

　　遇到可能引起别人猜疑的问题不躲避，不退缩，处乱不惊，临危不乱，挺身以赴，知难而进，迎难而上，果断处置，这也需要过人的勇气、理性和冷静的头脑。

　　工作中的误解、委屈都是难免的，凡成大事者，必然要有担当一切的胸怀。老子说："受国之垢，是谓社稷主；受国不祥，是为天下王。"只有将天下不好的事情都承担起来，才能做天下的君王。承载多大的苦难，就有机会迎来多大的辉煌。

【史例解读】

唯有忍者留其名

常州魏廉访的父亲，乐善好施，精通医术。上门求医的人，不论贫富，他都尽心治疗，不图回谢；对那些十分贫困的病人，反而赠钱送药；遇到远乡来城求医的人，一定先让喝点粥或吃些饼，吃完，才开始诊脉。他说："这是因为走了远路，加上饥饿，血脉多有紊乱。我让他们先吃点儿东西，稍稍休息一下，脉才能安定下来。我哪里是想要行善积德，只是要用这种办法来显示我医术的神妙！"他行善所借口的托辞，大多如此。

有一次，魏老先生被请往一病人家中治病。病人枕头旁丢失了10两银子，他的儿子听了谗言，怀疑是先生拿了，但又不敢当面问。有人就教他拿一炷香去跪在先生门前。先生见了，奇怪地说："这是为什么呀？"答说："有一桩疑难事，想问先生。怕老先生见怪，不敢说。"先生说："你说吧，不责怪你！"病家子才以实相告。先生把他请进密室，说："确有此事，我是想暂时拿去以应急需，原打算明天复诊时如数偷还回去。今天既然你问起了，可以马上拿回去。请你千万不要向外人说！"马上如数给了他。

刚才病人儿子来先生门前跪香，大家都说先生一向谨慎高尚，不应该诬陷有道德的人会有这么肮脏的行为。等他们见到病人的儿子拿着银子出来回去了，都异口同声感叹说："人心之不可知，竟到如此地步！"于是诽谤议论之声四起。先生听后，神态自若，毫不在意。

不久，病人痊愈。清理打扫床帐时，在褥垫下找到了银子，才大惊而后悔说："东西并没有丢失，竟然陷害了一位德高的长者，这该怎么办！应该马上去先生家，当着众人面把钱还给他，不能再让他抱不白之冤！"

于是父子俩一道来到先生寓所，仍然手奉燃香跪在门前。先生见了，笑着说："今天这样，又是为什么啊？"父子羞愧地说："以前丢失的银子，没有丢，我们错怪长者了，真是该死。今天来交还先生所给的银子。小人无知，任凭先生打骂！"先生笑着把他们扶起来，说："这有什么关系？不要放在心上！"

病人的儿子问先生："那一天我谗言污罪长者，为什么先生甘受污名而不说明，使我今天羞惭无比！今天既蒙先生宽怀，饶恕我们，是否能告诉我们，先生这样做的原因是什么呢？"

先生笑着说："你父亲与我是乡亲邻里，我素来知道他勤俭惜财。正在病中，听说丢了10两银子，病情一定会加重，甚至会一病不起。因此我宁愿受点儿委屈背上污名，使你父亲知道失物找到，痛戚之心得以转喜，病自然会好起来！"

听到这里，父子两人都双膝跪地，叩头不止，说："感谢先生厚德，不顾自己名声被污而救活我的性命。愿来世做犬马以报大恩！"先生把父子二人请进家去，设酒款待，尽欢而散。

这一天，众人围观如墙，都说长者的作为，确是常人所猜测不透的。从此魏善人之名声就传开了。

难忍能忍的白隐禅师

白隐禅师是位生活纯净的修行者，因此受到乡里居民的称颂，都认为他是个可敬的圣者。

有一对夫妇，在他的住处附近开了一家食品店，家里有一个漂亮的女儿。不经意间，夫妇俩发现女儿的肚子无缘无故地大了起来。

这种见不得人的事，使得她的父母震怒异常！好端端的黄花闺女，竟做出不可告人的事。在父母的逼问下，她起初不肯招认那个人是谁，但经过一再苦逼之后，她终于吞吞吐吐说出"白隐"两字。

她的父母怒不可遏地去找白隐理论，但这位大师不置可否，只若无其事地答道："就是这样吗？"

孩子生下来后，就被送给白隐。此时，他虽已名誉扫地，但并不以为然，只是非常细心地照顾孩子——他向邻居乞求婴儿所需的奶水和其他用品，虽不免横遭白眼，或是冷嘲热讽，但他总是处之泰然，仿佛他是受托抚养别人的孩子一般。

事隔一年后，这位没有结婚的妈妈，终于不忍心再欺瞒下去。她老老实实地向父母吐露真情：孩子的生父是在鱼市工作的一名青年。

她父母立即将她带到白隐那里，向他道歉，请他原谅，并将孩子带回。

白隐仍然是淡然如水，他没有表示，也没有乘机教训他们；他只是在交回孩子的时候，轻声说道："就是这样吗？"仿佛不曾发生过什么事。即使有，也只像微风吹过耳畔，霎时即逝。

白隐超乎"忍辱"的德行，赢得了更多、更久的称颂。

想想我们遇到的挫折或耻辱，比之白隐，又算得了什么？白隐泰然自若、淡然处世的情怀，真不愧为一代禅师！

"就是这样吗？"那么慈悲，那么轻柔，那是恒久的忍耐化为无形的坚毅，那是凡事的包容化成无上的悲悯。

"就是这样吗？"无数的干戈，都化成了片片玉帛。"就是这样吗？"短短的一句话里，蕴含了无限的慈悲与智慧。

【原典】

见利而不苟得，此人之杰也。

注曰：俊者，峻于人；豪者，高于人；杰者，桀于人。有德、有信、有义、有才、有明者，俊之事也。有行、有信、有智、有廉者，豪之事也。至于杰，则才行足以名之矣。然，杰胜于豪，豪胜于俊。

王氏曰："名显于己，行之不公者，必有其殃；利荣于家，得之不义者，必损其身。事虽利己，理上不顺，勿得强行。财虽荣身，违碍法度，不可贪爱。贤善君子，顺理行义，仗义疏财，必不肯贪爱小利也。

能行此四件，便是人士之杰也。诸葛武侯、狄梁，公正人之杰也。武侯处三分偏安、敌强君庸，危难疑嫌莫过于此。梁公处周唐反变、奸后昏主，危难嫌疑莫过于此。为武侯难，为梁公更难，谓之人杰，真人杰也。"

【译文】

利益当前，懂得不悖理苟得；能做到这一点的人，可以称为人中之杰。

张商英注：才德超卓的人是比人严厉的人；威望出众的人是比人高超的人；明，是才德超卓之人的事情。有道德、守信用、讲义气、有才华、有明断力，是才德超卓的人。拥有品行、拥有诚信、拥有智慧、拥有廉洁，是威望出众之人的事情。至于才智超群的人，则聪明才智和有德行就足以把它表明了。然而才智超群的杰人比威望出众的豪人要高明，威望出众的豪人比才德超卓的俊人要高明。

王氏批注：声名显达的人，做事不够公正，一定会有祸殃。好处可以使家业兴盛，得到的不够公正合理，一定会损害到自身。事情于己有利，在道理上却讲不通，就不要勉强地做。财物虽然可以使生命显贵，如果有违法度，也不可以迷恋。贤明善良的人，遵循道理，躬行仁义，讲求义气，疏散钱财，必定不会贪恋小利益。

能做到以上四点的人就是人中之杰。诸葛亮和狄仁杰就是公平正直人里的杰出之人。诸葛武侯处在天下三分而蜀汉苟安于蜀川的时候，敌人强大而君主昏庸，危难和嫌疑莫过于此。狄梁公则处在武周、李唐国号更迭的时候，国主昏庸而皇后奸诈，危难和嫌疑亦莫过于此。做武侯难，做梁公更难，所以称他们是真正的人杰。

【评析】

在利益面前，要坚定自己的操守，不做见利忘义的小人。纵观古今，争名夺利的人不在少数，但是这些人到最后都没有善终。红颜是祸水，名利也一样是祸水。凡是可称之为英雄豪杰的人，他们都不会深陷名利的泥潭，他们往往都具备"出淤泥而不染"的品德。他们知道要想做事，必须先学做人的道理。只有这样，才能把人类精神财富的全部精华变成自己建功立业的利器。

【史例解读】

吴隐之清廉为官

广州背山面海，温暖多雨、光热充足，是个出产奇珍异宝的地方。魏晋时期，凡是担任广州刺史的人，都有过贪赃枉法的行为，因为那些奇珍异宝，只要带上一匣，就可以几世享用。但是，广州又是一个流行瘴疠疾疫的地方，一般人都不愿意到那里去做官，去那儿做官的人，基本都是些难以自立又想发财的人。

晋安帝隆安年间，朝廷决定革除这儿的弊政，于是，派有清官美称的吴隐之担任广州刺史。吴隐之年轻的时候就是一个孤高独立、操守清廉的人。当时，虽然家中穷困，每天只有到傍晚的时候才能煮豆子当晚餐，但他就是再饿再穷，也绝不吃不属于自己的饭菜，不拿不合乎道义的东西。后来他虽然担任了各种显要的职务，却仍能保持俭朴的优良品质。他曾经把自己得到的俸禄和赏赐，都拿出来分给亲戚和族人，以至于冬天的时候自己都没有被子盖。有时候因为缺少替换的衣服，洗衣服的时候，他就披上棉絮待在家里。

吴隐之奉命去广州走马上任。在离广州治所20里的一个叫作石门的地方，他看到了一道泉水淙淙流去。于是，有人便告诉他，这条泉水称作"贪泉"。传说，只要喝了这"贪泉"的水，无论是谁，都会产生贪婪的欲望。吴隐之听后不信，跨下马来，对随从们说："如果不看见能够让人产生贪欲的东西，人的心境就不会慌乱。我们一路上见到了那么多的奇珍异宝，现在，我终于知道了为什么一越过五岭，人们就会丧失清白的原因了！"说完，便跑到"贪泉"边，舀起泉水，非常坦然地喝了起来，还当即吟诗一首："古人云此水，一饮怀千金。试使夷齐饮，终当不易心。"他用此诗，清楚地表达了自己要向伯夷、叔齐一样坚守节操的决心。

到了广州任上，他果真一尘不染，而且更加清廉。他平常的食物不过是些蔬菜和干鱼，而帷帐、用具、衣服等物品全都交付外库。刚开始，许多人见他这样，都在背后议论说他是故意这样做的，以显示自己的俭朴，做个样子给别人看看。但是时间一长，人们就发现，原来他真的是一个清官，之前的一切也并不是故作姿态。他从广州回京城的时候，随身也没有带走任何东西。当他看到妻子刘氏带了一斤沉香的时候，马上把它取出来，扔到了河里。

由于他以身作则，广州地区常年以来的贪污陋习大为改观。朝廷为了嘉奖他，晋封他为前将军。贪婪者虽富亦贫，知足者虽贫亦富。为了获取财富，不择手段，贪得无厌，最终沦为财富的奴隶的话，人生也便失去了意义。吴隐之虽然生活清贫，但他精神上富有，也获得了"清官"的美称。

聚敛钱财，大难临头

和珅大概是中国历史上最大的贪污犯。与一般贪污犯不同的是，他不仅受到皇帝的信任，掌握着财权，还掌握着相当的军权和人事权。由于其多年的经营，已经形成了一个很大的关系网。处理这样的人，必须慎重，而且必须具有决绝的手腕。稍有不慎，就会引来不测之祸。

嘉庆四年（公元1799年）正月初二日，清高宗乾隆帝病逝，仁宗亲政。

初四日，他命令和珅和户部尚书福长安昼夜守值殡殿，不得擅自出入，这样一来，就限制了和珅的自由，也就等于免去了和珅的军机大臣、九门提督之职。接着，他又下了一道谕旨，暗示由于内外文武大臣通同为弊，在剿办白莲教起义的过程中丧师辱国，有的大臣视朝廷法律犹同儿戏，长此以往，国体何存？威信何在？且查历年兵部，国家坐耗巨饷，非养兵也，乃为权臣谋耳，希望各部院大臣要着实下力查办。此旨一下，给事中王念孙等人心领神会，明白皇帝要惩治和珅，立即纷纷上疏弹劾和珅。于是，清仁宗下令将和珅革职，逮捕入狱，并宣布他的二十大罪状。逮捕和珅，从他的家里搜出了大量钱财珠宝，其数量之大，实在令人瞠目结舌。

　　和珅在当政的短短25年里，就聚敛了如此难以想象的钱财，在惊骇之余，我们不禁要问：和珅究竟有何手段，竟然在乾隆皇帝的眼皮之下，神不知、鬼不觉地将清朝几乎15年的国库卷入私囊？

　　由于和珅罪行重大，仁宗起初要将和珅凌迟处死，但由于皇妹和孝公主再三涕泣求情，加之大臣董诰、刘墉等人的劝阻，最后决定赐令和珅狱中自尽，并将没收的和珅家产赐给宗室，故而民间流传着这样的谚语："和珅跌倒，嘉庆吃饱。"

　　和珅被处决后，其党羽和一些亲近的官员皆惴惴不安，害怕受到连累。有的朝廷大臣也上疏主张追究余党。为了安定人心，仁宗为此发布上谕说，和珅专擅蒙蔽，罪在一人，其余一时失足者，只要痛改前非，既往不咎。此谕一下，人心大定。

　　在中国历史上，铲除和珅纵然没有经过什么惊心动魄的大的斗争，但其间也存在着相当大的风险。当时，全国各地烽烟遍起，由于和珅的长期经营，其党羽遍布朝野，如果处理不当，就会出现为渊驱鱼、为丛驱雀的局面。一旦如此，朝廷将会四面树敌，虽不致有多大的危险，起码也要多费周折。而仁宗筹划若定，在不动声色中举重若轻地除掉了和珅，实属不易之举。

求人之志章第三

【题解】

注曰：志不可以妄求。

王氏曰："求者，访问推求；志者，人之心志。此章之内，谓明贤人必求其志，量材受职，立纲纪、法度、道理。"

【释义】

张商英注：心志是不可以随意探究的。

王氏批注："求"就是访问推求的意思；"志"就是人的心志。这一章内，说明德才兼备的人一定推求自己的志向，衡量才能接受职务，树立法律、制度、规则。

【原典】

绝嗜禁欲，所以除累。

注曰：人性清净，本无系累；嗜欲所牵，舍己逐物。

王氏曰："远声色，无患于己；纵骄奢，必伤其身。虚华所好，可以断除；贪爱生欲，可以禁绝，若不断除色欲，恐蔽塞自己。聪明人被虚名、欲色所染污，必不能正心、洁己；若除所好，心清志广；绝色欲，无污累。"

【译文】

杜绝不良的嗜好，禁止非分的欲望，这是消除为外物所累的办法。

张商英注：人的性情是清洁纯净的，本来没有什么拖累，但由于被嗜好和欲望所牵制，就会抛弃自身而去追逐外物。

王氏批注：远离歌舞女色，自身就不会有祸患；骄横奢侈，一定会伤及自身。浮华不实的喜好能够彻底消除，贪婪迷恋生活的欲望能够彻底禁止。如果不消除女色欲望，恐怕会使自己不开通。聪明人被空虚的名声、欲望、女色所污染，一定不能使心性向正、行为端正。如果舍弃那些喜好，则会心性纯净，志向高远。根除女色欲望，就不会被污染、疲乏。

【评析】

人毕竟是人，而不是神，有感情，有思想，有欲望。孔子说："饮食男女，人之大欲存焉。"告子也说："食色性也。"没有欲望，人就失去了前进的动力，但对于欲望不加以节制和约束，放纵自己也是错误的，会反过来为欲望所迷惑，从而伤害了自己。对于这些欲望，完全禁止是做不到的，但不能没有止境，应该有个度。唯有如此，才不会因得失荣辱而耿耿于怀，也不会执着于贪恋，而使人生面临重重的危机。

【史例解读】

张良禁欲正身

在汉初的功臣中，真正做到不居功、不自傲、不争权、不夺利的，唯有张良一人。从拒绝接受齐封地三万户开始，张良曾不止一次地向刘邦提出："愿弃人间事，欲从赤松子游耳。"

张良早有离开朝政、静居行气、从赤松子游的想法，他既是这样想的，也是一步一步这么做的。

汉十年时，他尚跟从刘邦率兵平叛陈豨，攻下了马邑。汉十一年，为平息反叛，张良又带病送刘邦至曲邮，并对刘邦说："臣宜从，病甚。"言下之意是要退政隐居。他提醒汉王："楚人剽疾，愿上无与楚人争锋。"要避敌之锋芒，乃为周旋战事。这说明，在这段时间里，张良仅有避俗之意，尚未真正隐退。

汉十二年时，刘邦因击黥，中流箭负重伤，四月病危中，吕后问刘邦："陛下百岁后，萧相国既死，谁令代之？"刘邦谈到曹参、王陵、陈平、周勃等许多重臣的人事安排，但只字未提张良。刘邦死后，吕后与审食其计谋，"暂不发丧"，欲借机诛杀一批老臣宿将。郦商向审食其进言："不能诛杀诸将"，也曾提到陈平、灌婴、樊哙等人，仍未提及张良。这说明此时，张良已不在朝中了。

吕后在惠帝登基后，曾摆好一桌酒宴，请张良来吃。然而，此时的张良甚至已经不吃饭了，他运用辟谷、导引之法来修身。张良用不食人间烟火来让自己清心寡欲、不让任何东西引诱和伤害自己，正是这种柔弱自处的境界，才使他自始至终都平安无事，这是因为他懂得生死之道。

荒淫无道，自食恶果

春秋时，晋献公在征伐骊戎时，俘获了一个骊女，封为骊姬。晋献公非常宠爱她，被她所迷惑，导致太子申生上吊自杀，公子重耳和夷吾逃亡在外，秦国大举入侵。后来晋国在重耳的执政下，才重新成为诸侯的霸主。可以说，晋国五世之乱，都是由骊姬蛊惑挑拨造成的。《史记》载：吴国攻破越国后，越国人将西施进献给吴王夫差，请求退兵，吴王答应了他们。此后，吴王沉溺于美色当中，朝政荒废，并且拒绝听取伍子胥的忠告；越王勾践却时时怀有复国之心，卧薪尝胆，在22年后，一举进攻灭掉吴国。夫差收纳了西施，因而自取灭亡。

汉成帝喜爱能歌善舞的赵飞燕，将其召入宫中，宠爱她，沉溺于这"温柔乡"中不能自拔，并愿终老于此。赵飞燕的妹妹合德也是绝世佳人，汉成帝周旋于两位美人中乐此不疲。披香博士淖方成大骂："此祸水，灭火必矣。"不久以后，汉成帝果然驾崩了，做了"温柔乡"中的风流鬼。

唐武后14岁时很美，唐太宗将她召入宫中，并封为才人、后来太宗驾崩，她出家为尼。唐高宗惊其美艳，又将她召回宫中，封为昭仪，继而立皇后。高宗死后，唐武后废了中宗，自己称帝，并将国号由"唐"改为"周"，唐朝的命运差点儿葬送在她手中。后来武则天80岁时死了，中宗复国，唐朝的国运才重新振兴。

唐玄宗宠爱杨贵妃，荒淫无度，并纵容她收胡人安禄山为养子，加官晋爵。后来安禄山反叛，扰乱中原，攻陷长安，皇帝出逃，贵妃在马嵬驿被赐死。这一切灾难都可以归结为玄宗过分宠爱杨贵妃的结果。

《左传》记载：宣公九年，陈灵公与二臣孔宁、仪行父同大夫御叔的妻子夏姬私通，并将进谏的大夫泄治杀害，最终他们自己也惹下了杀身之祸。鲁桓公元年，宋太宰华父督在路上看到孔父嘉的妻子，一直目送着她，并赞叹其"美而艳"，后来把孔父嘉杀死，夺其妻子。不过最终他也逃脱不了被人杀害的命运。所以说有人败家亡国，有人自取灭亡，多数都是女色招来的祸乱。历史上像这种因好色而导致国家或个人灭亡的事例俯拾皆是。

【原典】

抑非损恶，所以禳过。

注曰：禳，犹祈禳而去之也。非至于无，抑恶至于无损过，可以无禳尔。

王氏曰："心欲安静，当可戒其非为；身若无过，必以断除其恶。非理不行，非善不为；不行非理，不为恶事，自然无过。"

【译文】

抑制过错发生，减少罪恶出现，是不必祭祷鬼神就可以消除自己过失的办法。

张商英注：禳，犹如通过祈祷祭祀而除去灾邪。过错达到不用抑制的地步，罪恶达到不用减少的程度，就可以不用举行除灾消邪的祭祀了。

王氏批注：内心渴望安宁平静，可以警戒不做违法乱纪的事情，行为如果没有过错，必定因此根除罪恶。不符合道理的事不做，不符合仁爱的事不做；不做不合道理的事，不做邪恶的事，自然没有过错。

【评析】

每天能抑制自己不正确的行为、思想，每天能减少一些自己的恶习，这样就可以减少过错，使自己达到完美。当错误悄悄靠近你的时候，你用手轻轻地推拒它，让它自动离开。

正如《中论》所说：知道错了而不改就是没心；知道反省自己的错误但还是不改，就失去了做人的根本。既没心，也失去了根本的人，离祸患就不远了。

【史例解读】

知错能改真君子

春秋中期，晚年的秦穆公称霸心切，放弃了百里奚"东结秦晋之好，向西开疆拓土、平定西戎"的战略方针，不顾百里奚、蹇硕一再劝说，执意向中原进军。

公元前628年，秦穆公命孟明视为主将，趁晋文公发丧之际，出师伐郑。秦军在崤山遭到晋军埋伏，全军覆没。孟明视等三将领被活捉，侥幸逃回秦国。秦穆公到郊外去迎接三名将领，懊悔地说："都是因为我不听百里奚、蹇硕的话，让你们三位受辱了！"孟明视谢罪，秦穆公却说："将军有何罪？都是我的过错啊。今后不忘报仇雪耻就是了。"

两年以后，秦军再次向晋军发起挑战，再次遭到失败。

又过了一年，秦穆公亲自挂帅，又一次发动对晋战争，这才收复了过去几年中因为执意破坏"秦晋之好"而被晋国占领的国土，报了崤山失败之耻。回师途中，秦穆公路过崤山，掩埋了三年前秦军丧命将士的尸骨，发丧三日而回。面对血淋淋的教训，秦穆公重新采用了百里奚的策略，与中原诸国保持友好，向西用兵，"益国十二，开地千里，遂霸西戎"。为后来秦王嬴政统一中国奠定了坚实的基础。

平原君亡羊补牢

战国时期平原君所居住的是楼房，高居在老百姓的房子上面。邻居家有个人是跛子，走路一瘸一拐的。

有一次，这个跛子一瘸一拐地出去打水，此时，平原君的美人正站在楼上，因此看到了跛子走路一瘸一拐的样子，忍不住大声嘲笑起来。跛子对此感到又羞又气，决定去找平原君讨个说法。

第二天早上，跛子来到平原君家里，请求平原君说："平原君爱惜有才之士，有很多智者都不远千里来到这儿拜见您，就是因为您一直把士看得很珍贵，而把女子看得很低贱。这是尽人皆知的事。我早年不幸残废，成为跛子，走路的样子难看，您的美人看见我走路的样子便嘲笑我，这让我非常难堪。因此，我想得到那个笑我的美人的头。"

平原君爽快地回答跛子说："好！"等跛子走后，平原君便用嘲笑的口气说："哼！就这个小子，居然因为被嘲笑了一次，就想杀掉我的美人，真是太过分了，不知道天高地厚的家伙！"因此，平原君迟迟没有杀掉那个美人。

一年多过去了，平原君发现自己门下的宾客莫名其妙地渐渐离去了，因此很是不解，于是就向别人询问这其中的原因。一个人回答平原君说："您始终没有杀那个嘲笑跛子的美人，因此人们都在说您喜爱女色胜过喜爱有才之士，所以宾客们都离开了您。"

平原君听后，感到非常惭愧，于是狠狠心，将那个嘲笑跛子的美人杀掉了，并且亲自到跛子家中谢罪。而原来离开了他的那些士人们，也都渐渐地回来了。

【原典】

贬酒阙色,所以无污。

注曰:色败精,精耗则害神;酒败神,神伤则害精。

王氏曰:"酒能乱性,色能败身。性乱,思虑不明;神损,行事不清。若能省酒、戒色,心神必然清爽、分明,然后无昏聋之过。"

【译文】

降低酒量,远离女色,这是避免蒙受耻辱的办法。

张商英注:女色伤害人的精气,精气耗损就会伤害人的元神。饮酒伤害人的元神,元神受伤就会伤害人的精气。

王氏批注:喝酒能迷乱心性,女色会伤害身体。心性迷乱,那么思考就不清楚;元神受伤,那么做事就不明晰。如果能减少酒量、戒除女色,就必然清楚明白,辨别明了,不会犯神志不清、愚昧不明的过错了。

【评析】

自古以来,酒以乱性误事,色以败德伤身;嗜欲对人的损伤,莫过于"酒色"二字。酒喝多了伤害身体,纵欲过度,有损精神。正所谓物极必反。任何事情都存在着好坏两个方面,好与坏是相互转化的,做任何事情必须掌握一个"度"。

从古至今,因饮酒过度、贪恋美色而误事、亡国甚至送命的人不在少数。作为有志之士,我们应该时刻提醒自己,把全部精力都放在自己的目标上,切勿玩物丧志。《吕氏春秋》说:肥肉美酒,一定都吃就是"烂肠之药";靡靡之音,明眸皓齿,都要享受,就是"杀人的刀"。

【史例解读】

夫差自毁"长城"

吴王夫差和越王勾践争霸的故事广为国人所知。细析起来,夫差也是一个胸怀大志的人，在伍子胥的辅佐下，厉兵秣马，一度大败勾践。只可惜，夫差有一个致命的缺点——好色。范蠡就是针对夫差这个弱点而开展一系列"乱政攻势"的。

　　在勾践五千残部被围会稽山，无计可施时，范蠡重贿夫差的大臣伯嚭，通过伯嚭向夫差进献了20个越国美女，从而保留住了越王勾践的性命。

　　此后，范蠡又费尽心力寻觅到美女西施进献给夫差。夫差视西施如天仙，宠爱有加。为了博得美人的欢心，他在灵岩山麓建起"馆娃宫"，在西湖之南湾建"消暑湾"，整天偕西施游览，乐而忘返，国中之事一概不闻不问。伯嚭愈加肆无忌惮，卖官鬻爵无所不为。几年的时间，就出现了"官戏于朝，农戏于野，商戏于市，工戏于室"的局面，他不但对伍子胥的"妲己误国"的劝谏充耳不闻，还自毁"长城"，赐死伍子胥。

　　吴国国力衰弱，又遭旱灾，越王勾践乘机兴兵伐吴，夫差落得身死国灭的可悲下场。

尽欢而不尽醉

　　陈敬仲是春秋时期陈国国君陈厉公的儿子。当时统治秩序和社会伦理道德异常混乱。在争权夺利的斗争中陈宣公的太子被杀，而陈敬仲跟陈宣公的太子关系很好，是他的同党，因此，为了逃避不测之祸，陈敬仲带着家人逃到了齐国。

　　齐桓公早就听说陈敬仲德才兼备，在陈国很有声望，心中很想与他会面，只是苦于没有机会。陈敬仲刚到齐国，齐桓公便迫不及待地接见了他。一席交谈，齐桓公顿生相见恨晚的感觉，他立即决定让陈敬仲做卿。

　　卿在当时是一种高官，一般是不轻易让别国的人做的，能做齐国的卿，是许多人梦寐以求的美事。陈敬仲恭敬地向齐桓公施了一礼，辞谢道："我在陈国被逼得无栖身之所，只好逃到贵国来寄居。如果承蒙您的恩典，让我有幸能在您的宽厚的政教下生活，就心满意足了。我本是个不明事理、没有什么才能的人，您不责怪我，我已感恩不尽，哪敢贪图富贵，巴望做卿那样的高官呢？况且，让我这样一个客居贵国的无能的人做官，一定会招致人们对您的非议，我又怎能给您添麻烦呢？这件事万万不可。"

　　齐桓公见他再三推辞，情真意切，也就没有再难为他，而是让他做了"工正"，管理各种工匠。陈敬仲做了"工正"后，表现很出色，齐桓公对他的才能更加赏识。

有一天，陈敬仲请齐桓公到家中喝酒。齐桓公兴冲冲地带着随从人员来到陈敬仲家中，酒席已摆好在庭院中了。

这天，风和日丽，加上庭院中景色雅致，布置得体，桓公一见，早将那些烦人的政务抛到了脑后，忍不住开怀畅饮。

席间，桓公与陈敬仲一起评古论今，臧否人物，越说越投机。说到高兴处，情不自禁地相视哈哈大笑；谈到气愤处，不免要摩拳擦掌、扼腕长叹。

俗话说"酒逢知己千杯少"，桓公的酒量本就不小，加上遇上陈敬仲这样一个知己，更是海量了。左一杯，右一杯，一直喝到太阳落山，桓公已有几分醉意。但他仍觉得没有尽兴，吩咐左右："赶快点上灯火，我要与陈大夫再喝几杯。"陈敬仲赶紧站起来，恭恭敬敬地说："不能再喝了！我只想白天请您喝酒，晚上就不敢奉陪了！"桓公感到有点儿失望，脸上露出不高兴的神情，说："我与你正喝到兴头上，你怎么能扫我的兴呢？"陈敬仲诚惶诚恐地解释道："酒宴是一种礼仪性的活动，只能适可而止，不能过度。如果您因为跟我喝酒而没把握住分寸，遭到别人的指责，我怎能逃脱罪责呢？所以，请您原谅，我实在不能执行您的命令。"

桓公一想也有道理，便不再坚持了。

【原典】

避嫌远疑，所以不误。

注曰：于道无嫌，于心无疑，事乃不误尔。

王氏曰："知人所嫌，远者无危，识人所疑，避者无害，韩信不远高祖而亡。若是嫌而不避，疑而不远，必招祸患，为人要省嫌疑道理。"

【译文】

避开形迹的嫌忌，远离人心的怀疑，这是保证做事不出错误的办法。

张商英注：在形迹上没有嫌忌，在人心中没有怀疑，做事就不会出现错误了。

王氏批注：知道别人嫌弃什么，躲开的人没有危险；知道别人怀疑什么，避开的人没有祸害。韩信不疏远汉高祖，所以死去。如果被人猜忌而不躲避，被人怀疑而不远离，一定招来祸害。做人要知道远离嫌疑的道理。

【评析】

有志者，在原则问题上要"见嫌而不苟免"，勇于承担自己的责任。但在原则以外的事情上，要千方百计避免"嫌疑"。人与人之间难免会出现摩擦，被人误解的情况也时有发生。这些问题的产生往往是通过一种错误的表达方式，一次不经意的冷落，甚至一个被人误解的眼神引起的，其结果可能为自己的事业和生活带来不必要的麻烦。

凡成大事者，都能通过身边的小事洞察一个人的喜好，如知道别人嫌弃什么、知道别人猜疑什么等等，并且在行动上避嫌。这样做一是为了不节外生枝、干扰谋事，二是为了远祸消灾，不为他人所伤害。

【史例解读】

见嫌而不苟免

春秋时期的鲁国，有一位名叫公仪休的人，因为德、才兼优而被选拔为鲁国的宰相。刚上任不久，国人都想巴结他。有消息灵通人士打听到了他的嗜好，就立刻置办了几筐鲜活的上等鱼，兴冲冲地送去。公仪休见到几筐鱼摆到院子里，就走过来，一只手捻着胡须绕着筐子踱起了步。送鱼的人凑向前，小心翼翼地说："小人知道您爱吃，就弄来些孝敬您。"

"这样啊。"公仪休微笑着看看他，用手从筐里抓出一条凑在鼻子底下闻了闻，称赞道"好鱼，好鱼"。

送鱼者脸上立刻呈现出幸福的表情："大人要是喜欢，以后小人就隔些日子送来些。"

"大胆！"公仪休勃然变色，把鱼掷入筐中，用那只摸了鱼的湿手指着来人的鼻子说："本官一向两袖清风，你想用几筐鱼就腐蚀我？赶快给我抬走，迟一些就把你关起来。"片刻间，公仪休的面前只剩下了几滩散发着腥味的水和送鱼者的一只鞋。

他的弟弟走过来问他："白送的东西，怎么不要呢？更何况以你现在的地位，吃老百姓几条鱼算什么。"

公仪休的手仍捻着胡须，来回地踱着步，看了他弟弟一眼，然后朝门口的方向沉吟了片刻，缓缓地说："你怎么不明白，正因为我喜欢吃鱼，所以更不能接受他的鱼！我现在做宰相，买得起鱼，自己可以买来吃，如果我因为接受了他送的鱼而被免去宰相之职，我自己从此就买不起鱼了，难道还会有人再给我送鱼吗？这样一来，我还能再吃到鱼吗？因此，我是绝不能接受他送的鱼的。"

裴楷巧解"一"字签

公元3世纪中叶前后，河南温县司马氏号称大族。从司马懿起，至其子司马师、司马昭相继专断曹魏国政。司马昭死后，其子司马炎承袭王位，终于完全控制了魏国朝政。咸熙二年，司马炎以接受禅位的形式，和平篡夺了魏国政权，正式称帝。司马炎改朝换代后将国号改为晋，建都洛阳，开始了西晋王朝在中国历史上半个多世纪的统治。

司马炎在位26年，死后谥号武帝，史称晋武帝。他登基践位之际，少不了要按照礼制行皇帝登位的典礼，其中一项就是在群臣拱围之下"探策卜世"。

举行仪式的这一天，司马炎和君臣上下都是一副虔诚的样子，在庄严、低沉的乐声中开始探策典礼。司马炎一心想着探取一个吉祥的竹签，揖拜天地，祭奠山岳，烦琐的仪式行完之后，司马炎将手伸入方壶探策而出。他急忙低头一看，策上一个"一"字跃入他的眼帘。如果把这个"一"字看作王业传世之数，那么司马家族的天下就是一世而尽。司马炎双眼瞪着这不吉祥的"一"字，心中老大不快，愠怒之色顿时布满龙颜。群臣一见卜出如此结果，都惊得呆若木鸡，不知讲什么是好。

黄钟、大吕之声余音宛在，缭绕着栋梁不去，大殿内静得让人难以忍受，这隆重的探策大仪真不好收场。这时，只见吏部郎中裴楷从班中站出，面对司马炎朗声奏道："臣下听说，天能得一则天清，地能得一则地宁，侯王能得一则天下为正。"裴楷这一番话，是依据汉魏之际王弼的《老子注》第三十九章说的，原文是："往昔得一者，天得一以清，地得一以宁，神得一以灵，五行得一以丰盈，天地间万物得一则能生，侯王得一则天下为正。"老庄学说在魏晋之际颇有影响，因此裴楷这番话有很大的权威性。

裴楷奏对中所说"侯王得一则天下为正"，把司马炎认为不祥之兆的

"一"改成大吉之兆的"一"。所谓"正"即是不邪，不邪则不倾，天下能正而不邪，就是天下稳固，这就意味着司马氏的江山可以传于万世而不倾。这在逻辑上是移花接木，也是裴楷的聪明过人之处。经过他这一解释，司马炎愠怒的脸上渐渐露出喜悦。

"探策卜世"是一种近乎巫术的政治游戏，预卜所得的结论也必定是荒诞无稽的。司马炎探策得"一"，经过机智的裴楷一番巧妙释对，虽然暂时转忧为喜，但终未能使司马氏的江山传之万世。从晋武帝司马炎到晋愍帝司马业，西晋历52年，四世而亡然裴楷巧对的敏智佳话却传至于今。

【原典】

博学切问，所以广知。

注曰：有圣贤之质，而不广之以学问，不勉故也。

王氏曰："欲明性理，必须广览经书；通晓疑难，当以遵师礼问。若能讲明经书，通晓疑难，自然心明智广。"

【译文】

广泛地学习，恳切地求教，这是扩充自己知识与见闻的办法。

张商英注：拥有圣人、贤人的资质却不增广自己的知识，是由于不勤勉的缘故。

王氏批注：要明白人性与天理，必须博览经典；要了解所有疑惑难解的问题，应当尊重老师以礼相问。如果能解释清楚经典书籍，掌握所有疑惑，自然心思明亮，智慧广大。

【评析】

要明白世间的大道理，必须博览群书；要解释所有的疑难，必须不耻下问。即使是孔子这样的大教育家，也深知谦虚谨慎、肯于向人求教的道理，更何况普通人呢！所以，自古以来的知名人物，要么手不释卷，刻苦读书，要么谦虚谨慎，肯于向人求教，以充实自己、完善自己。

孔子曾说过"不耻下问"、"三人行必有我师"等传世经典语句，《易经》也说：积累学问，向人家请教，这是豪杰之士增长本领的关键。

【史例解读】

归隐学道，终成大业

张良能成为一代帝王师，自然与他的才学有关。

张良出身韩国贵族，自小就受到良好的文化教育，韩国灭亡后，为了兴复韩国，他身背楚剑，只身周游列国，他曾去"淮阳"一代学礼，也就是现在河南省的东部一带。他所学的是周礼，以及与此相关的一些礼仪。身为"五世相韩"之家的公子，于礼方面，张良是懂得一些的。而通过这次有目的、系统的学习，他精研、领悟了许多东西。张良学礼的目的有三点：一是要复兴已经灭亡的韩国，二是要发扬光大业已没落的贵族世家，三是发现寻找韩国的遗民。

学礼之后，他又向东进发，最终结识了仓海君。在这里，他一方面寻找可以刺杀秦王的刺客，另一方面跟随仓海君学"道"，在仓海君处一待就是12年。这些道家修养，在张良的后半生中体现得越来越明显。

刺秦不成后，逃难下邳的张良因为"圯桥拾履"而获赠《素书》，他精研此书近十年，终于智慧大开，在秦末动荡之际，充分发挥了自己的才学谋略，终成一代帝王师。

学如磨刀之石

我国晋代大诗人陶渊明辞去彭泽令退居田园后过着自耕自种、饮酒赋诗的恬淡生活。

相传，一天，有个少年前来向他求教，说："陶先生，我十分敬佩你渊博的学识，很想知道你少年时读书的妙法，敬请传授，晚辈不胜感激。"

陶渊明听后，大笑道："天下哪有学习的妙法？只有笨法，全靠下苦功夫，勤学则进，辍学则退！"

陶渊明见少年并不懂他的意思，便拉着他的手来到自己种的稻田旁，指着一根苗说："你蹲在这儿，仔细看看，告诉我它是否在长高？"那少年遵嘱注视了很久，仍不见禾苗往上长，便站起来对陶渊明说："没见长啊！"

陶渊明反问到："真的没见长吗？那么，矮小的禾苗是怎样变得这么高的呢?"

陶渊明见少年低头不语,便进一步引导说:"其实,它时刻都在生长,只是我们的肉眼看不到罢了。读书学习,也是一样的道理。知识是一点一滴积累的,有时连自己也不易觉察到,但只要勤学不辍,就会积少成多。"

接着,陶渊明又指着溪边的一块磨刀石问少年:"那块磨刀石为何有像马鞍一样的凹面呢?"

"那是磨成这样的。"少年随口答道。

"那它究竟是哪一天磨成这样的呢?"少年摇摇头。

陶渊明说:"这是我们大家天天在上面磨刀、磨镰,日积月累,年复一年,才成为这样的,学习也是如此。如果不坚持读书,每天都会有所亏欠啊。"

少年恍然大悟,忙再向陶渊明行了个大礼说:"先生指教,学生再也不去求什么妙法了。请先生为我留几句话,我当时时刻刻记在心上。"

陶渊明欣然命笔,写道:"勤学如春起之苗,不见其增,日有所长;辍学如磨刀之石,不见其损,日有所亏。"

【原典】

高行微言,所以修身。

注曰:行欲高而不屈,言欲微而不彰。

王氏曰:"行高以修其身,言微以守其道;若知诸事休夸说,行将出来,人自知道。若是先说却不能行,此谓言行不相顾也。聪明之人,若有涵养,简富不肯多言。言行清高,便是修身之道。"

【译文】

行为高尚,辞锋不露,这是努力提高自身品德修养的办法。

张商英注:品行要高尚而不要屈从奸邪,言论要精微而不要彰显自己。

王氏批注:品行高尚以修养自身,言辞精微以守护道德。如果明白事理,不要夸耀,做出来以后,人们自然知道。如果先说却不能做到,这就是言行不一。聪明的人,如果有修养,无论事情简单复杂,都不肯多说一句话。言语行动安静高洁，就是修养身心的法则。

【评析】

　　那些心怀大志的人，都是高调做事、低调为人的典范。他们说话小心谨慎，从来不说大话、空话，并且他们有深厚的涵养，注重实际行动，而不是高谈阔论。而有些现代人呢？在他们眼中只有"名利"二字，为了争名夺利，大张旗鼓，花言巧语，夸夸其谈地宣传自己。这样做就忽视了古人所倡导的从日常语言中修养心性的原则。言和行是做人的关键，关系到人的荣辱，所以必须谨慎行之。

【史例解读】

把自己的光芒遮掩起来

　　晋武帝时，有一个叫王湛的人。在许多人眼里，王湛是个愚笨的人，他平时不言不语，从不表现自己，别人有对不起他的地方他从不计较。因此很多人都轻视他，就连他的侄子王济也看不起他。一起吃饭的时候，桌上明明有许多好菜，王济也不让叔叔先吃，自己把好吃的都吃光了，甚至连蔬菜都不给王湛留下。但是王湛并不因此而生气。

　　有一次，王济偶然去王湛住处玩，看到他的床头有一本《周易》，这是一本从远古时代就流传下来的书，十分难懂。王济想，叔叔这么傻，怎么可能读得懂《周易》呢？就问："叔叔把这本书放在床头干什么呢？"王湛回答说："身体不好的时候，坐在床头随便看看。"

　　王济怀疑叔叔读《周易》不过是做做样子而已，便有意请王湛说说书中的一些意思想借此取笑他。谁知道王湛分析书中深奥的道理，深入浅出，非常中肯，讲得精炼而有趣味，王济一下子就听得入了迷。于是他留在王湛身边，接连好几天都不愿回去。听王湛讲了几天的《周易》，王济才意识到自己的学识和叔叔相比，差距实在是太大了。他惭愧地叹息说："我家里有这样一位博学的人，可我30年还不知道，这是我的一个大过错啊！"几天后，他要回家了，王湛又很客气地把他送到大门口。

　　王济骑来的是一匹性子很烈的马，很难驯服，他就问王湛："叔叔喜欢骑马吗？"王湛说："还算喜欢。"于是就骑上这匹烈马，姿态悠闲轻巧，速度快慢自如，连最善骑马的人也无法比过他。王湛又告诉侄子："你这匹马虽然跑得快，但受不得累，干不得重活。最近我看到督邮有一匹马，是一匹能吃苦的好马，只是现在还小。"王济就将那匹马买来，精心地喂养，等它与自己骑的马一样大了，就与原来的那匹烈马比试。王湛又说："这匹马只有背着重量才能知道它的能力，在平地上走显不出优势来。"于是，王济就让两匹马在有土堆的场地上比赛。跑着跑着，王济的马果然摔倒了，而督邮的马还像平常一样，跑得又快又稳。

经过这些事情，王济从内心深处佩服叔叔的学识和才能。他回家以后，就对父亲说："我有这样一位好叔叔，比我强多了，可我以前一点儿也不知道，还经常轻视他，太不应该了。"

晋武帝平时也认为王湛是个呆子。有一天，他见到王济，就又像往常一样开他的玩笑，说："你屋里傻叔叔死了没有？"

要是在过去，王济会无话可答，可这一次，王济大声回答说："我叔叔根本不傻！"接着，他就把王湛的才能学识一五一十讲出来，晋武帝也相信了。后来，王湛还当了汝南内史。

像王湛这样，平时只管发展和提高自己，而不去追求表现和虚荣，是一种深层次的人生智慧。王湛善于忍耐，不追求虚名，才获得他人真正的敬佩与赏识。

巧妙化解别人的指责

吕蒙正在宋太宗、宋真宗时三次担任宰相，其人襟怀宽广、度量如海。

吕蒙正做了宰相还没多久，有人揭发蔡州知州张绅贪赃枉法，吕蒙正就把他免了职。朝中有人对太宗说，张绅家里富足，不会把钱看在眼里，这是吕蒙正公报私仇。因为吕蒙正贫寒时，曾向张绅要钱，张绅没给他。太宗于是恢复了张绅的官职。这样的事怎能辩清，吕蒙正对此事什么也没说。后来其他官员在审案时又得到张绅受贿的证据，张绅又被免了职，太宗这才知道冤枉了吕蒙正，就对他说："张绅果然是贪污受贿。"

吕蒙正只说道："知道了。"

吕蒙正的同窗好友温仲舒，两人同年中举，在任上温仲舒因犯案被贬多年，吕蒙正当宰相后，怜惜他的才能，就向皇上举荐了他。后来温仲舒为了显示自己，竟常常在皇上面前贬低吕蒙正，甚至在吕蒙正触逆了"龙鳞"之时，他还落井下石，当时人们都非常看不起他。有一次，吕蒙正在夸赞温仲舒的才能时，太宗说："你总是夸奖他，可他却常常把你说的一钱不值啊！"

吕蒙正笑了笑说："陛下把我安置在这个职位上，就是深知我知道怎样欣赏别人的才能，并能让他才当其任。至于别人怎么说我，这哪里是我职权之内所管的事呢？"

太宗听后大笑不止，从此更加敬重他的为人。

【原典】

恭俭谦约，所以自守；深计远虑，所以不穷。

注曰：管仲之计，可谓能九合诸侯矣，而穷于王道；商鞅之计，可谓能强国矣，而穷于仁义；弘羊之计，可谓能聚财矣，而穷于养民；凡有穷者，俱非计也。

王氏曰："恭敬先行礼义，俭用自然常足；谨身不遭祸患，必无虚谬。恭、俭、谨、约四件若能谨守、依行，可以保守终身无患。所以，智谋深广，立事成功；德高远虑，必无祸患。人若深谋远虑，所以事理皆合于道；随机应变，无有穷尽。"

【译文】

肃敬、节俭、谦逊、节制，这是保持自身品节的办法；从高处深处定计预谋，往长远方面考虑，这是在制定国家方针大计方面不会束手无策的办法。

张商英注：管仲的计谋可以称得上是够多的了，然而他尽管使齐国召开了九次诸侯会盟的盟会，但在成就王业方面却毫无办法；商鞅的计谋可以称得上是够多的了，然而他尽管使秦国强大了，但在施行仁义方面却毫无办法；桑弘羊的计谋可以称得上是够多的了，然而他尽管为汉武帝聚集了财富，但在养民方面却毫无办法。凡是有束手无策时候的计谋，都不是真正的计谋。

王氏批注：恭敬首先要遵守礼制，节俭自然永远满足，整饬自身不遭祸患，这不是虚言。肃敬、节俭、谦逊、节制这四种品质如果能谨慎守护，依此躬行，可以保存守护自己终身无患。所以，智谋深远广大，做事就能够成功。道德高尚，思虑长远，一定没有祸患。人如果深谋远虑，那么事理都会符合

"道"的原则。并且随着时机和情况的变化,灵活运用,智慧就不会穷尽。

【评析】

　　真正有大智慧的人,都不是完人,总有这样或那样的缺点。但此类人有一个共同的优点,就是在某些品格上异常突出,而且他们会终身坚守几条原则。而那些普通的人,不见得有更多的缺点,却没有突出的品格。所以,在成功之路上行走的人,并不是缺点最少的人,而是优点最突出的人。以俭朴而言之,俭朴的生活,可以使人精神愉快,可以培养人的高尚品质。生活俭朴的人具有顽强的意志,能经受得住艰苦的磨炼,胸怀开阔。

　　《淮南子》说:大圣人的智慧固然很多,但他所坚守的却是不多的几条原则,所以他做什么都有成就。而普通人的智慧本来就不多,但他所做的事情却很多,所以做什么都做不好。

【史例解读】

张良刺秦王全身而退

　　秦始皇第三次南巡的时候,张良认为他等来了刺杀秦王的机会。他已经找到了一个大力士,并为他打造了一个120斤重的大铁椎,并打探到了秦始皇的巡游路线,选好了博浪沙这个地方作为袭击地点。

　　仓海君眼见张良心中只有"灭秦"、"复韩",完全不计生命代价,于是劝告张良:"你得做长远的打算,最好是留有为之身,行有为之事。不一定要学荆轲,只博得个后世之名。你得考虑到,事情一旦功败垂成,你要能够全身而退。"在仓海君的劝导下,张良又重新仔细策划了行刺的具体操作过程和逃跑路线。果然,因为认不出秦始皇乘坐的车子,行刺最终失败。但由于当初计划周详,张良二人很快就顺着黄河边的小路逃走了。

　　为逃避秦军搜捕,张良躲到下邳城,从此隐姓埋名(原名姬良),深居简出,开始了10年的寂寞避难生涯。

荀攸自谦避祸

　　荀攸是曹操的一个谋士,他自谦避祸,处处与人为善,能与人和谐相处,很善于隐蔽锋芒。他担任军师,跟随曹操征战疆场,筹划军机,克敌制胜，立下了汗马功劳。曹操非常器重他，对他的贡献给予了很高的评价。后来，他又转任中军师。曹操成为魏公之后，他又被任命为尚书令。

荀攸有着超人的智慧和谋略，不仅在政治斗争和军事斗争中表现突出，在安身立业、处理人际关系等方面，都能很明显地看出来。

他在朝二十余年，处理政治旋涡中上下左右的复杂关系，从容自如；处于极其残酷的人事倾轧中，始终地位稳定，立于不败之地。曹操向来以爱才著称，但是他作为封建统治阶级的铁腕人物，在铲除功高盖主和略有离心倾向的人方面，从来都不犹豫和手软。一个很典型的例子就是一号谋臣，荀攸的族叔荀彧。荀彧力保汉室，不支持曹操做魏公，被逼迫自杀。但是荀攸就很注意将自己超人的智谋应用到防身固宠、确保个人安危方面。

曹操有一段反映荀攸具有特别谋略的话，很形象，也很精辟，是这样写的："公达外愚内智，外怯内勇，外弱内强，不伐善，无施劳，智可及，愚不可及，虽颜子、宁武不能过也。"可见，荀攸平时非常注意周围的环境，对内对外、对敌对己都有不同的方式。参与军机的谋划之时，他总是智慧过人，选出妙策；迎战敌军之时，他总是奋勇当先，不屈不挠；面对曹操、同僚之时，他却注意不露锋芒、不争高下，将自己的才能、智慧、功劳谨慎地掩藏起来，显得很谦卑、文弱，甚至愚钝、怯懦。

荀攸这种大智若愚、随机应变的处世方略，虽然不免有故意装"愚"卖"傻"之嫌，但是却不能不说其效果很佳。他与曹操相处了二十余年，一直深受宠信，双方关系非常融洽，而且从来没有人对他进行谗言陷害，最后善终而死。到他死后，曹操还痛哭流涕，对他的品行推崇备至，并且赞誉他为谦虚的君子和完美的贤人。

【原典】

亲仁友直，所以扶颠。

注曰：闻誉而喜者，不可以得友直。

王氏曰："父母生其身，师友长其智。有仁义、德行贤人，常要亲近正直、忠诚，多行敬爱；若有差错，必然劝谏、提说此；结交必择良友，若遇患难，递相扶持。"

【译文】

亲近仁爱的人，结交正直的人，这是扶持颠仆危亡局面的办法。

张商英注：听到他人赞誉就高兴的人，不能与正直的人交朋友。

王氏批注：父母造就人的身体，老师朋友增长人的智慧。有仁义、道德的人，长久地接近正直、忠诚的人，不断地做尊重友爱的事。如果别人做了错事，一定会规劝谏诤，说起这些错误。结交朋友必定选择有才德的人，如果遭遇祸患困难，就会互相支持照料。

【评析】

漫漫人生路，每个人都不可能独自走完全程。无论得意之时还是失意之时，你都离不开朋友。朋友是五伦之一，常常关系到一个人事业的成败，所以，古人向来强调交友要慎重。

友谊是人生最美好的感情，是最高尚的道德力量。友谊固然重要，但择友也同样重要。所谓近朱者赤、近墨者黑，真正的朋友能使你快乐，使你脱离困境走向成功；而损友则能使你放纵，在成功之中使你迷失方向。择友应选正直的、真诚大度的、博学多才的，这样能让你免受伤害，人生之路才能走得平稳。

【史例解读】

患难见真友

在下邳的日子里，张良做了一件对他后来影响非常大的事情，就是窝藏了一个杀人犯——项伯。

项伯世代为楚将。项伯的父亲是楚国名将项燕，秦王曾命大将王翦领着大军攻打楚国，项燕带军抵挡，被王翦打得落花流水，悲愤之下，拔剑自杀了。项伯出生在这样的世家，从小就喜欢舞刀弄剑，一不小心弄出一桩命案，逃到下邳，正好遇见张良。

实际上，他和张良二人，很早以前就已经认识了，说起来两家还是世交。只是那时，他们还没有过深的交往。

不过，项伯这次杀人，张良施展行侠仗义的本性，把他藏在身边。因为同是六国贵族的后代，又都因犯罪而隐身在下邳，很自然的，张良把项伯视为知己。而在后来项羽意欲攻击刘邦、夺取关中的前夜，项伯显示出他仁厚仗义的一面，星夜赶往张良住处，救张良于危难中。而张良也通过项伯的关系，缓解了项羽对刘邦的敌意。鸿门宴上，项伯又保护了刘邦的生命。可以说，正因为张良结识了项伯这个朋友，才保存了刘邦的生命，才有他日后的反戈一击，天下一统。

【原典】

近恕笃行，所以接人。

注曰：极高明而道中庸，圣贤之所以接人也。高明者，圣人之所独也；中庸者，众人之所同也。

王氏曰："亲近忠正之人，学问忠正之道；恭敬德行之士，讲明德行之理。此是接引后人，止恶行善之法。"

【译文】

接近仁爱之道，切实专心力行，这是礼贤下士的办法。

张商英注：极其崇高明睿而且行为符合中庸之道，这是圣人贤人礼贤下士的办法。崇高明睿是圣人贤人所特有的，中庸之道是普通众人所共有的。

王氏批注：接近忠诚正直的人，学习忠诚正直的道理；尊重对待有道德品行的人，讲解说明道德品行的道理。这是指导后辈阻止丑恶、弘扬善行的方法。

【评析】

自己不想做的事情，不强加给别人，待人接物宽厚有礼，这就是"恕"；但对自己选定的理想和目标矢志不渝，坚持不懈，这就是"笃"。有了这两种品质，就能够获得周围人的支持，从而成就事业。

宽容别人的过失，容忍别人的缺点，不纠缠过去，不计较小的错误，既是一种高尚的修养，也是中华民族的传统美德。只有忠恕待人，才能息怒附众，与各种各样的人和睦共处，相安无事。

【史例解读】

宽宏大量的夏原吉

夏原吉，湖南湘阴人，是永乐、洪熙、宣德三朝的户部尚书。

有一次他巡视苏州，婉谢了地方官的招待，只在旅社中进食。厨师做菜太咸，使他无法入口，他仅吃些白饭充饥，并不说出原因，以免厨师受责。

随后巡视淮阴，在野外休息的时候，不料马突然跑了，随从追去了好久，都不见回来。夏原吉不免有点担心，适逢有人路过，便向前问道："请问你看见前面有人在追马吗？"话刚说完，没想到那人却怒目对他答道："谁管你追马追牛？走开！我还要赶路。我看你真像一头笨牛！"

这时随从正好追马回来，一听这话，立刻抓住那人，厉声呵斥，要他跪着向尚书赔礼。可是夏原吉阻止道："算了吧！他也许是赶路辛苦了，所以才急不择言。"于是笑着把他放走。

有一天，一个老仆人弄脏了皇帝赐给他的金缕衣，吓得准备逃跑。夏原吉知道了，便对他说："衣服弄脏了，可以清洗，怕什么？"

又有一次，侍婢不小心打破了他心爱的砚台，躲着不敢见他，他便派人安慰侍婢说："任何东西都有损坏的时候，我并不在意这件事呀！"因此他家中不论上下，都很和睦地相处在一起。

当他告老还乡的时候，寄居途中旅馆，一只袜子湿了，命伙计去烘干。伙计不慎，袜子被火烧去，伙计却不敢报告；过了好久，才托人去请罪。他笑着说："怎么不早告诉我呢？"就把剩下的一只袜子也丢了。

他回到家乡后，每天和农人、樵夫一起谈天说笑，显得非常亲切，不知道的人，谁也看不出他是曾经做过尚书的人。

君子莫计小人过

狄仁杰出生于一个官宦之家。祖父狄孝绪，任贞观朝尚书左丞，父亲狄知逊，任夔州长史。狄仁杰通过明经科考试及第，出任汴州判佐。时工部尚书阎立本为河南道黜陟使，狄仁杰被吏诬告，阎立本受理讯问，他不仅弄清了事情的真相，而且发现狄仁杰是一个德才兼备的难得人物，谓之"河曲之明珠，东南之遗宝"，推荐狄仁杰做了并州都督府法曹。

狄仁杰早年为官期间，一直有两个武艺高强的江湖义士追随左右，保驾警卫。二人在狄仁杰侦破各种案件的过程中，立下过汗马功劳。

　　传说，这两个义士名叫马荣和乔泰。这二人是结义兄弟，两人一直行侠仗义于江湖之上。有一次乔泰身染重病，急需用钱医治。马荣便去打劫，想劫些银两，救乔泰一命。谁知他抢的正是上任途中的狄仁杰。狄仁杰精通医术，当他知道马荣抢钱是为救义兄性命时，就主动提出前去诊治。结果，手到病除救了乔泰性命。马荣和乔泰二人，为报答相救之恩，决心追随狄仁杰左右，听凭驱使。狄仁杰见二人义气深重，就收二人为自己的贴身卫士。从此以后，这两个人就一直追随着狄仁杰。

【原典】

　　任材使能，所以济务。

　　注曰：应变之谓材，可用之谓能。材者，任之而不可使；能者，使之而不可任，此用人之术也。

　　王氏曰："量才用人，事无不办；委使贤能，功无不成；若能任用才能之人，可以济时利务。如：汉高祖用张良陈平之计，韩信英布之能，成立大汉天下。"

【译文】

　　任命有特殊才能的人，使用多才多艺的人，这是成就天下大事的办法。

　　张商英注：能够权变应付的人，叫作"材"；可以出力效劳的人，叫作"能"。材人，任命他而不能够驱使他，能人，驱使他而不能够任命他。这就是用人的方法。

　　王氏批注：衡量才能使用人，事情没有不能办理的；委任贤能，事情没有不能成功的。如果能同时使用有"材"有"能"的人，就可以挽救时局。比如汉高祖刘邦使用张良、陈平这些"材"人的计谋，使用韩信、英布这些"能"人的能力，才使大汉一统天下。

【评析】

　　善于发现人才，也要善于使用人才，做到人尽其才，各安其位，才能成就大的事业。用人之道，要懂得分辨"材"与"能"。所谓"材"，是指具备领导才能的人，能够策划指挥，随机应变，这样的人不能让他做具体的事情；所谓"能"是可以执行贯彻指示的人，可以做具体的事情，但做不了领导。人之才能，各有所长，所以做领导的要善于量才录用，使用人的长处。

　　《淮南子》说：有什么本事就给他什么职位，有什么能力就让他做什么事情，力量足够，举什么都不重，能力足够，做什么都不难。

【史例解读】

人尽其才，各安其位

　　公元前202年2月28日，刘邦在山东定陶汜水之阳举行登基大典，定国号为汉。刘邦在一次酒宴上与群臣探讨夺取天下的原因，他问道："各位将领，我起兵的时候，不过几百人，历经大战七十，小战四十，终于拥有了天下。项羽勇猛无敌，还有雄兵百万，可是最后却兵败身死，失掉了天下，你们说说看，这是什么原因呢？"

　　文武大臣开始七嘴八舌地说起来，有的说："因为陛下您主意多，而项羽只知道蛮干，有勇无谋，所以失败。"有的说："项羽为人残暴，他坑杀投降的士卒，又放火烧了阿房宫，失了民心。"

　　刘邦听了呵呵一笑，摇摇头，说了一段为后人津津乐道的话："论运筹帷幄之中，决胜千里之外，我不如张良；论抚慰百姓供应粮草，我又不如萧何；论领兵百万，决战沙场，百战百胜，我不如韩信。可是，我能做到知人善用，发挥他们的才干，这才是我们取胜的真正原因。至于项羽，他只有范增一个人可用，但又对他猜疑，这是他最后失败的原因。"刘邦的总结确实说对了，战争的胜败，人的因素总是最重要的。

不以言废人

　　唐代李吉甫，借祖上的庇荫补任个太常博士。他很熟悉典章制度，李泌、窦参非常器重他的才干，很好地对待他。当时陆贽怀疑他们结党营私，就奏请皇上让李吉甫外出任明州刺史。后陆贽受贬，发配忠州，宰相想谋害陆贽，将李吉甫升任忠州刺史，让他办理陆贽一案，好报前仇。李吉甫到忠州后，放下个人的恩怨，与陆贽结成密友。人们都看重李吉甫的度量。

唐代的狄仁杰做了宰相，本来是娄师德推荐的。狄仁杰却不晓得，瞧不起娄师德。武则天曾经问狄仁杰："娄师德是贤才吗？"狄仁杰回答道："作为将军能谨慎地守住边境，贤与不贤我就不知道了。"武则天又问："娄师德善于了解人吗？"狄仁杰回答道："我曾经和他同过事，没听说过他能了解人。"武则天说："我能够任用你，是娄师德推荐的，也可以说是了解人而善任啊。"狄仁杰出来后，感叹道："娄师德的德行高尚，我受他德行上的影响已很长时间了。"

赵宋时代的唐介，字子广，荆南人。宋仁宗时任御史，上奏书弹劾平章文彦博，告他在益州做知府时，造了一只非常美观的金灯笼，巴结太监带到宫中，献给张贵妃，而得到了大权，和张贵妃的哥哥张尧佐结成帮派，固守一方。唐介的话说得很爽直，皇上生了大气，把文彦博叫来对他说："唐介说他检举的这些事是他的责任，至于你是通过妃嫔才做上丞相的，这是如何说呢？"于是唐介被贬谪为泰州别驾，再改迁到英州。免去了文彦博的相位，贬任许州知府。以后文彦博又做上了丞相，他首先推荐唐介，他告诉皇上说："唐介所说我的事，大多击中了我的弊病，里面虽有些传说的误会，然而也是他当时对我爱之太切则责之太深。"于是把他召回京师到知谏院。那时人们都称赞文彦博是厚道的长者。

宋代王旦，字子明，魏州人。真宗时期任中书，寇准做枢密院的官。中书有事的时候，盖上印送至枢密院，中书偶尔把印盖倒了，寇准就把送文书的官员开除。有一回枢密院也把印盖倒了，中书的官就告诉王旦也要开除送文书的人。王旦问官员们："你们说枢密院开除盖倒印的人对吗？"他们说："不对。"王旦说："既然不对，就不应该学他。"后来王旦病了，皇上问王旦："你现在病了，万一有什么不测，我把天下托付给谁来辅助我治理呢？"王旦回答："最合适的是寇准。"皇上说："寇准的性格刚直褊狭，再考虑一下其他人。"王旦道："其他的人我就不知道了。"

【原典】

殚恶斥谗,所以止乱。

注曰:谗言恶行,乱之根也。

王氏曰:"奸邪当道,逞凶恶而强为;谗佞居官,仗势力以专权,不用忠良,其邦昏乱。仗势力专权,轻灭贤士,家国危亡;若能绝邪恶之徒,远奸谗小辈,自然灾害不生,祸乱不作。"

【译文】

憎恨恶人与恶行,痛责谗佞与谗言,这是制止发生动乱的办法。

张商英注:谗言与罪行,这是祸乱产生的根源。

王氏批注:狡诈恶毒的人把持国政,依着凶狠恶毒而胡作非为;谗佞小人做官,倚仗势力而专权独裁,不任用忠诚贤良的人,邦国昏庸无道。倚仗势力专权独裁,轻易迫害贤能的人,国家接近灭亡。如果能根除邪恶小人,远离奸佞臣子,那么灾难祸害就不会产生了。

【评析】

谗言自古是祸乱的根由。谗言犹如一条变色龙,它通过不断地变化颜色掩藏自己。谗言是万恶的源头,这个道理谁都懂,但是真正能够识破谗言的人又有几个呢!谗言或是无中生有,凭空捏造,或是花言巧语,肆意夸张,只有在生活中不断修身、养性、正德,提高个人素质,才能看穿谗言,这样才能使自己避免祸端,保证事业的成功。所以,明智的人善于分辨忠言与谗言,并制止谗言的传播。

【史例解读】

谗言如毒当拒听

北周武帝于公元575年7月亲率大军,兵分六路讨伐北齐。为了一举消灭北齐,周武帝派了大将韦孝宽镇守通往北齐的要塞玉壁。

韦孝宽在军事上善于用间。为了摸清北齐国内的政治、军事情况，他培训了大批间谍人员，打入北齐国内的各个角落搜集各种情报。不论是他派遣到北齐的间谍，还是他从北齐收买的间谍，都能为他尽职效劳。因此，北齐朝廷内部有什么矛盾，兵力怎样部署，军队有什么动向，韦孝宽可谓是了如指掌。

然而，后来北周的用间活动被北齐的左丞相斛律光识破了。斛律光，号明月，是北齐战功卓著的大将军，能征善战，智勇双全。斛律光向齐后主高纬报告说："周武帝对我国虎视眈眈，派大批间谍刺探我国情报，我朝内的许多大臣也被他的间谍收买，当了内奸，请皇上您务必清查惩办这些人。"

没等齐后主说话，与斛律光素有恩怨的宰相祖孝接过话茬，说："听丞相的意思，既然我朝内大臣都是内奸，只有你一人清白喽？"他冷笑了一下，接着说："你这是对当朝皇上的污蔑，真不知你的用心何在。"祖孝平日总是在昏庸的齐后主面前花言巧语，大献殷勤，因此深受宠爱。齐后主闻听此言，他不辨真假，即刻把斛律光赶出朝廷。

虽然斛律光受到祖孝的奚落与皇帝的否定，心中不快，但为了国家的安危，他忍辱负重，暗中加紧防备北周的入侵。

间谍们把北齐朝廷内发生的矛盾以及斛律光私下的活动，报告给韦孝宽。韦孝宽心想要顺利战胜北齐，必须首先除掉这个敌手，于是他找到了参军曲严，请他编几首歌谣，散发出去。歌谣写的是："百升飞上天，明月照长安"、"高山不推自溃，槲树不扶自竖"等等，这里的"升"，原指旧时的容量单位，十升等于一斗，十斗即为一百升，等于一斛，歌谣中的"百升"是影射斛律光的"斛"字。北齐后主姓高，歌谣中的"高山"是影射齐后主。这两句歌谣的意思是：斛律光想要当皇帝，北齐王朝灭亡的日子不远了。

韦孝宽令间谍们把写好的歌谣传单散发到齐国的京城，并让孩子们在大街小巷传唱。祖孝见了这些传单，把情况报告给齐后主，又借机添枝加叶地大加渲染。高纬听信了谗言，怀疑斛律光要谋反，立即下令杀了斛律光。

韦孝宽听了这个消息后，认为时机已到，马上奏请周武帝兴兵伐北齐。由于外攻内应，北齐很快就被消灭了。

诸葛亮巧识谗言

三国时的诸葛亮以其对蜀汉的鞠躬尽瘁而闻名于后。刘备病死白帝城时曾对诸葛亮说："君才十倍曹丕，必能安邦定国，终成大事。若嗣子可辅，则辅之；如其不才，君可自为成都之主。"这就是著名的永安托孤。实际上，当时同受托孤重任的还有李严。他们两人私交甚好，又同受刘备托孤，共为辅臣。

直到建兴四年（226年），两人关系还比较好，诸葛亮在与孟达的信中还称赞李严。但不久，李严写信给诸葛亮，建议利用掌握朝政大权的便利，像曹操那样进爵封王，接受"九锡"，这样他也能捞到若干好处。诸葛亮对此非常生气，在回信中狠狠批评了李严一通。不久，诸葛亮在即将伐魏前，调李严带他所辖的两万军队来镇守汉中。李严却讨价还价，要诸葛亮从益州东部划出五郡设立江州，让他当江州刺史，致使调动未成。诸葛亮以大局为重，也就妥协了。建兴七年，陈震在出使东吴前，专门找诸葛亮汇报李严的巧诈问题，特别谈到李严早年在家乡为官时的一些劣迹，但没引起诸葛亮的足够重视。

建兴八年（230年），曹军欲三路攻蜀，诸葛亮再次要李严带两万军队到汉中坐镇，李严又讨价还价。诸葛亮即做让步，任命其子为江州都督督军，接替李严调走后的工作，李严这才执行调动命令。

建兴九年（231年），诸葛亮第四次伐魏，命李严在汉中负责后勤供应，李严未能及时筹集到粮草，便写信给诸葛亮说皇上命令退兵。诸葛亮退军后，李严又欺骗朝廷说此次退兵是为了诱敌。当诸葛亮回来后，他又故作惊问："军粮已经够用，为何突然退兵？"于是，诸葛亮在上朝时拿出李严的书信为据，与许多将士一道签名上表，弹劾李严，将他免为庶人，流放到梓潼。

【原典】

推古验今，所以不惑。

注曰：因古人之迹，推古人之心，以验方今之事，岂有惑哉？

王氏曰："始皇暴虐，行无道而丧国，高祖宽洪，施仁德以兴邦。古时圣君贤相，宜正心修身，能齐家治国平天下；今时君臣，若学古人，肯正心修身，也能齐家、治国、平天下。若将眼前公事，比并古时之理，推求成败之由，必无惑乱。"

【译文】

推研古人的事迹，检验当今的事情，这是不至于陷入困惑的办法。

张商英注：根据古人的事迹，推求古人的思想，来验证当今的事情，哪里会有迷惑呢？

王氏批注：秦始皇残暴，做没有德政的事使得国家灭亡；汉高祖度量宽宏，施行仁义道德使得国家兴盛。古代的圣明君主贤能宰相，归正自己的心性，涵养自己的德行，所以能治家治国治天下。现在的君王臣子，如果能学古人，肯归正心性，涵养德行，也能治家治国治天下。如果能用古人的事理来比较现在的事情，推测成功失败的原因，一定不会有困惑。

【评析】

俗话说："读史可以明志。"经历千秋万代而不易的历史经验都是以无数苦难甚至生命为代价换来的。生活方式尽管日新月异，但客观规律是永远不会改变的。凡是成功人士都是善于总结经验、懂得变通的，将别人用血用泪换来的经验与自身情况结合起来，融合为自己的思想，使自己保持清醒的头脑，从而使事业走向成功。

【史例解读】

以史为鉴可以知兴替

刘邦晚年，恐怕自己不久于人世，便着急安排后事，召集大臣们来商议废除太子刘盈、更立赵王如意为太子的事。文武大臣一听，全都慌了，一齐去见张良，说道："您是太子少傅，理当匡扶太子，只有请您去劝谏皇上了。"

张良迫于无奈，于是进宫谒见刘邦，说："废立太子是一件大事，陛下的箭伤还没有好，还是等养好伤再说吧。"刘邦却摇摇头，拒不接受地说："太子毕竟太懦弱了，连叛乱之军也没能力平定，这样的太子有何用处？我已经考虑很长时间了，这次一定要废掉他。"

张良想了想，觉得有办法说服刘邦的，只有一个老儒生叔孙通了。于是，他去找叔孙通。

叔孙通来了，果然老辣，见了刘邦，跪下就说："过去，晋献公因为宠爱骊姬，废掉了太子，立了骊姬的儿子，结果，晋国乱了几十年，一直受到天下人嘲笑。秦始皇由于不早定长子扶苏的太子名位，结果死后被赵高假传遗诏立了胡亥，以致秦朝很快灭亡。这些事都是陛下知道的。现在太子为人仁慈、厚道，天下人都知道，吕后与陛下又是患难夫妻，陛下怎么说废就废呢？陛下一定要这么做，臣请先死在陛下面前。"

说完，叔孙通摆出了一副立即要拔刀自杀的架势。

刘邦一时之间也无计可施，便只好把废立太子的事情搁置下来。

【原典】

先揆后度，所以应卒。

注曰：执一尺之度，而天下之长短尽在是矣。仓卒事物之来，而应之无穷者，揆度有数也。

王氏曰："料事于未行之先，应机于仓卒之际，先能料量眼前时务，后有定度所行事体。凡百事务，要先筹计，料量已定，然后却行，临时必无差错。"

【译文】

首先揆度情理，然后计算利害，这是应付突发事变的办法。

张商英注：执掌着一定的标准尺度，因而天下事情的长短全都在这里面了。突发事变到来时，却能对它采取多种应付策略，这是因为心中有数的缘故。

王氏批注：在事情还没有发生之前，就要预测事情的走向，突发事件来临时可以随机应变。首先能猜度眼下的客观形势，然后处理所做的事。一切事物，要先谋划盘算，安排完了，再去施行，事到临头，一定不会有差错。

【评析】

世事幽暗，当事者迷。迷在何处？不能揆情度理。所以要成大事者，必须培养洞察先机的才能，增强自身的应变能力，在事情还没有发生之时，预测事情的发展趋势，做好应急准备，这样，如果真的出现突发事件也不至于盲目出手，手忙脚乱。"料事如神"也变得简单起来了。

《管子》说：谋划但没有主见就会遇到困难，做事情没有准备就办不好，所以，聪明的人都会早做准备。而要做到有把握，就必须知彼知己。处于现代社会中的管理者，要时时以此话来提醒自己，无论做何种事情，都应做好事先的调查工作，真实客观地认清双方的具体情况，才能获胜。

【史例解读】

张良审时度势谏刘邦

公元前202年10月，刘邦追击项羽军队到达阳夏的南面，他一边让军队驻扎下来，一边派人联络韩信、彭越，约好大家一起围歼楚军。等来等去，彭越、韩信二人始终没有派援兵来。由于楚军反抗非常激烈，汉军孤军深入，损失惨重。刘邦只能退回要塞死守，等待援军到来。

援兵久久不来，情急之下，刘邦只得来询问张良："我已经封了韩信为齐王，拜彭越为魏相国，难道还不够吗？"

张良坦率地告诉刘邦："汉王请设身处地想想，当初韩信虽然受封齐王，但是属私自称王，并不是您的本意，韩信自己当然不放心，害怕您失言反悔。如果汉王身为诸侯但是又没有得到封地，您愿意派兵来吗？"

刘邦听了，点了点头，表示可以理解。

又问："那么，彭越是怎么一回事呢？"

张良又告诉刘邦说："彭越也是如此，彭越本来平定了梁地，功劳可算是不小了，当初您因为魏豹称王在先，只得任命彭越做魏国的相国，他已经有些不满了。现在，魏豹已经死了，又没有后代，彭越当然也想为王，可您却没有提早想到这一点。他能愿意前来替汉王卖命吗？"

刘邦一听，果然全是自己考虑不周的缘故，于是按照张良的建议，把睢阳以北直到谷城的所有领地都送给彭越，里面含有将来让他做真正魏王的意思。又把陈地以东一直到东部沿海的领土都划给了韩信。刘邦又连夜派使者，带着封疆的地图，赶到齐、梁两地，向韩信、彭越二人传达了他的旨意，韩信与彭越两人听了，自然非常高兴，纷纷表示即日出兵。

韩信、彭越大军前来会合，三军合围，最终围歼项羽于垓下之地。只是通过几个简单的步骤，张良就替刘邦完成了这幅拼图。

善观行情获巨利

古代商人白圭，在经商做生意方面的确有自己的一套，就连司马迁都称其为天下善于经商的人的始祖。

魏文侯时，李悝为相，鼓励农业生产，务尽地力，魏国形成开荒种地的热潮。白圭是个身强力壮的人，却充耳不闻，仍然待在家里。

邻里都劝他：趁着国家政策好，你身体强，多开几亩荒地，留给后人，也可保丰衣足食。他只是一笑，说："我自有获利的好办法。"

不久，大家都在积极开荒种地时，白圭却开了一个店铺，租了好多间空房，就是不做一件买卖。人们笑他："哪有你这样做买卖的？"白圭仍是一笑置之。

秋天，农业获得大丰收。老百姓都愁粮食无处放，国库又只能收一部分，粮价贱得前所未有。白圭这才打出收粮的招牌，比市价还高五成。多余的粮食都被收购了，百姓都夸他做了件大好事。另一些粮商则骂他是傻子，看着白圭收了那么多粮食，都希望白圭的粮食卖不掉，一下子垮下来。

第二年，出现了几十年不遇的大灾年，春秋两季的收成都坏得很，粮价一下上涨了几十倍。奸商们都看准了是发大财的好机会。这时，白圭开始卖粮了，标价又大大低于市价，人们都纷纷到他这里来买粮。不到一个月，白圭收购的几百万石粮食全卖了出去。

收购价是一石一两银子，卖出价是一石十两银子，这一进一出，白圭就赚了几千万，一下子成了巨富。

那些早先劝他去开荒种地的人都说，白圭真是一块不耕而大获的料子啊！白圭有了雄厚的资本，坐着高车四处经商，每到一地，不到几天，价格贵贱全在胸中。然后，下手买卖，从无亏本的事。

一次到某地，此地盛产生漆，恰好当年又是大丰收，漆户都愁漆卖不出去。白圭在甲地时，探听到漆价极贵，以此地的价格运到甲地，至少有几十倍的赚头，于是又大肆收购。没几天，就收购了几十车的生漆。他把收购好的生漆运到甲地，一下子又赚了好多好多的银子。

《史记》夸他能洞察市场，善观行情变化，能取人所弃，与人所取，由此而获巨利。

白圭自己常说："我们经商，如同治国，要像伊尹、姜子牙那样；如同打仗，要有孙武、吴起的本领；如同变法，要像商鞅那样。所以，如果智慧不识权变，勇敢达不到当机立断，仁爱做不到给予，强大不能坚守，这样的话是学不到我的本事的。"

【原典】

设变致权，所以解结。

注曰：有正、有变、有权、有经。方其正，有所不能行，则变而归之于正也；方其经，有所不能行，则权而归之于经也。

王氏曰："施设赏罚，在一时之权变；辨别善恶，出一时之聪明。有谋智、权变之人，必能体察善恶，别辨是非。从权行政，通机达变，便可解人所结冤仇。"

【译文】

用正常的法则不能解决问题时就用变化的法则，用常规之理不能解决问题时就用权宜之计，这是解决困难问题的办法。

张商英注：有正常的法则，也有变通的法则；有灵活多变的权宜之计，也有至当不移的常规之理。当事情用正常的法则不能解决时，就用变通的法则把它引到正常的法则所达到的至善处境中去；当事情用常规之理不能解决时，就用权宜之计把它引到常规之理所达到的至善轨道上来。

王氏批注：设置奖励惩罚，决定于临时的灵活运用。辨别善恶好坏，取决于一时的聪明机智。有智慧谋略且随机应变的人必定能体会观察善恶对错，变通行使权力，通晓事物变化并且适应，这样就可以解决人们之间的误解仇恨。

【评析】

古语云："穷则思变。"无论是迷失方向，还是遭遇困境，只有灵活变通，才能应对自如，摆脱困境。灵活变通是智慧的表现，但不是牺牲原则，恰恰相反，它是以机敏巧妙的迂回战术解开死结，以免激化矛盾。许多成功人士，也许他们没有广博的知识，但在为人处世中，他们却将灵活变通发挥得淋漓尽致，可见"变"的重要性。

"变"是事物发展的规律，"应变"则是管理者能力的表现。现代人的工作行为往往受到多种因素的影响，例如情绪、心理、关系等。因此，管理下属的工作行为，以及由此带来的调整工作计划等都是常见之事。这就需要管理者提高应变能力，做到头脑灵活，及时找对策。应变能力，是一种根据不断变化的主客观条件，随时调整领导行为的能力，也是确保管理者获得圆满成功的一个先决条件。

【史例解读】

成大事者不拘小节

公元前203年9月，在楚汉两军对峙广武长达10个月，彼此都无力吞掉对方的情势下，刘邦和项羽达成了议和协议。项羽送回了被扣押的刘太公和吕雉，刘邦和他签订了汉楚并存的合约，以鸿沟为分界线，鸿沟以西为汉，鸿沟以东为楚，两国和平共处，不再互相侵犯、互动刀兵。这就是历史上著名的"鸿沟议和"。

项羽签了和议书后，没过几天，就撤离了广武，向东而去。刘邦见对峙形势已经不复存在，也决定退回关中。就在刘邦下令撤军时，张良和陈平两个人秘密来见刘邦。

张良说："汉王，这个时候千万不能回关中啊！"

刘邦不解地问："我已经和项羽约定鸿沟为界，太公、夫人也都脱离了虎口，为何还不能西归？"

张良说："汉王，我们与项羽议和，不过是缓兵之计。现在，太公和夫人已经安全无恙，我们应该是出奇谋的时候啊！"

刘邦听后，怔了一下，为难地说："但是，如果进行会战，我没有把握能击败项羽。"

张良接着表示："的确如此，我们是很难击败项羽，因此现在的机会才难能可贵。"

陈平也在一旁说："子房说得对，这正是天亡项羽的时候，如果失去了这个时机，会养虎为患，等他缓过气来就为时已晚，请汉王快下决定！"

刘邦还是有些犹豫："但是，我们已经达成约定了，现在墨迹未干，我们就背约，不是会遭到天下人的耻笑吗？"

张良斩钉截铁地说："做大事者不拘小节，只要击败项羽，我们便再也不需要谈判和约定了！"

刘邦听了，不再婆婆妈妈，当夜与张良、陈平制定了会合诸侯、共击楚军的战略。张良的这一举足轻重的策略，决定了楚汉战争的最后走向，属于定乾坤的谋略经典。千年以后，韩愈还在吟咏这件事："谁劝君王回马首？真成一掷赌乾坤。"

滑伯仁智拔断针

中国元代，有位叫程铭的先生患腿病，一位姓巴的医生在为他针灸治疗时，不慎将银针折断，情势急迫，于是特请当时有名的针灸学家滑伯仁来解救。滑伯仁气喘吁吁地赶到程家。此刻，程铭疾首蹙额地在床上痛苦呻吟，右腿弓曲不敢动弹。巴医生神色不浞，焦急万分，用手紧紧捏住尚留在皮外的一点银针断头，生怕银针走入病人体内，导致生命危险。程家一家老小，此时也急得六神无主，不知所措。

滑伯仁来到病人床前，冷静地告诫大家不要慌乱，并请围着的人全部出去，然后便镇定自若地排除。他不是使用随意按摩的方法，而是沉吟片刻，采取了因势利导、声东击西的治法。因为他深深懂得，针刺治病取穴一般不是头痛医头，脚痛医脚，而是头部病却取足部的穴位，左侧的病却取右侧的穴位，内脏的病却取四肢的穴位。现在，他决定采取同样的对策来排除眼前病人的险情。

考虑到断针是在程铭先生足少阴经脉穴位——阳陵泉穴，滑伯仁便沿着这条经脉循行着，在离阳陵泉穴很远的风市穴扎下一根又长又粗的银针，并用力捻动起来。病人忍受不住这个强烈的刺激，痛得大哭大叫，汗流如注。这时风市穴旁的肌肉猛烈地抽搐着，而阳陵泉穴部位的肌肉却逐渐松弛下来。滑伯仁瞅见时机已到，忙向巴医生丢了一个快拔断针的眼色，巴医生心领神会，果断地将断针头顺利拔出，接着，滑伯仁也在病人稍缓之时，拔出粗银针。

由于滑伯仁成功地运用了非常规的对策，眼见一场关系到病人生死的医疗事故，化险为夷。大家不但心悦诚服，而且不约而同地都向滑伯仁投来了敬佩目光。

景阳攻魏巧救燕

战国时期，齐、韩、魏三国联合起来攻打燕国。燕国眼看危在旦夕，便派太子到楚国求援。楚王与燕王交好，立即以景阳为将，率兵以解燕国之围。

在当时的情况下，直接杀上前线，同三国联军对阵固然可起到支援燕国的作用，但楚国的军队并不十分强大，贸然向三国联军发起进攻，显然要冒极大的风险。

聪明的景阳没有直接发兵救燕，而是选择了三国军队中最为强大而后防最为空虚的魏国作为敌手，用一支精干的轻骑军偷袭魏国的雍丘，结果很轻松便取得了胜利。

景阳率军开始攻城后，魏国国内的民众开始混乱，前线将士的士气也受到了很大影响。在攻燕的战斗中，魏军思乡心切，作战也不如往常那样积极勇敢了。这就间接地支援了燕国。攻占后，楚王十分高兴，准备重赏他为开疆拓土的将领，然而景阳却坚持要将雍丘作为礼物送给宋王。楚王十分恼怒，派人前去质问景阳。

景阳回答说："本来我们此次发兵的目的，是去解燕国之围的，怎么可以为了区区一座小城而使亡国的危险降临到楚国的头上呢？"来人不解，问："难道占据一座小城，楚国就会灭亡吗？这简直是在危言耸听。"

景阳不急不躁地答："表面看来，我们攻占了雍丘后，一方面援助了燕国的正面战场，一方面多占了一座城市，可谓一举两得，可如果这样做，祸事也就临头了。楚国虽然兵强马壮，国力殷实，但与齐、韩、魏三国联军相比，实力还是处于下风。魏国见楚国乘机夺去一座城市，必不甘心，肯定要回师声讨，如到那时，燕国战乱刚息，必不能有援于我，我们将独力同三国联军作战，难道就没有战败的危险吗？一旦战败，国家还能够存在吗？这怎么是危言耸听呢？如果我们把它送给宋国，宋国的国君肯定十分感激我们，因为他们早就垂涎这座城市了。如果我们有难，他们还会发兵援助我们，除此之外，难道我们还有更好的方法吗？"来人心悦诚服，回去如实向楚王作了禀报，并将雍丘送给了宋国。

果然，没过多久，三国联军便罢兵不再攻打燕国，转而攻打楚国。魏国的大军驻扎在楚军的西边，齐国的军队驻扎在楚军的东边，楚军的后路也被阻断了，形势十分危急。

　　胸有韬略的景阳再次使用"围魏救赵"之计，他采取了联齐打魏、声东击西的战略。白天晚上，景阳不断派出使者假意前往齐军的营地进行谈判，每次去都大事张扬。白天去时驾着马车，带着丰厚的礼品，晚上去时则点燃灯笼火把，同时亦派出疑兵来往于楚、韩两军之间。

　　三国的军队看到后，都以为另外两国的军队在同楚军谈判，害怕盟军做出不利于自己的行动，齐军首先撤兵，紧跟着韩国撤军。最后，只剩下魏国一支军队，他们看到孤掌难鸣，而楚国又难以攻破，只好言和罢兵。就这样，不但替燕国解除了灭国之危，还机智地使三国联军不战而退。

【原典】

括囊顺会，所以无咎。

注曰：君子语默以时，出处以道；括囊而不见美，顺会而不发其机，所以无咎。

王氏曰："口是招祸之门，舌乃斩身之刀；若能藏舌缄口，必无伤身之祸患。为官长之人，不合说的却说，招惹怪责；合说不说，挫了机会。慎理而行，必无灾咎。"

【译文】

　　谨言慎语，不轻易表态，说话顺应时机，这是免除灾祸的办法。

　　张商英注：德才兼备的君子根据时机而发表言论或保持沉默，根据行动的时机而采取或行或止的措施，谨言慎语而不表现自己的优点，顺应时机而不暴露自己的聪明，这是躲避灾祸的办法。

　　王氏批注：嘴巴是招致祸害的门，舌头是砍掉生命的刀。如果能管住嘴巴，一定不会有伤害自己的祸事临头。做官吏的人，不该说的却说，会招惹怪罪责骂；该说的不说，会耽搁了时机。只有谨慎地行事，才能保证没有灾祸。

【评析】

　　整天将志向挂在嘴上的人，一般都是坐而论道者，他们其实只是脑子一热，仅仅只是一个想法而已，并不是真正的志向。真正志向远大的人，会将志向看得像宝物一般，深深珍藏于心，暗暗激励着自己。

　　正所谓言多必失。如果你有一个好想法，满世界一嚷嚷，那么成就这个想法的人，一定不会是你；如果你的想法会对某一些人构成威胁，或者损害他们的利益，那么将会有一群人让你永远也看不到想法实现的那一天。

【史例解读】

一言不慎，埋下祸根

　　刘邦即位后，宠爱戚姬，一度欲废掉吕后的儿子刘盈太子之位，改立戚姬的儿子刘如意为太子。虽然最后放弃了这个想法，但却因此埋下了吕后对戚姬的仇怨。

　　刘邦晚年病重，有一天，夏侯婴来到寝宫，向刘邦禀报："外面正在传言：奉命到燕地平定卢绾之乱的樊哙将军和皇后是同党。他们约定，一旦皇上归天，就里应外合，夺取天下，首先要杀死的就是戚姬和赵王如意。"刘邦大吃一惊："快请张良来。"而张良深深地察觉到吕后的羽翼已经丰满，在刘邦病危的情势下，一场宫廷内乱已经不可避免了。因此，张良坚持不受刘邦召见，不再入宫出谋划策，远远地避开了刘邦家族内部的斗争。

　　果然，刘邦不久就撒手人寰，太子刘盈即位，吕后第一时间就毒死了赵王如意，并以异常残忍的手段杀死了戚姬。

欲讷于言而敏于行

　　范雎进入秦宫，早已成竹在胸，佯装不知地径直闯进宫闱禁地"永巷"。见秦昭王从对面被人簇拥而来，他故意不趋不避。一个宦官见状，快步趋前，怒斥道："大王已到，为何还不回避！"范雎并不惧怕，反而反唇相讥道："秦国何时有王，独有太后和穰侯！"说罢，继续前行不顾。范雎此举，是冒一定风险的。然而，范雎这一句表面上颇似冒犯的话，恰恰击中了昭王的要害，收到了出奇制胜的效果。昭王听出弦外之音，非但不怒，反而将他引入内宫密室，屏退左右，待之以上宾之礼，单独倾谈。

范雎颇善虚实之道，并能恰到好处地一张一弛。秦昭王越是急切地请教高见，范雎越是慢条斯理地故弄玄虚。秦昭王毕恭毕敬地问道："先生何以教诲寡人？"范雎却一再避实就虚，"唯唯"连声，避而不答。如此者三次。最后，秦昭王深施大礼，苦苦祈求道："先生难道终不愿赐教吗？"

范雎见昭王求教心切，态度诚恳，这才婉言作答："臣非敢如此。当年吕尚见周文王，所以先栖身为渔父，垂钓于渭水之滨，在于自知与周王交情疏浅；及至同载而归，立为太师，才肯言及深意。其后，文王得功于吕尚，而最终得以王天下。假使文王疏于吕尚，不与之深言，那是周无天子之德，而文王、武王难与之共建王业。"范雎有意把眼前的秦昭王与古代的圣贤相连，既满足了秦昭王的虚荣心，又激励他礼贤下士。范雎还以吕尚自况，把自己置于贤相的位置。昭王却之、即等于自贬到桀、纣行列，这无疑能使对方就范，谈话自然会按着他的意思进行下去。接着，范雎谈到自己，说道："臣为羁旅之臣，交疏于王，而所陈之词皆匡君之事。处人骨肉之间，虽然愿效愚忠，却未见大王之心，所以大王三问而不敢作答。臣非畏死而不进言，即使今日言之于前，明日伏诛于后，也在所不辞。然而，大王信臣，用臣之言，可以有补于秦国，臣死不足以为患，亡不足以为忧，漆身为癞、披发为狂不足以为耻。臣独怕天下人见臣尽忠身死，从此杜口不语，裹足不前，莫肯心向秦国。"这番慷慨悲壮之词更进一层，先是披肝沥胆，以情来感召昭王，接着说以利害，以杀贤误国震慑昭王，给自己的人身、地位争取了更大的安全系数。

经过充分的铺垫，范雎最后才接触到实质问题，点出了秦国的弊端隐患："大王上畏太后之严，下惑奸臣之谄。居深宫之中，不离阿保之手，终身迷惑，难以明断善恶。长此以往，大者宗庙倾覆，小者自身孤危。这是臣最恐惧的。"其实，上述之弊端虽确有之，但并非治理秦国的当务之急。范雎所以要大论此事，意在用"强干弱枝"来迎合昭王。与此同时，也借以推翻范雎将来立足秦廷的政敌，从而确立自己在秦廷的地位。只要地位确定了，其他一切都可以顺理成章。谋略家们的良苦用心，可见一斑。

正因如此，才使范雎言必有中。秦昭王推心置腹、信任有加，并将他封为相国。

【原典】

橛橛梗梗，所以立功；孜孜淑淑，所以保终。

注曰：橛橛者，有所恃而不可摇；梗梗者，有所立而不可挠。孜孜者，勤之又勤；淑淑者，善之善。立功莫如有守，保终莫如无过也。

王氏曰："君不行仁，当要直言、苦谏；国若昏乱，以道摄正、安民。未行法度，先立纪纲；纪纲既立，法度自行。上能匡君、正国，下能恤军、爱民。心无私徇，事理分明，人若处心公正，能为敢做，便可立功成事。诚意正心，修身之本；克己复礼，养德之先。为官掌法之时，虑国不能治，民不能安；常怀奉政谨慎之心，居安虑危，得宠思辱，便是保终无祸患。"

【译文】

依靠人民而不可动摇，有耿直气节而不可屈挠，这是忠良将相建功立业的办法。孜孜不倦，精益求精，这是忠良将相保持善终的办法。

张商英注："橛橛"，说的是有依恃的力量从而不可被动摇。"梗梗"，说的是有立身的基础从而不可被屈挠。"孜孜"，指的是勤勉再加勤勉；"淑淑"，指的是美善再加美善。建立功业没有比拥有根基再好的办法了，保持善终没有比没有过错再好的办法了。

王氏批注：君王不行使仁政，应当说真话，竭力规劝。国君如果昏庸无道，应该用道德处理政务，使百姓安宁。实施法律准则之前，应先树立秩序。秩序树立起来，法律自然就运行了。对上能匡正国君、治理国家，对下能体恤军队、爱惜百姓。内心没有私情，事情的道理清楚明白，如果再能够用心公正，敢作敢为，一定可以建立功勋，成就事业。态度诚恳、内心端正，是陶冶身心的根本。涵养德行首先要克制自己，恢复礼制。做官掌权的时候，忧虑国家不能治理，百姓不得安宁，时刻怀有谨慎小心从事政事的心思，处在平安的环境内能想到可能出现的困难危险，受到宠爱时能想到羞耻可能降临，这样就可以保证终身都没有祸害临头。

【评析】

真正有智慧的人应该独立自主，耿直顽强，不随波逐流，不朝三暮四，这样才能成就丰功伟业。创业不易，守业更难，唯有勤勉奋发，精益求精，才能善始善终。只有有所遵循才能成就事业，只有谨慎才能保持基业常青。

一个真正干事业的人，不应轻易相信别人的议论，不要计较别人的毁誉，而是应该专心干自己的事，踏实走自己的路。现代社会物欲横流，无处不在的诱惑常常使我们陷入犹豫和迷茫中，令我们向着目标的努力半途而废。所以，淡泊明志，不以物移，确实是成就一番远大事业的保证。

【史例解读】

勤能补拙是良训

西汉时候，有个农民的孩子，叫匡衡。他小时候很想读书，可是因为家里穷，没钱上学。后来，他跟一个亲戚学认字，才有了看书的能力。

匡衡买不起书，只好借书来读。那个时候，书是非常贵重的，有书的人不肯轻易借给别人。匡衡就在农忙的时节，给有钱的人家打短工，不要工钱，只求人家借书给他看。

过了几年，匡衡长大了，成了家里的主要劳动力。他一天到晚在地里干活，只有中午歇晌的时候，才有工夫看一点书，所以一卷书常常要十天半月才能够读完。匡衡很着急，心里想：白天种庄稼，没有时间看书，我可以多利用一些晚上的时间来看书。可是匡衡家里很穷，买不起点灯的油，怎么办呢？

有一天晚上，匡衡躺在床上背白天读过的书。背着背着，突然看到东边的墙壁上透过来一线亮光。他曦地站起来，走到墙壁边一看，啊！原来从壁缝里透过来的是邻居的灯光。于是，匡衡想了一个办法：他拿了一把小刀，把墙缝挖大了一些。这样，透过来的光亮也大了，他就凑着透进来的灯光，读起书来。

匡衡就是这样刻苦地学习，后来成了一个很有学问的人。

矢志不移，抱负终成

张良的一生可以分为两个阶段：前半生复韩时期，后半生尽心辅佐刘邦。

张良出身于贵族世家，祖父开地，连任战国时韩国三朝的宰相。父亲张平，亦继任韩国二朝的宰相。至张良时代，韩国已逐渐衰落，亡失于秦。韩国的灭亡，使张良失去了继承父亲事业的机会，丧失了显赫荣耀的地位，所以他心存亡国亡家之恨，并把这种仇恨集中于一点——反秦。

　　青年时代的张良，怀着这种反秦复韩的雄心，不顾弟弟的丧葬，悉散家财，访求刺客。后得一力士，制铁椎重百二十斤。秦始皇29年（公元前218年），秦始皇率大队人马离京东巡。张良与力士椎击秦始皇于博浪沙，结果误中副车，逃离后隐居下邳。

　　秦二世元年7月，陈胜、吴广在大泽乡揭竿而起，举兵反秦。紧接着，各地反秦武装风起云涌。矢志抗秦的张良也聚集了一百多人，扯起了反秦的大旗。后因自感身单势孤，难以立足，便辗转投靠了刘邦。在刘邦投靠项梁后，张良建议项梁立横阳君成为韩王，收复韩地。项梁同意了张良的建议，并册封张良为司徒，给予他一千人马帮助韩王成收复韩地。自此，张良离开刘邦，全身心地投入到复韩大业中。

　　刘邦西进关中的时候路经韩地，邀请张良与他一起入关，出于灭秦需要，张良得到韩王的允许后便跟随刘邦一路杀进了关中。秦国灭亡，项羽分封天下，韩王成终于分得了韩地，矢志奋斗了大半生，时年已经55岁的张良终于实现了复韩的夙愿。

本德宗道章第四

【题解】

注曰：言本宗不可以离道德。

王氏曰："君子以德为本，圣人以道为宗。此章之内，论说务本、修德、守道、明宗道理。"

【释义】

张商英注：说的是根源离不开道德。

王氏批注：君子以德为根本，圣人以道为源头。这一章里，说明追求根本、修养德行、保护道义、懂得本源的道理。

【原典】

夫志心笃行之术，长莫长于博谋。

注曰：谋之欲博。

王氏曰："道、德、仁、智存于心；礼、义、廉、耻用于外；人能志心笃行，乃立身成名之本。如伊尹为殷朝大相，受先帝遗诏，辅佐幼主太甲为是。太甲不行仁政，伊尹临朝摄政，将太甲放之桐宫三载，修德行政，改悔旧过；伊尹集众大臣，复立太甲为君，乃行仁道。以此尽忠行政贤明良相，古今少有人；若志诚正心，立国全身之良法。君不仁德、圣明，难以正国、安民。臣无善策、良谋，不能立功行政。齐家、治国无谋不成。攻城破敌，有谋必胜，必有机变。临事谋设，若有机变、谋略，可以为师长。"

【译文】

凡是按自己意志、专心行事的方法，没有比广泛地咨询意见，从精微处决策更大的长处了。

张商英注：定计谋要广泛地征求意见。

王氏批注：天道、德行、仁爱、智慧隐藏在内心处；礼制、义气、清廉、羞耻表现在行动上。人如果能坚定志向、专心做事，就是安身立命的根本。比如伊尹是殷商的国相，受汤王遗命，辅佐年幼的君主太甲治理国事。太甲不施行仁政，伊尹就亲临朝廷代理政事，把太甲关在桐宫里三年之久，让他修养德行、走上正路、悔改过错。而后伊尹集合民众百姓和朝廷臣属，再一次立太甲为君主，于是太甲开始施行仁政。像这样忠诚处理政事的贤明大臣，古今少有。如果态度诚恳、心术正直，便是治理国家保全自身的好办法。君王不仁爱圣明，很难使国家安全，百姓安定。臣子没有好的策略办法，不能够建立功业行使国政。治理小到一个家大到一个国，没有谋略是不能成功的。攻城破敌，有谋略必定胜利。如果有突然的情况，就依照当时的情况谋划策略。如果能有随机应变的谋略本领，就可以做军队的头领了。

【评析】

　　从古至今，成就大事业者无不有远大的志向和坚定的信念，这是他们立身成名的根本。但仅有这些还不够，还应该踏踏实实地做事，认认真真地做人，长于谋划，才能有所成就。不懂得谋略，不精心策划，什么事情都做不成。

　　任何人要想做一番伟大的事业，都不是一帆风顺的。当事情没有取得预期的结果时，不应该抱怨周围的客观因素，而应及时检讨自己的思维方法是否正确。因为正确的思维方法能够更好地指导实践，所谓的成功者就是善于把自己从思维盲区中拽出来，从而走向正确的道路。但凡遇到事情时，应避免从单一角度着眼，而应从多角度考虑，多和别人沟通，多接受别人的建议，广开言路，从中选取正确的方法。

【史例解读】

广开言路则国兴

　　国基初奠，天下始定，该定都于何处，这无疑对新兴的西汉王朝的巩固和发展有着至关重要的意义。起初，汉高祖刘邦本想长期定都洛阳，群臣也多持此见。

　　此时有个叫娄敬的戍卒请求拜见刘邦，并对定都一事发表了自己的见解。他分析说："秦国的关中地区，有峻山险河为屏障，四方关塞稳若磐石。有急难时，关中的户口也可很快集结百万雄兵，秦国当年便因其独有的地利和丰富的生产力，而达到空前的强盛，因此有'天府之国'的美誉。陛下若能入关中以为京都，即使山东（指函谷关之东）地区发生叛乱，关中地区仍可保持安定。两人相斗，最好的办法是扼住对方喉咙、压住对方背部，这样对方便无法抵抗了。陛下如能定都关中，控制关中，无疑是得到了控扼天下之喉、压服天下之背的优势。"

　　刘邦不得不承认娄敬言之有理，但定都是件大事，非同小可，一时拿不定主意，遂召集群臣商议。刘邦手下"群臣皆山东人"，全都不愿定都关中，他们争先恐后地告诉刘邦说："周王朝有数百年之福祥，而秦王朝只有短短的二世就灭亡了，可见关中的地利根本无法保证政权的稳固。洛阳东有成皋之险，西有崤山、泥池之峻岭，北有黄河，东有伊水及治水，地形非常有利。还是建都洛阳为好！"

群臣一番话说得刘邦再次迟疑不定，退朝后他又私下询问张良。张良笑了笑说："洛阳虽然也有地利，但其中心腹地不过百里，而且生产力薄弱，四面平原，容易受到包围，的确不是用武之地。而关中左边有崤山及函谷关，右边有陇中、蜀中，沃野千里，南有生产丰富的巴中、蜀中，北有可以同畜牧的胡人进行贸易的国境。

"三面均有阻挡，易守难攻，向东一面又可居高临下，东制诸侯。诸侯安定时，可以利用黄河及渭水运输便利，将天下财货、贡品供给京师。诸侯有变，顺流而下，又可方便供应讨逆军粮。陛下难道忘记了，我们不正是凭借这些有利条件才最终战胜了项羽吗？此所谓金城千里，天府之国也。所以臣以为娄敬的看法是非常正确的。"

张良的分析全面而深刻，加之素负重望，又深得刘邦信赖，因而汉高祖当即决定定都关中。汉五年八月，刘邦正式迁都长安。

以智取胜

秦二世二年六月，项梁、项羽叔侄所率领的队伍已发展壮大到六七万人，并拥立楚怀王之孙熊心为王，集各路义军首领于薛城商大事。张良不忘复兴韩国，忙对项梁提议道："君既已立楚王之后人，而韩王诸公子中的横阳君成最贤，可立为王，借以多树党羽。"早在下邳之际，张、项之间便有旧谊，因而项梁一口应承。于是，他命人找到韩王成，立为韩王，并以张良为司徒（相当于丞相）。张良"复韩"的目的终于达到了，"复家"的政治夙愿也得以实现，因而竭尽全力扶持韩王成，挥师收复韩地（指战国时韩国地盘），游兵于颍川附近，时而攻取数城，时而又被秦兵夺回，迟迟未能开创大局面。这一年年底，楚怀王命刘邦、项羽分兵伐秦，并约定：谁先入关进咸阳，谁便可以立而为王。刘邦取道颍川、南阳，打算从武关进入关中。秦二世三年（公元前207年）七月，刘邦率兵攻占颍川。韩王和张良便与刘邦会合了。刘邦请韩王留守阳翟（韩故都，今河南禹州市），而让张良随军南下。九月，军队抵达南阳郡（今河南南阳市）。南阳郡守奇退入宛城（河南南阳）固守。刘邦灭秦心切，见宛城一时难以攻取，打算绕过宛城继续西进。张良认为不妥，劝道："您虽然急于进关，但这一路上秦兵还很多，而且都扼据着险要的地势。现在不拿下宛城，一旦宛城的秦兵从后面追杀过来，那时，强秦在前，追兵在后，就很危险了。"刘邦采纳了他的建议，立即更换旗帜，率兵乘夜间抄小路悄悄返回。拂晓时分，刘邦的军队已把宛城重重围住。接着，刘邦又采纳了陈恢的意见，以攻心之术，招抚南阳太守，赦免全城吏民，兵不血刃地轻取了宛城。解除了刘邦西进的后顾之忧，刘邦兵威大振，南阳郡的其他城池见太守已降，纷纷起而效之，望风而降。

同年十二月，刘邦率军抵达峣关（今陕西兰阳东南）。峣关是古代南阳与关中的交通要隘，易守难攻，是通往秦都咸阳的咽喉要塞，也是拱卫咸阳的最后一道关隘，秦有重兵扼守此地。刘邦赶到关前，想要亲率所部两万余众，强行攻取。张良劝谏道："目前秦守关的兵力还很强大，不可轻举妄动。"刘邦唯恐项羽大军先入关中，因而心急如焚，忙向张良问计。张良向刘邦献了一个智取的妙计。他说："我听说峣关的守将是个屠夫的儿子，这种市侩小人，只要用点财币就可以打动他的心了。您可以派先遣部队，预备5万人的粮饷，并在四周山间上增设大量军队的旗号，虚张声势，作为疑兵。然后再派郦食其多带珍宝财物去劝诱秦将，事情就可能成功了。"刘邦依计而行，峣关守将果然献关投降，并表示愿意和刘邦联合进攻咸阳。刘邦大喜，张良却认为不可。他冷静地分析道："这只不过是峣关的守将想叛秦，他部下的士卒未必服从。如果士卒不从，后果将不堪设想。不如乘秦兵懈怠之机消灭他们。"于是，刘邦率兵向峣关突然发起攻击，结果秦军大败，弃关退守蓝田（今陕西蓝田县西）。刘邦乘胜追击，引兵绕过峣关，穿越黄山，大败秦军于蓝田。然后，大军继续西进，于公元前206年元月抵达霸上。

这时，秦二世已被赵高杀死，仅仅做了46天秦王的子婴眼见义军兵临城下，大势已去，只好似绳系颈，乘素车白马，捧着御玺符节，开城出降。至此，雄霸四方、威震海内的大秦帝国灭亡了。

刘邦从奉楚怀王之命西进，到进入关中，迫使子婴投降，历时仅一年，由于他采纳了张良的计谋，保证了军事上的顺利进展，从而赢得了时间，终于比项羽抢先一步进入关中。

善于纳谏的齐威王

齐威王叫田齐，是田和的孙子（公元前356～公元前320年在位）。齐威王以善于纳谏闻名诸侯，齐国的中兴，也正是齐威王通过广泛纳谏，采群策进行改革而实现的。据说齐威王即位后的前九年，只是吃、喝、玩、乐，根本不理国家大事，一切政事全由卿大夫掌管。在这九年中，韩、赵、魏、鲁等各国时常攻打齐国。齐国经常打败仗，出现了"诸侯并伐，国人不治"的局面，面对国家的这种困境，齐威王也好像心安理得，置之不问。不过知情的人都看到齐威王并不是平庸之辈，关键问题是怎么使他振作起来。

当时，齐国有个大臣叫淳于髡，他人生得很矮小，但很有口才，非常幽默风趣，他每次出使诸侯国，都能顺利完成任务，是齐国的外交人才。他看到齐威王通夜喝酒，不理政事，政治紊乱，国势危急，心中十分着急。但又怕得罪君主，于是便用隐语进谏。他对齐威王说："我们国家有一只大鸟，三年不飞也不鸣。大王，你知道是什么道理吗？"齐威王立刻意识到淳于髡是在用大鸟比喻自己，说他待在宫里，百事不管，毫无作为。于是回答说："此鸟不飞则已，一飞冲天，不鸣则已，一鸣惊人。"齐威王从此就开始振作起来。淳于髡还劝齐威王不要通夜喝酒，并以自己的亲身体会说明："酒极则乱，乐极则悲。"齐威王就改掉了通夜喝酒的毛病。

齐威王纳谏有许多生动的例子，其中最有名的当属邹忌鼓琴取相的故事。邹忌是一个很有才学的人，他看到齐威王的所作所为，也很想劝谏他振作起来。但作为邹忌当时的身份就连见到齐威王都不可能，又怎么能向他进谏呢？他听说齐威王喜欢听音乐，就想出了一条计策。有一天，他抱着一架琴进宫求见齐威王。他说他是本国人，叫邹忌，是个琴师，听说国王爱听音乐，特来拜见。

那天齐威王正无事，感到很无聊，听说来了一个琴师，心中高兴，就赶忙令人传话让他快进来。邹忌拜见齐威王之后，就坐下调着弦儿好像要弹的样子，可是两只手搁在琴上不动。齐威王挺纳闷地问他，说："你调了弦儿，怎么不弹呢？"邹忌还是不弹却说："我不只会弹琴，还知道弹琴的道理。"齐威王虽说能弹琴，可是不懂得弹琴还有什么道理，就让他细细讲讲。邹忌从伏羲氏作琴讲起，一直谈到文王、武王各加一弦，越讲越玄。齐威王有些听得懂，有些听不懂。可是说了这些个空空洞洞的闲篇有什么用呢？齐威王听得有些不耐烦了，就没好气地说："你说得挺好，挺对，可是你为什么不弹给我听听呢？"邹忌听了齐威王这话，就正色说道："大王瞧我拿着琴不弹，有点不乐意了吧？怪不得齐国人瞧见大王拿着齐国的大琴，9年来没弹过一回，都有点不乐意呢！"齐威王这才恍然大悟，就赶忙站起来，"原来先生是拿弹琴来劝我，我明白了。"他叫人把琴拿下去，就和邹忌谈论起国家大事来。邹忌劝他重用有才能的人，增加生产，节省财物，训练兵马，好建立霸业。齐威王自称要发扬他父亲桓侯午的业绩，远的要继承黄帝的光辉，近的要继承齐桓公、晋文公的霸业。后来齐国中兴，成为东方强国。

【原典】

安莫安于忍辱。

注曰：至道旷，亦何辱之有。

王氏曰："心量不宽，难容于众；小事不忍，必生大患。凡人齐家，其间能忍、能耐，和美六亲；治国时分，能忍、能耐，上下无怨相。如能忍廉颇之辱，得全贤义之名。吕布不舍侯成之怨，后有丧国亡身之危。心能忍辱，身必能安；若不忍耐，必有辱身之患。"

【译文】

安全里没有比忍受一切屈辱更安全的了。

张商英注：最高的道术是旷达坦荡，哪里有什么羞辱呢！

王氏批注：心胸狭窄的人，不被众人容纳。小事不容忍，必将遭遇大祸患。治理家庭如果能够忍耐，亲人间就和谐美好。治理国家如果能够忍耐，君臣之间就没有埋怨猜忌。蔺相如能忍受廉颇的羞辱，得以保全贤能和仁义的美名。吕布放不下对侯成的怨恨，后来才有丢了城池、没了性命的结局。内心能忍受羞辱，生命就能安全。如果不忍耐，一定会有生命遭到羞辱的祸患。

【评析】

能不能忍耐一时的屈辱体现了一个人的心胸是否宽广，目标是否宏远。所谓"小不忍则乱大谋"。有志向、有理想的人，不会斤斤计较个人得失，更不应在小事上纠缠不休，而应有广阔的胸襟、远大的抱负。唯有如此，才能成就大事，进而完成自己的理想。

遭受欺侮是难免的事情，我们要以坦然的心态来面对所遭受的欺侮。生活的艰辛和挑战超出了我们的想象,并非所有的人都能在顺境中成长。因为世界本有它自己的一套独特的运行规律,弱肉强食是自然界的基本法则。在这种情况下,力量弱小的一方就要学会忍耐,这样才能逐步发展壮大。

【史例解读】

圯桥受书,转舵明主

张良,字子房,生于战国末期韩国城父(今安徽亳县东南),出身于贵族世家,祖父张开地曾相韩昭侯、韩宣惠王、韩襄王;其父张平继之又相韩厘王、韩桓惠王。不过至张良时代,韩国已逐渐衰落,终于在公元前230年,被秦王政派内史腾一举翦灭,将其置为颍川郡。韩国的灭亡,使张良失去了承继父业的机会,丧失了显赫荣耀的地位,使他像许多贵族遗少一样,心中充满仇恨的烈火。于是,就有了博浪沙刺秦王的那一幕。

刺杀秦王失败以后,张良见始皇愤然"大索天下",只得更名改姓,隐匿于下邳,出入小心,谨慎行事。

一天,张良闲步沂水圯桥头,遇到一个穿着粗布短袍的老翁,这个老翁走到张良的身边时,故意把鞋脱落桥下,然后傲慢地差使张良道:"小子,下去给我捡鞋!"张良愕然,但还是强忍心中的不满,勉强替他取了上来。随后,老人又跷起脚来,命张良给他穿上。此时的张良真想挥拳打他,但因他已久历人间沧桑,饱经漂泊生活的种种磨难,因而强压怒火,膝跪于前,小心翼翼地帮老人穿好鞋。老人非但不谢,反而仰面长笑而去。张良呆视良久,只见那老翁走出丈许之地,又返回桥上,对张良赞叹道:"孺子可教也。"并约张良5日后的凌晨再到桥头相会。张良不知何意,但还是恭敬地应诺。

5天后,鸡鸣时分,张良急匆匆地赶到桥头。谁知老人故意提前来到桥上,此刻已等在桥头,见张良来到,忿忿地斥责道:"与老人约,为何误时?5日后再来!"说罢离去。又过了5天,张良索性半夜就到桥上等候。其至诚和隐忍的精神感动了老者,于是老者送给他一本书,说:"读此书则可为王者师,10年后天下大乱,你可用此书兴邦立国,13年后再来见我。"说罢,自顾扬长而去。这位老人就是传说中的神秘人物:隐居岩穴的高士黄石公,亦称"圯上老人"。

张良惊喜异常,天亮时分,捧书一看,《素书》。从此,张良日夜研习兵书，俯仰天下大事，终于成为一个深明韬略、文武兼备、足智多谋的"智囊"。

公元前209年7月，陈胜、吴广在大泽乡揭竿而起，举兵反秦。紧接着，各地反秦武装暴动风起云涌。矢志抗秦的张良也聚集了一百多人，举起了反秦的大旗。后因自感身单势孤，难以立足，便率众投奔在留县称王的景驹。不料，走到半路，正遇上刘邦奉领义军在下邳一带发展势力。两人一见倾心，张良多次以《素书》劝说刘邦，刘邦多能领悟，并常常采纳张良的谋略。于是，张良改变了投奔景驹的想法，决定跟从刘邦。作为士人，深通韬略固然重要，但施展谋略的前提则是要有善于纳谏的明主。这次与刘邦不期而遇，使张良"转舵"明主，反映了他在纷纭复杂的形势中清醒的头脑和独到的眼光。从此，张良深受刘邦的器重和信赖，他的聪明才智也有机会得以充分地发挥。

忍人之所不能忍

汉代公孙弘小时候家里很贫穷，过着清苦的日子。所谓穷则思变，他发奋学习，苦读诗书，十年寒窗苦读，终于飞黄腾达，做了丞相。虽然他居于庙堂之上，手握重权，但是在生活上依然保持小时候俭朴的优良作风。吃饭只有一个荤菜，睡觉也是普通人家用的棉被。他的仆人们也感叹："我家大人才是真正的清廉啊！"

这些话很快就传进了朝廷，文武百官为之感动不已，但是大臣汲黯却不这样想。他向汉武帝参了一本，对皇上说："公孙弘现在位列三公，不像当年生活百无聊赖，他有相当可观的俸禄，可是为什么还盖普通的棉被，吃简单的饭菜呢？"

皇上笑着说："现在朝中上下不都称颂他廉洁俭朴吗？公孙弘是不忘旧时之苦，也不忘旧时之德！"汲黯摇摇头，继续说道："依微臣所见，公孙弘这样做实质上是使诈以沽名钓誉，目的是为了骗取俭朴清廉的美名。"

汉武帝想想，觉得有几分道理。有一次，上早朝的时候，他得了个机会便问公孙弘："汲黯说你沽名钓誉，你的俭朴是故意做样子给大家看的，他说的是否属实？"

公孙弘听后觉得非常委屈，刚想上前辩解一番，但是转念一想，汉武帝现在可能偏听偏信，先入为主地认为他不是真正的"俭朴"。如果现在自己着急解释，文武百官也会觉得他确实是"沽名钓誉"。再想一想，这个指责也不是关乎性命的，充其量会伤害自己的名誉。清者自清，只要自己坚持自己的作风，以后别人自然会明白的。这样想着，公孙弘把刚才的一股怨气吞下去，决定不作任何辩解，承认自己沽名钓誉。

他回答道："汲黯说得没错。满朝大臣中，他与我交往颇深，来往甚密，交情也很好，他对我家中的生活最为熟悉，也最了解我的为人。他对皇上您说的，正是一针见血，切中了我的要害。"汉武帝满以为他要为自己辩护，听到这番话颇感意外，问道："哦？是这样吗？"

"我位列三公而只盖棉被，生活水准和小吏一样，确实是假装清廉以沽名钓誉。"公孙弘回答道，"汲黯忠心耿耿，为人正直，如果不是他，陛下也就不会知道这件事，也不会听到对我的这种批评了！"

汉武帝听了公孙弘的这一番话，反倒觉得他为人诚实、谦让，更没有想到他还会对批评自己的对手大加赞扬，真是"宰相肚里能撑船"，从此，对他就更加尊重了。其他同僚和大臣见公孙弘对自己的心理供认不讳，如此诚实，都觉得这种人哪里会沽名钓誉呢？

【原典】

先莫先于修德。

注曰：外以成物，内以成己，此修德也。

王氏曰："齐家治国，必先修养德行。尽忠行孝，遵仁守义，择善从公，此是德行贤人。"

【译文】

最优先的要务，莫过于进德修业。

张商英注：对外用来养育万物，对内用来成就自身，这就是修养德行。

王氏批注：治理家庭、国家，必须先修养道德、行为。对君王尽忠，对父母行孝，遵行仁爱，守护道义，从事善举，行使正义。这就是有德有行的贤人。

【评析】

无论是做人还是做事，排在第一位的都是修养德行，要努力让自己成为一个道德高尚的人。一些人过多的把目光放在名利上，把道德抛到脑后，甚至把崇尚道德的人当作是傻瓜。其实，这是肤浅之人的看法。

道德高尚与否，既关系到个人的品德修养，也关系到对周围环境的影响，同时也关系到事业的成败。任何一个领导者都应该把品德培养当作自己的首要任务。因为，领导是无法超越来自品格上的缺陷的。纵使再杰出的领导者，倘若人品有问题，也终有一天会遭遇失败。

【史例解读】

富润屋，德润身

战国时，齐国有个隐士名叫颜斶，他颇有才能，不愿从政，甘愿过自由自在的隐居生活。时间长了，人们都知道他是一位很有学问的人。齐宣王为了搜罗人才，派人把颜斶请了来，要委以官职。颜斶不便违命，只得进宫朝见齐宣王。

这天，齐宣王高坐在朝廷上，他以为自己是一国之君，颜斶是个无官无职的文人，便以轻蔑的口气说："斶，过来！"颜斶是个很有骨气的人，见齐宣王这样对待自己，心里很生气，便立在那里不动，用同样的口吻说道："大王，您过来！"

齐宣王听了，又改作笑脸，客气地说："颜先生果然名不虚传。请您帮助我，作我的老师，我要向您请教。您要是能到我这儿来，咱俩一同生活，一同游玩，保证每餐都有牛羊肉和猪肉吃，出门也有车坐，您的夫人、儿女也都能身着衣锦，尽情地享受荣华富贵。"

颜斶听了这番话，感到齐宣王是在利诱自己，便严肃地回答说："谢谢。我不要什么荣华富贵，我愿晚食以当肉，安步以当车，无罪以当贵，清静贞正以自娱！""晚食以当肉"是说，我虽然穷得吃不起肉，但我推迟吃饭时间，等饿极了再进食，就和吃肉的滋味一样了；"安步以当车"是说，我虽然穷得没有车子坐，但我步行时把脚步放慢些、放平稳些，就和坐车差不多舒服了；"无罪以当贵"是说，我虽然是个平民百姓，但我只要清白正直，不做坏事，就是一个很高贵的人了；"清静贞正以自娱"是说，我一身清白，自由自在地生活，自己就感到无限欢乐了。

宣王无德，因此无以得颜斶，颜斶有德，足以得宣王。

贤德高雅的七里禅师

一天，七里禅师正在禅堂的蒲团上打坐，一个强盗突然闯出来，把明晃晃的刀子对着他的脊背，说："把柜里的钱全部拿出来！不然，就要你的老命！"

"钱在抽屉里，柜里没钱。"七里禅师说，"你自己去拿，但要留点，米已经吃光，不留点，明天我要挨饿呢！"

那个强盗拿走了所有的钱，在临出门的时候，七里禅师说："收到人家的东西，应该说声谢谢啊！"

"谢谢。"强盗说。他转回身，心里十分慌乱，这种从来没有遇到的现象使他失去了意识。他愣了一下，才想起不该把全部的钱拿走，于是，他掏出一把钱放回抽屉。

后来，这个强盗被官府捉住。根据他的供词，差役把他押到寺庙去见七里禅师。

差役问道："多日以前，这个强盗来这里抢过钱吗？"

"他没有抢我的钱，是我给他的。"七里禅师说，"他临走时还说谢谢，就这样。"

这个强盗被七里禅师的宽容感动了，只见他咬紧嘴唇，泪流满面，一声不响地跟着差役走了。

这个人在服刑期满之后，便立刻去叩见七里禅师，求禅师收他为弟子。七里禅师不答应，这个人就长跪三日，七里禅师终于收留了他。

【原典】

乐莫乐于好善。

注曰：无所不通之谓神。人之神与天地参，而不能神于天地者，以其不至诚也。

王氏曰："疏远奸邪，勿为恶事；亲近忠良，择善而行。子胥治国，惟善为宝；东平王治家，为善最乐。心若公正，身不行恶；人能去恶从善，永远无害终身之乐。"

【译文】

最大的快乐，莫过于乐于好善。

张商英注：无所不通叫作神通。天地人并称三杰，而人却不能像天地那样神异，是由于人们不能做到极其真诚。

王氏批注：疏远奸佞邪恶的小人，不做坏事。接近忠诚善良的人，只做善事。伍了胥治理国家，把善良当作宝贝。东平王刘仓治理家庭，做善事最开心。内心公正，行为就不会作恶。人能够摒弃邪恶亲近善良，永远都不会损及到生命而快乐。

【评析】

快乐只是一种感觉，与名利没有任何关系。那么如何得到快乐呢？帮助别人是最容易得到快乐的。助人为乐不但要有一颗仁慈的心，还要有真诚的态度。如果事事从自身出发，信奉"人不为己天诛地灭"，则必然在社会中没有安全感和关爱感。假如人人都能够心怀他人，互相关爱，互相信任，互相帮助，即使他的前提是功利性的，最终这种关怀也会惠及自身。毕竟，处在一个好的环境中，远比处在一个坏的环境里能得到更多物质和精神上的实惠。

【史例解读】

但行好事，莫问前程

乐喜是春秋时期宋国的丞相，字子罕，因其曾任司城之职，所以也被称为司城子罕。他仁厚大度，非常注重自身的道德修养。有一次，楚国派士尹池出使宋国，子罕在家里请他饮酒。

士尹池发现，子罕家南边邻居的墙基向外凸出来一大块，把子罕家的大门挡住了一半，西边邻居家流出来的水经过他家的院子而流出，于是便疑惑地问子罕为什么不处置一下这些邻居。

子罕说："南边的邻居家三代都是做鞋的，本来我想让他搬家，但是，假如让他搬家，宋国要买鞋的人就不知道他住在哪里，他们一家就会因此吃不上饭了。因为这个，我就没让他们搬家。"

士尹池问："那么，西边那一家呢？"

子罕说:"他们家的院子所处的地势高,我家的院子所处的地势低,他们家的流水从我家院子里流过去很便利,我又何必阻止呢。总不能因为我做官,就让水倒流回去吧。"

士尹池回到楚国,楚国正好要发兵去攻打宋国,他就去劝谏楚国的国君说:"宋国恐怕是攻打不得的,宋国的国君是贤德之君,宋国的宰相是仁德之臣,贤德的国君必然能得到民心的拥戴,仁德的宰相必然能善于用人,在这样的情况下,楚国去攻打它,恐怕不仅不会成功,而且会被天下人所耻笑啊。"

楚国国君因此放弃了攻打宋国的打算,改而去攻打郑国了。

修百善能邀百福

宋朝名相范仲淹,家境贫寒,年轻时特别穷困,生活艰难,他心想将来若能出人头地,一定要救济穷人。后来当了宰相,他便把俸禄拿出来购置义田,给贫穷无田地者耕作。

年轻时,范仲淹在寺庙里读书,每天煮一锅粥,把粥划成四格,每餐吃一块,过着贫困的生活。

范仲淹发达以后,做到了宰相,一人之下万人之上。他的生活方式还是保持从前穷秀才的生活,没有改变多少。

有一次,范仲淹在苏州买房子,一位风水先生盛赞这间房子风水极佳,后代必出公卿。范仲淹心想,既然这间房子的风水能使后代显贵不如改为学堂,让苏州城百姓的子弟入学,将来众人的子弟都能显贵,较之自己一家的子弟显贵,岂不是更为有益吗?于是,他立刻把这间房子捐出来,改作学堂。实现了他年轻时救济穷人的愿望。

当范仲淹收入多时,他就想到那些贫苦的人。他用自己的收入救济那些贫苦的人。他曾经养活过三百多家。

不久,范仲淹的四个儿子长大成人,都聪颖非凡德才兼备,分别官至宰相、公卿、侍郎,范家的曾孙都贤达显贵,绵延不绝,传至今已超过八百年了,苏州一带范氏后人依然兴旺。范仲淹一心为他人谋福利,而牺牲自己的利益,其功德是无法估量的。

【原典】

神莫神于至诚。

王氏曰："志诚于天地，常行恭敬之心；志诚于君王，当以竭力尽忠。志诚于父母，朝暮谨身行孝；志诚于朋友，必须谦让。如此志诚，自然心合神明。"

【译文】

最神奇的神通，莫过于用心至诚。

王氏批注：对天地用情专一，时时表达内心的恭敬；对君王用情专一，就会竭尽全力表达忠诚。对父母用情专一，日夜悉心侍奉，恪守孝道；对朋友用情专一，一定要谦卑礼让。像这样的用情专一，自然心灵集合、智慧高远。

【评析】

当今时代，有些人不崇尚诚实和诚心，真诚的人被认为愚蠢。但这只是俗人的浅薄之见而已。俗话说"心诚则灵"，诚心才能打动人，才能做大事，对别人以诚相待，才会换来别人的真心。玩小聪明、小花招都是一时的，试看古今中外的成功人士，没有靠雕虫小技和虚伪成就大事的。

《易经》上说：诚能通天。心诚的含义不单是诚实无欺而已，更重要的是虚灵不昧。真能做到这一点，必然会有许多神奇不可言喻之处。

【史例解读】

诚心方能育人

曾子的妻子要到集市上去，她的儿子哭着跟着她。母亲（骗他）说："你回去，等一会儿娘回来给你杀猪吃。"孩子信以为真，一边欢天喜地地跑回家，一边喊着："有肉吃了，有肉吃了！"

孩子一整天都待在家里等妈妈回来，村里的小伙伴来找他玩，他都拒绝了。

他靠在墙根下一边晒太阳一边想象着猪肉的味道,心里甭提多高兴了。

傍晚,孩子远远地看见妈妈回来了,他一边三步并作两步地跑上前去迎接,一边喊着:"娘,娘快杀猪,快杀猪,我都快要馋死了。"

曾子的妻子说:"一头猪顶咱家两三个月的口粮呢,怎么能随随便便就杀了呢?"

孩子哇的一声就哭了。

曾子闻声而来,知道了事情的真相以后,二话没说,转身就回到屋子里。过一会儿,他举着菜刀出来了,曾子的妻子吓坏了,以为他要教训孩子,连忙把孩子搂在怀里。哪知曾子却径直奔向猪圈。

妻子不解地问:"你举着菜刀跑到猪圈里干啥?"

曾子毫不犹豫地回答:"杀猪。"

妻子听了扑哧一声笑了:"不过年不过节杀什么猪呢?"

曾子严肃地说:"你不是答应过孩子要杀猪给他吃吗,既然答应了就应该做到。"

妻子说:"我只不过是骗骗孩子,和小孩子说话何必当真呢?"

曾子说:"对孩子就更应该说到做到了,不然,这不是明摆着让孩子学着家长撒谎吗?大人都说话不算数,以后有什么资格教育孩子呢?"

妻子听后惭愧地低下了头,夫妻俩真的杀了猪给孩子吃,并且宴请了乡亲们,告诉乡亲们教育孩子要以身作则。

虽然曾子的做法遭到一些人的嘲笑,但是他却教育出了诚实守信的孩子。曾子杀猪的故事一直流传至今,他的人品也一直为后人所称颂。

【原典】

明莫明于体物。

注曰:《记》云:"清明在躬,志气如神。"如是,则万物之来,其能逃吾之照乎?

王氏曰:"行善、为恶在于心,意识是明,非出乎聪明。贤能之人,先可照鉴自己心上是非、善恶。若能分辨自己所行,善恶明白,然

> 后可以体察、辨明世间成败、兴衰之道理。复次，谨身节用，常足有余；所有衣、食，量家之有、无，随丰俭用。若能守分，不贪、不夺，自然身清名洁。"

【译文】

没有比体察世上万物、明察秋毫更为明白的了。

张商英注：《礼记》上说："清澈明朗在身，意志精神如神。"像这样，那么万物到来时，怎能逃脱我的观照呢！

王氏批注：做好事还是做坏事，完全出自于人的内心。它由人的意识控制，跟聪明与否没有关系。贤能的人，应该先明察心上的对与错、善与恶。如果能分辨自己的所作所为，善恶分明。然后就可以考察世间成功失败、兴旺衰败的规律。其次，约束自己，节约费用，永远都够用并且有节余。吃饭穿衣等所有的开销，依照家里的情况，顺从盈余情况而节俭使用。如果能安守本分，不贪婪不强取，自然生命清白、名声高洁。

【评析】

成功并不一定需要多么广博的知识，而应具有足够的智慧和敏锐的眼光，透过现象看本质，如果能发现事物之间细微的差别，深刻的理解，把握住规律，洞明事理，那就是机会。我们身边处处都存在机会，但是能够看到它、抓住它的，又有几人呢！机会总眷顾那些懂得发现自己长处、并把它运用到极致的人。

【史例解读】

孙亮明察秋毫巧断案

三国时期，吴国的国君孙亮非常聪明，观察和分析事物都非常深入细致，常常能使疑难事物得出正确的结论，为一般人所不及。

一次，孙亮想要吃生梅子，就吩咐黄门官去库房把浸着蜂蜜的蜜汁梅取来。这个黄门官心术不正又心胸狭窄，是个喜欢记仇的小人。他和掌管库房的库吏素有嫌隙，平时两人见面经常发生口角。他怀恨在心，一直伺机报复，这次，可让他逮到机会了。他从库吏那里取了蜜汁梅后，悄悄找了几颗老鼠屎放了进去，然后才拿去给孙亮。

不出他所料，孙亮没吃几口就发现蜂蜜里面有老鼠屎，果然勃然大怒："是谁这么大胆，竟敢欺到我的头上，简直反了！"心怀鬼胎的黄门官忙跪下奏道："库吏一向不忠于职守，常常游手好闲，四处闲逛，一定是他的渎职才使老鼠屎掉进了蜂蜜里，既败坏主公的雅兴又有损您的健康，实在是罪不容恕，请您治他的罪，好好教训教训他！"

孙亮马上将库吏召来审问老鼠屎的情况，问道："刚才黄门官是不是从你那里取的蜜呢？"库吏早就吓得脸色惨白，他磕头如捣蒜，结结巴巴地回答说："是……是的，但是我给他……的时候，里面……里面肯定没有老鼠屎。"黄门官抢着说："不对！库吏是在撒谎，老鼠屎早就在蜜中了！"两人争执不下，都说自己说的是真话。

侍中刁玄和张邠出主意说："既然黄门官和库吏争不出个结果，分不清到底是谁的罪责，不如把他们俩都关押起来，一起治罪。"

孙亮略一沉思，微笑着说："其实，要弄清楚老鼠屎是谁放的这件事很简单，只要把老鼠屎剖开就可以了。"他叫人当着大家的面把老鼠屎切开，大家仔细一看，只见老鼠屎外面沾着一层蜂蜜，是湿润的，里面却是干燥的。孙亮笑着解释说："如果老鼠屎早就掉在蜜中，浸的时间长了，一定早湿透了。现在它却是内干外湿，很明显是黄门官刚放进去的，这样栽赃，实在是太不像话了！"

这时的黄门官早吓昏了头，跪在地上如实交代了陷害库吏、欺君罔上的罪行。

【原典】

吉莫吉于知足。

注曰：知足之吉，吉之又吉。

王氏曰："好狂图者，必伤其身；能知足者，不遭祸患。死生由命，富贵在天。若知足，有吉庆之福，无凶忧之祸。"

【译文】

吉祥里没有比满足已经得到的更吉祥的了。

张商英注：知道满足的吉祥，是吉祥又吉祥。

王氏批注：疯狂谋取的人，一定伤害到自身；能知足的人，不遭遇祸患。生存还是死亡，命运决定；富贵还是贫贱，上天决定。如果知足，就有吉祥喜庆的福气，没有不吉祥、可忧虑的祸患。

【评析】

大厦千间，夜眠不过七尺；珍馐百味，不过一饱而已。所以，知足者常乐，知道适可而止就不会伤害自己。

这个世界并不缺少快乐，缺少的是知足。所以不知足的人得到的是烦恼和忧虑，而知足的人满足于自己既得的，进而享受生活，品味快乐。这才是聪明的生活态度，也只有这样，才能体会到真正的快乐。

【史例解读】

不知足者富贵亦忧

韩信早年曾追随项羽，后来又投到刘邦门下。他足智多谋，屡出奇计，为刘邦打天下立下了赫赫战功，被封为齐王，后又降为淮阴侯。

刘邦坐稳了江山之后，看到韩信握有重兵，并且深得军心，不由得食不知味，辗转难眠。他宴请群臣，面对臣下的恭贺，也忧心忡忡。张良察言观色，明白了是刘邦害怕功高之人今后难以驾驭，就私下对韩信说："你是否记得勾践杀文仲的故事？自古以来，只可与君主共患难，而不可与其共富贵。飞鸟尽，良弓藏；狡兔死，走狗烹。前车之鉴，后事之师啊！我们要好自为之。"于是，张良急流勇退，见好就收，请求回乡养老。刘邦故作恋恋不舍状，再三挽留，最后封其为留侯。张良功成身退，终于保身全名。

韩信尽管认为张良的话有道理，但是对刘邦还是抱有幻想：自己当初曾舍命救过他。可是不久，便有奸佞之臣诬告韩信恃功自傲，不把君主放在眼里。那是项羽乌江自刎之后，他的一个大将钟离眛拼死杀出了重围，逃到韩信那里避难。因为韩信与他是生死之交，就偷偷地把他藏了起来。刘邦知道此事后，认为他怀有二心，决心除掉他。

可是韩信作为一朝权臣，要除掉他也不是那么容易。于是刘邦就设了一个圈套，让韩信自投罗网。他以巡游为借口，要到楚地的云梦山去打猎，同时派信使通知诸侯王到陈地会合。这样就能调虎离山，把韩信从封地中骗出，一旦他脱离靠山——军队和封地，就不愁没机会下手了。

韩信听到这个消息后，很害怕。明知前面有陷阱，也不得不硬着头皮前往陈地谒见刘邦。为了保全自己，不让刘邦找到借口抓他，他权衡再三，最终还是逼着好友钟离眜自杀了，然后就提着钟的首级来见刘邦，想以此来表明他对刘邦的忠诚。

欲加之罪，何患无辞？韩信一走进刘邦的驻地，两边的武士就一拥而上，把他五花大绑起来，押到刘邦座前。韩信很不服气，他一边挣扎一边大叫："皇上，我鞍前马后跟随您这么多年，南征北战，出生入死，才打下汉朝江山，臣下何罪之有？"此时，刘邦也觉得给韩信以谋反定罪，确实证据不足，难以服人心。于是他就假惺惺地怒喝着武士，亲自下来为他松绑。

至此，韩信终于心灰意冷。他后悔当初不听张良的劝告而至今日。不久，又有人借机落井下石，诬告他要谋反，于是刘邦终于对他下了毒手，了却了一大心事。

【原典】

苦莫苦于多愿。

注曰：圣人之道，洁然无欲。于其物也，来则应之，去则无系，未尝有愿也。

古之多愿者，莫如秦皇、汉武。国则愿富，兵则愿强；功则愿高，名则愿贵；宫室则愿华丽，姬嫔则愿美艳；四夷则愿服，神仙则愿致。

然而，国愈贫，兵愈弱；功愈卑，名愈钝；卒至所求不获，而遗恨狼狈者，多愿之所苦也。

夫治国者，固不可多愿。至于贤人养身之方，所守其可以不约乎！

王氏曰："心所贪爱，不得其物；意在所谋，不遂其愿。二件不能称意，自苦于心。"

【译文】

痛苦中没有比愿望众多更痛苦的了。

张商英注：圣人的无为之道，恬静淡泊、没有欲望。他们对于外物，来到就顺应它们，离去就算作罢，不曾拥有愿望。

古代愿望众多的人，没有比得上秦始皇、汉武帝的，对于国家就希望富裕，对于军队就希望强大，对于功绩就希望伟大，对于名声就希望显赫，对于宫室就希望华丽，对于姬嫔就希望美艳，对于四周少数民族就希望顺服，对于神仙就希望能够请来。

然而国家却更加贫穷，军队更加弱小，功绩更加卑微，名声更加低微，最终落了个所追求的没有得到反而留下狼狈不堪的局面，这都是愿望众多所造成的痛苦。

治理国家的人，本来不能愿望众多。至于德才兼备的人修养身体的方法，所拥有的愿望能够不减少吗？

王氏批注：心里有贪婪迷恋的东西却得不到，心里有所图谋却不能实现。这两件事不能称心如意，自己让自己在心里受苦。

【评析】

人生之苦，皆源自欲望太多、贪婪过度，没有得到的想得到，已经得到的又盼望更多。贪欲是产生一切罪恶的根源，人一旦贪欲过重，就会心术不正，就会被贪欲所困，贪婪地去索取，离开事物本来之理去行事，就会将事情做坏、做绝，大祸也就随之而来，受伤的只能是自己。所以，每个人务必要忍住贪婪之心，修炼成一种不受物役的"知天""乐天"的心理。

【史例解读】

贪恋权位招致杀身之祸

韩信的一生纵然辉煌，结局却也非常凄凉。建有绝世之功，却最终命丧长乐宫，这与韩信的多欲不无干系。

刘邦彭城大败后，制定了发展彭越、英布、韩信三支势力的战争策略，并派韩信率军北上击齐。可是，当韩信率军到达齐国边境的时候，却传来了齐国投降的消息。原来，刘邦命令韩信出兵的同时，还派了一个叫郦食其的谋臣去游说齐国。郦食其凭着三寸不烂之舌，竟然没用一兵一卒就使北方最强大的齐国归顺了汉王刘邦。但是韩信却想：自己舍命奋战，一年也只不过打下五十座城池，而一个书生只消一天工夫就收复了齐国七十多座城池，难道自己的功劳还不如一个书生吗？因此他下令军队继续向前，攻打齐国。逼得齐王把郦食其扔到油锅里，活活烹死了。

本来可以和平解决的齐国问题，韩信却不顾全大局，只是为了增加个人的功劳，这让刘邦非常恼火，只不过出于拉拢韩信的目的，才没有和他计较。

韩信成功收复齐地时，刘邦与项羽的鏖战却屡屡失利，日夜盼望韩信将兵来救。谁知，韩信不仅没有及时相救，反而趁机要挟，提出请封"假齐王"的要求。所谓假王，表面上是暂时代理的意思，不过，却透露出韩信想拥有齐地的私心。出于战略目的，刘邦又让步了。即便如此，韩信也还是没有领兵南下，直到刘邦做好了齐王的玺印，送到韩信手里，韩信这才出兵南下，攻打项羽。

这些事情让刘邦对韩信产生了严重的不信任感。因此在解决了项羽之后，刘邦第一时间取消了韩信齐王的封号，改立为楚王，同时削夺了他的军权。韩信做了楚王后，多次想要造反，却又没有足够的决心，最后被刘邦用计逮捕，押到了长安，由楚王贬为淮阴侯。而韩信认为侯爵远远配不上自己的功劳。又意图联络陈豨谋反，结果事情败露，被吕后诱骗至长乐宫斩杀，并夷灭三族。

贪得无厌，危及自身

有一个穷人，住在一间破屋子，里面连床都没有，睡觉只好躺在一张长凳上。

穷人自言自语地说："我真想发财呀，如果我发了财，绝不做吝啬鬼……"

这时候，神仙在穷人的身旁出现了，说道："好吧，我就让你发财，我会给你一个有魔力的钱袋。"

神仙又说："这钱袋里永远有一块金币，是拿不完的。但是，你要注意，在你觉得够了时，要把钱袋扔掉才可以开始花钱。"

说完，神仙就不见了。在穷人的身边，真的有了一个钱袋，里面装着一块金币。

穷人把那块金币拿出来，里面又有了一块。于是，穷人不断地往外拿金币。穷人一直拿了整整一个晚上，金币已有一大堆了。他想："这些钱已经够我用一辈子了。"

到了第二天,他很饿,很想去买饭吃。但是,在他花钱以前,必须扔掉那个钱袋。于是,他拎着钱袋向河边走去。

他又开始从钱袋里往外拿钱。每次当他想把钱袋扔掉时,总觉得钱还不够多。

日子一天天过去了,穷人完全可以去买吃的、买房子、买最豪华的车子。可是,他对自己说:"还是等钱再多一些吧。"

他不吃不喝地拿,金币已经快堆满一屋子了。同时,他也变得又瘦又弱,头发也全白了,脸色蜡黄。

他虚弱地说:"我不能把钱袋扔掉,金币还在源源不断地出来啊!"终于,他倒了下去,死在了他的长凳上。

【原典】

悲莫悲于精散。

注曰:道之所生之谓一,纯一之谓精,精之所发之谓神。其潜于无也,则无生无死,无先无后,无阴无阳,无动无静。

其合于形也,则为明、为哲、为智、为识。血气之品,无不禀受。正用之,则聚而不散;邪用之,则散而不聚。

目淫于色,则精散于色矣;耳淫于声,则精散于声矣。口淫于味,则精散于味矣;鼻淫于臭,则精散于臭矣。散之不已,岂能久乎?

王氏曰:"心者,身之主;精者,人之本。心若昏乱,身不能安;精若耗散,神不能清。心若昏乱,身不能清爽;精神耗散,忧悲灾患自然而生。"

【译文】

最悲哀的情形,莫过于精气耗散。

张商英注:道产生的是作为统一体的原始混沌之气,精纯不杂的原始混沌之气叫作精气,精气散发叫作精神。精气潜藏在虚无之中时,就没有生、没有死，没有先、没有后，没有阴、没有阳，没有动、没有静。精气包含在精神中时，就会成为聪明、成为睿哲、成为智慧、成为见识。含有血气的东西，没有不禀受精气的。正确地运用它就会聚集而不会失散，错误地运用它就会失散而不会聚集。眼睛被颜色所引诱，那么精气就耗散在颜色上面了。耳朵被声音所迷惑，那么精气就耗散在声音上面了。嘴被味道所引诱，那么精气就耗散在味道上面了。鼻子被气味所引诱，那么精气就耗散在气味上面了。精气耗散不停，身体能够长久坚持下去吗？

王氏批注：心是身体的主宰，精是人的根本。心如果迷惑不清，身体就不会安宁；精减损散乱，神气也不能洁净。心迷惑不清，身体就不会清爽；精神散乱，忧虑、悲伤和灾难就来了。

【评析】

人生存在社会中，健康始终是第一位的。只有拥有了健康的本钱，才能创造出更美丽的人生。无论专注什么事情，千万不能超出一个合适的度。怎样才能拥有一副好的身体呢？就要学会给自己进补，学会谨慎预防，学会克制欲望，才能葆有自己的健康和精力。

有所不求才能有所求，人在心理上追求一定的平衡，欲望过少缺乏动力，欲望过多心烦意乱。唯有把握住自己的内心，不让多余的不着边际的私心杂念扰乱生命的脚步，才能让自己的生命最终有所树立，有所成就。

【史例解读】

曾国藩的养生之道

曾国藩很懂得养生之道，他主张疏医远巫，提倡利用自身的抗病力，通过自我调节战胜疾病。曾氏养生学牵扯到方方面面，主要论述了用药、进补、运动与静养相结合等知识。

从咸丰七年开始，曾国藩就被较为严重的失眠所困扰，尤其是到了晚年，失眠更为严重，这给曾国藩的健康带来了严重的影响。

调养功夫，全在眠食二字上。

对于失眠的原因，他认为是"心血久亏、血不养肝"，以致"即一无所思，已觉心慌肠空，如极饿思食之状"。总之，心血久亏，心理压力巨大是曾氏失眠的主要原因。

对于失眠的治法，他认为应"时时以平和二字相勖"，"须以养心和平之法医之"。对于药物，他并不一概拒绝。他也请医生，但他不主张用猛药，只用少量药物，他认为中药生地对治失眠有效，他还主张用药膳治失眠。

曾氏虽然疏医远巫，不常用药，但并不一味拒绝药物。他对服用补药的看法也是辩证的。曾氏的进补思想，可以分为以下两个方面：

第一，主张进补。

曾国藩是主张进补的。对于进补的方式，他比较提倡食补，因为食补运用范围广，副作用很小。而药补应用范围相对较窄，同时药补的副作用较大，力量相对较猛，因此曾氏对于药补是较慎重的。但他并不因噎废食，毕竟药补的力量比食补强，效果也较显著。因此曾国藩始终坚持食补、药补并举，对药补则更为慎重。

第二，药补须慎。

由于药物有利又有害的两重性，曾氏对进补药物一直十分慎重，也总结出一些经验。他认为"胡润帅晚年病象，未必非补药太过之咎耳"。同治五年十月六日他给澄弟的信中说："如胡文忠公，李勇毅公希庵，以参茸燕草做家常便饭，亦终无所补救"，他认识到服用补药太过反而有害，相反他对食补比较放心，认为益多而害少。

服用补药也有禁忌，比如生病期间不可进补，否则不仅无补于身体，而且会加重病情。咸丰十一年十月初四，他给澄弟的信中说："今年自三月以来，因疟疾未服补药，精神尚能支撑。"

曾氏的进补思想与中国古代养生家的观点是一致的。《抱朴子·论仙》中说："以药物养身，以术数延命。"对药物的养生作用是肯定的。

哀莫大于心死

扁鹊是古代一位名医。有一天，他去见蔡桓公。他仔细端详了蔡桓公的气色以后，说："大王，您得病了。现在病只在皮肤表层，赶快治，容易治好。"

蔡桓公不以为然地说："我没有病，用不着你来治！"扁鹊走后，蔡桓公对左右说："这些当医生的，成天想给没病的人治病，好用这种办法来证明自己医术高明。"

过了10天，扁鹊再去看望蔡桓公。他着急地说："您的病已经发展到肌肉里去了，可得抓紧治疗啊！"蔡桓公把头一歪："我根本就没有病！你走吧！"扁鹊走后，蔡桓公很不高兴。

又过了10天，扁鹊再去看望蔡桓公。他看了看蔡桓公的气色，焦急地说："大王，您的病已经进入了肠胃，不能再耽误了！"蔡桓公连连摇头："见鬼，我哪来的什么病！"扁鹊走后，蔡桓公更不高兴了。

又过了10天，扁鹊再一次去看望蔡桓公。

他只看了一眼，掉头就走了。蔡桓公心里好生纳闷，就派人去问扁鹊："您去看望大王，为什么掉头就走呢？"扁鹊说："有病不怕，只要治疗及时，一般的病都会慢慢好起来的。怕只怕有病说没病，不肯接受治疗。病在皮肤里，可以用热敷；病在肌肉里，可以用针灸；病到肠胃里，可以吃汤药。但是，现在大王的病已经深入骨髓。病到这种程度只能听天由命了，所以，我也不敢再请求为大王治病了。"

果然，5天以后，蔡桓公的病就突然发作了。他打发人赶快去请扁鹊，但是扁鹊已经到别的国家去了。没过几天，蔡桓公就病死了。

【原典】

病莫病于无常。

注曰：天地所以能长久者，以其有常也；人而无常，不其病乎？

王氏曰："万物有成败之理，人生有兴衰之数；若不随时保养，必生患病。人之有生，必当有死。天理循环，世间万物岂能免于无常？"

【译文】

病害里没有比没有常态更大的病害了。

张商英注：天地万物之所以能够长久，是因为它有自己的规律。人如果没有可以遵循的常规，不就产生疾病了吗？

王氏批注：事物有自己成功失败的道理，人生有兴盛衰落的命运。如果不随时保护调养，一定会生病。人能出生，也必然能死去。天道法则循环往复，世间的事物能够逃离常规吗？

【评析】

"无"就是没有，"常"就是固定不变，"无常"就是没有固定不变的意思。也就是说：一件事情或一个物体，是不会永远保持同样的状态而不变化的。世间万事万物之所以永恒，就是因为它必须遵循自身的发展规律。如果强行打破它，就会受到规律的惩罚。人如果无视自然规律，不正常生活，不洁身自好，就会生病。

现实社会人类急剧向自然界扩张空间，肆意掠夺资源，而不懂得顺应自然规律，终将受到自然界无情的惩罚。

【史例解读】

投其所好避祸端

刘邦素来多疑，以至于反复无常，这从他对大汉第一功臣萧何的态度中就能略识一二。汉高祖三年，刘邦与项羽在广武一线相持日久，刘邦常吃败仗，全靠萧何及时补充兵员和粮草，才得以勉强维持局面。刘邦对这个局势，看得很清楚，所以，老奸巨猾的他，三番五次从前线派人回来，慰问萧何，当然，也有顺便观察后方形势的意思。

萧何自然看不出这里面的门道。有一位姓鲍的谋士点拨他说："大王颠沛流离，风餐露宿，在刀枪丛中过日子，那么危险，那么辛苦，却命人回来慰劳你这位后方留守丞相，这明摆着是对你起了疑心，怕你谋反。你必须把你家族中，能够掂刀拿枪打仗的男丁，统统送往前线，表明你的忠心，才能重新得到大王的信任。"一番话，惊醒梦中人，萧何急忙依计而行。果然，刘邦大喜，再也不派人慰劳萧何了。

汉高祖十一年，陈豨谋反于外，韩信谋反于内。刘邦亲自率兵至邯郸，平息陈豨之乱，萧何在长安，设计擒杀了韩信。这个时候，还在邯郸平叛的刘邦，匆匆忙忙地命人回京传令，拜丞相萧何为相国，大幅扩大他的封地，又派一名都尉率五百士兵为相国卫队。一时间，登门贺喜的官员挤破了萧何家的大门。只有一位名叫召平的人，上门唱反调："相国，你大祸临头了。你想，皇帝亲自带兵，出京平叛，你安安逸逸地生活在京城家中，又不用冒生命危险，皇帝为什么派兵护卫你？这是因为韩信新近谋反，后方不安，皇帝也有点儿害怕你了。派兵护卫，并不是宠信你，而是放心不下你呀。如今，你应该推辞掉封地和护卫，把自己家中所有的财产捐献给前方的军队，皇帝才会放心高兴。"萧何按照召平的建议，让封捐财，刘邦这才放下一颗悬着的心。

第二年，英布又反，刘邦只好再次亲自上阵。人在前线，心在长安，最不放心的，还是萧何，又多次派人回京，慰问萧何，了解萧何的言行举止。萧何呢，一如既往，稳定民心，征集粮草，供应前方，同时，又捐出全部家财劳军，像上次的做法一样。又有人出面教训萧何了："你的灭族之祸不远了。你想啊，你的地位最高，功劳最大，赏赐最多，都是无以复加的了。而且，自从来到秦地，你就抚慰百姓，深得民心，已经十余年了。皇帝之所以多次派人慰问，实际上是怕你的影响太大，振臂一呼，四面响应，危及皇帝的位置。你现在何不多买些田地，再放点儿高利贷，让老百姓对你有点儿意见。这样，皇帝就会安心了。"萧何点头称是。

刘邦回京，老百姓拦路告状，说相国强行以低价买百姓大量土地，民怨沸腾。

刘邦非常高兴，笑着对萧何说："想不到你也干这种事，相国应该为民谋利才对。"见皇帝高兴，萧何哪知刘邦心口不一，居然顺杆往上爬，为民请命说："长安地狭人多，不如把上林苑的空地，分给无地百姓，让他们把秸秆交给官府，作为皇家畜养野兽的饲料。"刘邦闻言大怒："相国一定是收受了人家的贿赂，竟然算计到我的头上来了。"当即下令，招来司法官员，将萧何戴上刑具，投入监狱。

刘邦虽然百般猜忌，但他内心里，其实也知道萧何是无辜的。所以，没有几天就命人放了萧何。这个时候的萧何，年龄也不小了，披散着头发，光着脚，就赶快来谢刘邦赦免之恩。刘邦见萧何这般模样，也有点儿于心不忍，可对萧何在民众中的威信，又有点儿嫉妒，于是酸溜溜地说："相国不要谢朕了，回去休息吧。相国为民请命，朕是清楚的。之所以把你关起来，实际上是让天下百姓知道朕是桀、纣一样的君主，以此显出你是体恤百姓的贤相啊。"

【原典】

短莫短于苟得。

注曰：以不义得之，必以不义失之；未有苟得而能长也。

王氏曰："贫贱人之所嫌，富贵人之所好。贤人君子不取非义之财，不为非理之事；强取不义之财，安身养命岂能长久？"

【译文】

见识浅薄中没有比满足于苟且所得更见识浅薄的了。

张商英注：用不正当的方法得到东西，必定通过不正当的方法失去它，没有苟且得到却能够长久拥有的。

王氏批注：贫苦卑贱的人嫌弃的，正是富裕显贵的人所喜好的。贤人君子不要不正当手段得来的钱财，不做违背天理的事情。强行索取不道义的钱财，怎么能长久地保养性命呢？

【评析】

这里有两层含义，其一是以不正当的方法得来的东西，必将以不义的方法丧失，因为那不属于你，你得到的很勉强，所以，最后一定会再失去。

第二层含义是，身处平安之地而不忘危难，现在拥有的东西能够珍惜，这样的人才无所短而有所进。要记住"安而不忘危，存而不忘亡"的道理，孔子曾以"富贵无常"告诫王公，勉励百姓。所以，苟安现状的人，即使不败亡也不会有所前进。

【史例解读】

安而不忘危

刘邦率军攻破咸阳城后，面对豪华的宫室、帷帐、骏马以及不可计数的奇珍异宝、美色宫女，刘邦有些眼花了。他素来就有一个"好酒及色"的老毛病，面对如此众多的美物与美色，他的老毛病自然又犯了。他对将士说："大家随我行军作战这么久,真是辛苦了,今天就在宫中留宿,随意享用吧。"张良听说后,不顾旅途劳累劝谏刘邦退出城外,封闭府库,布衣素食,以示节俭。刘邦虽然一肚子不情愿,还是同意了。张良又为刘邦制定了一套"约法三章"的简洁约定,用于刘邦在关内百姓中树起威信。虽然刘邦被项羽分封到巴蜀之地,但他却赢得了关中百姓的信赖,关中也成为楚汉相争中刘邦稳固的大后方。

刘邦竖起反楚的旗帜后,又重新占领了关中。刘邦趁项羽率军北上攻打田荣之际,乘机联络各地诸侯王,统率塞、翟、魏、殷、河南五路诸侯56万人东进,直抄项羽老巢——彭城,并轻而易举地占领了它。面对胜利,刘邦也忘乎所以起来,他没有像当初开进咸阳城那样封闭府库,退居城外,只一心忙着在彭城城楼笙歌宴乐,通宵达旦。张良苦劝刘邦:"汉王,这时你应该整顿军纪,做好防守准备,以免项羽带军杀回来才是。"刘邦却不以为然:"我们连项羽的老巢都打下了,这是一件值得庆贺的喜事,乐他几日也不为过。再说项羽远在齐国,一时脱不了身,就让将士们享乐一番吧。"却不料项羽自选三万精兵,配备上等战马,偃旗息鼓,日夜奔驰,向汉军发动了出其不意的猛攻,汉军死伤十数万,几乎全军覆没。刘邦在将士护卫下向北逃跑,被追得紧急时,甚至一连三次将自己的两个孩子踹到车下,狼狈之态,可想而知。

【原典】

幽莫幽于贪鄙。

注曰:以身殉物,暗莫甚焉。

王氏曰:"美玉、黄金,人之所重;世间万物,各有其主,倚力、恃势,心生贪爱,利己损人,巧计狂图,是为幽暗。"

【译文】

昏庸没有比贪婪卑鄙更昏庸的了。

张商英注:以身殉物,是最大的昏暗。

王氏批注:美玉、黄金,是人们看重的。世界上的东西,各有各的主人，倚仗力量，依靠权力，心里产生贪婪的念头，损人利己，设计阴谋贪婪地追求。这就是幽暗。

【评析】

人生的悲剧大多起源于一个"贪"字。贪财、贪色、贪酒……贪的结果，轻则神志昏昏，重则无法无天，悖情悖理。如欲一生平安，首先必须从戒贪做起。

贪婪的人是可怕的，而人的贪婪却永无止境。克服贪婪需要学会放弃，正所谓君子有所为，有所不为。有的机会要放弃，有的利益也要放弃，只有学会放弃，才能真正克服贪婪。

【史例解读】

一念贪私，万劫不复

"三家分晋"是春秋时期，晋国辅国大臣智伯公然向韩、魏、赵三家索要土地引起的。当时，智伯立晋昭公的曾孙骄为国君，是为晋懿公。智伯挟持国君号令晋国臣民，大小政事皆由智伯决断。这时候，晋国政局变成智氏独强，韩、赵、魏三家相形见绌。

智伯打算吞并这三家势力，于是向这三家索要地盘。韩、魏两家顾虑智氏强盛，各将一个有上万人口的地区献给智伯。智伯又向赵氏索要蔡、皋狼之地，却被赵襄子拒绝。智伯就联合韩、魏二氏，攻伐赵氏，打算抢夺赵氏全部土地、人口和财产。赵襄子退守晋阳，智伯率三家兵围攻晋阳，围城战争持续三年，久攻不下。

于是，智伯引晋水为助，水灌晋阳，城中一片汪洋，城内人们"悬釜而炊"、"易子而食"，此时，晋阳城已经很难坚守下去了。

眼见晋阳被水所困，赵氏指日可灭，智伯踌躇满志，带着魏桓子、韩康子巡视水情，忘乎所以地说："我今天才知道，水可以亡人国。"魏桓子和韩康子听了这话，产生了极度的恐惧，魏氏想到汾水可以灌安邑，韩氏想到绛水可以灌平阳。魏桓子用胳膊肘暗捅韩康子，康子踩了一下桓子的足背，二人心领神会，已经有了共同对抗智伯的决心。

在晋阳即将攻陷的危急关头，赵襄子的家臣张孟谈出城，与魏、韩二君联络，以"唇亡齿寒"之说晓以利害，于是韩、赵、魏三家约定里应外合，共灭智氏。到了约定的日期，魏、韩两家杀掉智氏守护河堤的官吏，大水反灌智伯军，智伯军为救水乱作一团。赵襄子率军出城正面攻击，魏、韩两军侧翼夹击，智伯的军队大败。智氏全族被诛灭；智伯被杀，还被愤恨不已的赵襄子将智伯的头颅做成饮酒的器皿。

贪小利吃大亏

春秋时期，晋国想吞并邻近的两个小国：虞和虢。这两个国家之间关系不错。

晋如袭虞，虢会出兵救援；晋若攻虢，虞也会出兵相助。大臣荀息向晋献公献上一计。他说："要想攻占这两个国家，必须要离间他们，使他们互不支持。虞国的国君贪得无厌，我们正可以投其所好。"他建议晋献公拿出心爱的两件宝物，屈产良马和垂棘之璧，送给虞公。献公依计而行。虞公得到良马美璧，高兴得嘴都合不拢。晋国故意在晋、虢边境制造事端，找到了伐虢的借口。晋国要求虞国借道让晋国伐虢，虞公得到了晋国的好处，只得答应。虞国大臣宫子奇再三劝说虞公："这件事办不得。虞虢两国，唇齿相依，虢国一亡，唇亡齿寒，晋国是不会放过虞国的。"虞公却说："交一个弱朋友去得罪一个强有力的朋友，那才是傻瓜哩！"晋大军通过虞国道路，攻打虢国，很快就取得了胜利。班师回国时，把劫夺的财产分了许多送给虞公。虞公更是大喜过望。晋军大将里克，这时装病，称不能带兵回国，暂时把部队驻扎在虞国京城附近。虞公毫不怀疑。几天之后，晋献公亲率大军前去，虞公出城相迎。献公约虞公前去打猎。不一会儿，只见京城中起火，虞公赶到城外时，京城已被晋军里应外合强占了。就这样，晋国又轻而易举地灭了虞国。

【原典】

孤莫孤于自恃。

注曰：桀纣自恃其才，智伯自恃其强，项羽自恃其勇，王莽自恃其智，元载自恃其狡，卢杞自恃其奸，则气骄于外，而善不入耳；不闻善，则孤而无助，及其败，天下争从而亡之。

王氏曰："自逞己能，不为善政，良言傍若无知，所行恣情纵意，倚着些小聪明，终无德行，必是傲慢于人。人说好言，执蔽不肯听从；好言语不听，好事不为，虽有千金、万众，不能信用，则如独行一般，智寡身孤，德残自恃。"

【译文】

孤家寡人再没有比自负自满更大的孤家寡人了。

张商英注：夏桀、商纣王对自己的才能很自负，智伯对自己的强大很自负，项羽对自己的勇力很自负，王莽对自己的聪明很自负，元载、卢杞对自己的狡黠很自负。自负的话，那么骄傲的神气就会流露在外而且耳朵听不进去善言规劝，听不进去善言规劝就会孤立无援，等到他失败时，天下人就会争相起来灭亡他。

王氏批注：靠自己的能力逞强，不做好事。对忠言充耳不闻，所作所为放纵自己的欲望。倚仗些小聪明，终究不会修成大的德行。有人说有益的话，闭耳不听。不听好话，不做好事。就算有很多金钱、很多百姓，不能够信任、任用他们，仍然如一个人行走一样。智慧稀缺，形影孤单，德行浅薄，只能依赖自己。

【评析】

凡是有才华的人最容易犯的错误就是骄傲自满、自以为是，认为自己的才能天下第一，无人能及，不把其他人放在眼里，看不到别人的才华，也不能接受别人的建议，一意孤行。这样做的结果只有两种：一种是招致杀身之祸，一种是被别人孤立。避免恶果的出现，最有效的方法就是从正心修身开始，胸怀坦荡地接受别人指出的错误和正确的批评，同时有意识地约束自己，并持之以恒地做，这样做人做事才会达到圆满的境界。

【史例解读】

自满者败

三国时期的关羽非常骄傲，喜欢别人的阿谀奉承。马超初来投降时，远在荆州的关羽曾特地写信给诸葛亮，询问马超的人品等级。诸葛亮当即明白了关羽的用意，回信中先是大夸马超如何英雄了得，说是和张飞也有得一比，随即笔锋一转，"终不及你美髯公之超群绝伦呀！"关羽读信后非常满意，还把这封信让手下人传阅。

当关羽听说孙权拜陆逊为将代替吕蒙时，他说："孺子陆逊代之，不足为震！"而当孙权想娶他的女儿为儿媳以求和好时，他竟对前来提亲的诸葛瑾勃然大怒："吾虎女安肯嫁犬子乎？"这一句话不但丢掉了联吴的大好机会，而且与东吴结下深仇。按说在死到临头之际，关羽应当幡然醒悟，但他却秉性难移，就在败走麦城时，王甫劝他宜走大路，小路恐有埋伏。这个典型的"自大狂"竟说："虽有埋伏，吾何惧哉！"其骄横傲慢之态，可见一斑。他最终兵败被俘被杀也就不足为奇了。

曹操骄兵之计除文丑

曹操收服关羽之后，待之若上宾。在与袁绍大军交战中，袁绍部将颜良出战，连斩曹操两员大将。关羽出战，几个回合便把颜良斩首，为曹操解了白马之围，曹操因此非常高兴。正当他收兵后撤之际，手下将士忽然又报告说袁绍大军又来报仇，领兵的是袁绍手下的名将文丑。于是曹操立即传令，以后军为前军来撤退，并且撤退的时候，粮草在前，军队在后。

曹操手下的众将官、谋士们对曹操的这一安排顾虑重重，他们不同意把粮草放在前面，但曹操却坚持己见。就这样，曹军驮着粮草辎重的马队沿着河堑至延津一带，一路逶迤行进，而曹操则亲自在后军指挥。正在行进中，忽然听到前军大喊大乱，原来是文丑军队冲杀过来了。曹操军队前面的压粮军队大乱，士兵们纷纷抛弃粮车，四散弃逃。

但是，曹操见此情景并没有着急，他随意地用马鞭指着一个山坡说道："此处可以暂时避一避。"于是曹军人马一齐奔向曹操所指的山坡。然后，曹操又命令兵士们解除甲衣，卸下马鞍，将战马都栓到山坡下面。

这时，文丑的军队趁机夺得了曹操的大批粮草辎重，又见战马遍野，于是马上下令兵士们抢马，刹那间人仰马翻，文丑大军乱了套。这时曹操命军队乘机杀出，文丑欲召集自己的军队，但为时已晚，只得带领数人仓促迎战，结果被关羽一刀斩于马下。曹操指挥全部人马奋力冲杀，把文丑军杀得落花流水，又把丢失的粮草、战马夺了回来。

这时，曹操的众将军、谋士们才明白了曹操的韬略，原来曹操采用的是骄兵之计。引敌上钩，再乘其乱，一举反攻。众将顿时钦佩不已，称赞他用兵如神。而文丑正是因为轻易地变得骄傲，才冲动行事，中了曹操的圈套，导致惨败的结局。

骄兵必败

魏惠王派太子申和庞涓聚集全国兵力，再次攻打韩国。韩哀侯向齐国告急求救。齐威王派田忌为师、起兵救韩。田忌听从了孙膑的建议，率齐军直奔魏都大梁。

魏惠王见齐军来攻大梁，急忙命令太子申和庞涓回兵救魏。孙膑深知庞涓有勇无谋，只能智取，不能硬拼。于是，他向田忌献上计谋。

当魏齐两军刚刚遭遇时，孙膑就命令齐军撤退。庞涓追到齐军驻地时，只见地上满是用来煮饭的灶头，经清点有十万之多。齐军次日又急急退却，驻地留下五万个灶头。第三天齐军的灶头减少到两万个。庞涓见状，非常高兴，命令魏军继续追赶齐军。

太子申问其故，庞涓说："我早就听说齐军胆小怕死，三天之内士兵就逃走了大半。我军穷追不舍，定能取胜。"

后来，齐军退到了两山之间的马陵道。孙膑见这里溪谷深隘，道路狭窄，很适宜设兵埋伏，就命令士兵砍下树木作为路障，又把路旁一棵大树的树皮剥去，在上面写了一行大字。接着，孙膑吩咐一万弓箭手夹道埋伏，只等庞涓前来送死。黄昏时分，庞涓带着疲惫不堪的魏军追到马陵道。在士兵清理路障时，有人发现路边大树上的字，忙向庞涓报告。庞涓持火把一照，只见上面写着"庞涓死于此树下"几个大字，不由得大惊失色。孙膑一声令下，埋伏在两旁的弓箭手对准魏军万箭齐发，魏军死伤无数。中了箭的庞涓自知生还无望，只得拔剑自刎。

孙膑制造士兵数量减少的假象，瞒天过海，示假隐真，诱使庞涓上钩，进而一举将其歼灭。

【原典】

危莫危于任疑。

注曰：汉疑韩信而任之，而信几叛；唐疑李怀光而任之，而怀光遂逆。

王氏曰："上疑于下，必无重用之心；下惧于上，事不能行其政；心既疑人，勾当休委。若是委用，心不相托；上下相疑，事业难成，犹有危亡之患。"

【译文】

危险中没有比任命半信半疑的人更大的危险了。

张商英注：汉高祖刘邦怀疑韩信图谋不轨却任用他，而韩信差点儿反叛；唐德宗怀疑李怀光拥兵谋反却任用他，而李怀光终于谋反。

王氏批注：君主猜疑臣子，一定没有重用他的念头。臣子害怕君主，做事就不能充分施展拳脚。心里已经猜疑他人，就不要委任他职务，如果委任了，又不能委心于人，君臣相互猜忌，事业一定做不成，国家还有灭亡的危险。

【评析】

既要用人，又要怀疑，这对用人者是一件很危险的事情。人常说："用人不疑，疑人不用。"一方面是出于对事业成败的考虑，另一方面也是出于对自身安危的着想。无论是一个国家的治理还是一个企业的管理都是同样的道理。作为领导，在没有使用人才的时候，必须谨慎又谨慎，全方位地考察该人才，如从德、智、体、美、劳等各个方面了解将要使用的人才，及时发现人才的优势和劣势，做好必要的预防和准备工作，如果无法做到"用人不疑，疑人不用"，就干脆另起炉灶，重新寻找你需要的人才。

【史例解读】

诸葛亮挥泪斩马谡

公元227年，诸葛亮驻军汉中，准备北伐，扬言要从斜谷道经陕西郿县直捣长安。曹魏政权得知消息，一面派兵驻扎在郿县一带，一面又抽出精兵5万步骑，由宿将张郃带领，赶往西线，驻防陇右。

第二年春，诸葛亮正式出兵北伐。他的部署是：命赵云、邓芝率领部分军队进据箕谷，虚张声势，做出佯攻的样子，以图把魏军主力吸引过来。同时，亲自率领主力军北出祁山，以便先取陇右，最后夺取长安。

当时可供前锋之用的人选有魏延、吴懿等人。但是，由于诸葛亮非常想趁这个机会提拔一下自己的爱将马谡。马谡是襄阳人，随刘备自荆州入蜀，平日"好论军计"，在蜀汉平定西南少数民族叛乱时，曾献过"攻心为上，攻城为下"的计谋，因而受到诸葛亮的器重。但是，由于他缺少实战的经验，因此，刘备在临死前，告诫诸葛亮说：马谡"言过其实"，对他不可重用。诸葛亮虽然有所顾虑，却依然任用马谡做前锋进驻街亭。

当诸葛亮的主力部队突然到达祁山时，打了曹魏军队一个措手不及。汉阳、南阳、安定三郡的吏民纷纷起兵反魏归蜀，战局对蜀军十分有利。但是，马谡这时在街亭却出了问题。他率军进至街亭时，遇到了魏将张郃所率主力部队的抵抗。马谡违背了诸葛亮原先的部署，又不听从部将王平的建议，在寡不敌众的形势下，居然不下据城，而舍水上山，结果被张郃军队切断水道，杀得大败。街亭失守，使诸葛亮十分被动，一场十分有利的战局顿时变成败局。

诸葛亮挥泪斩马谡，并深深地为自己没有听从先主的劝诫而悔恨，还上疏朝廷，自请贬官三级，追究用人不当的责任。

曹操中计错杀爱将

三国时期，赤壁大战前夕，周瑜巧用反间计杀了精通水战的叛将蔡瑁、张允，就是个有名的例子。

曹操率领83万大军，准备渡过长江，占据南方。当时，孙刘联合抗曹，但兵力比曹军要少得多。

曹操的队伍都由北方骑兵组成，善于马战，可不善于水战。正好有两个精通水战的降将蔡瑁、张允可以为曹操训练水军。曹操把这两个人当作宝贝，优待有加。一次东吴主帅周瑜见对岸曹军在水中排阵，井井有条，十分在行，心中大惊。他想一定要除掉这两个心腹大患。

曹操一贯爱才，他知道周瑜年轻有为，是个军事奇才，很想拉拢他。曹营谋士蒋干自称与周瑜曾是同窗好友，愿意过江劝降。曹操当即让蒋干过江说服周瑜。

周瑜见蒋干过江，一个反间计就已经酝酿成熟了。他热情款待蒋干，酒席筵上，周瑜让众将作陪，炫耀武力，并规定只叙友情，不谈军事，堵住了蒋干的嘴巴。

周瑜佯装大醉，约蒋干同床共眠。蒋干见周瑜不让他提及劝降之事，心中不安，哪里能够入睡。他偷偷下床，见周瑜案上有一封信。他偷看了信，原来是蔡瑁、张允写来，约定与周瑜里应外合，击败曹操。这时，周瑜说着梦话，翻了翻身子，吓得蒋干连忙上床。过了一会儿，忽然有人要见周瑜，周瑜起身和来人谈话，还装作故意看看蒋干是否睡熟。蒋干装作沉睡的样子，只听周瑜他们小声谈话，听不清楚，只听见提到蔡、张二人。于是蒋干对蔡、张二人和周瑜里应外合的计划确认无疑。

他连夜赶回曹营，让曹操看了周瑜伪造的信件，曹操顿时火起，杀了蔡瑁、张允。等曹操冷静下来，才知中了周瑜的反间之计，但也无可奈何了。

【原典】

败莫败于多私。

注曰：赏不以功，罚不以罪；喜佞恶直，亲邪远贤；小则结匹夫之怨，大则激天下之怒，此多私之所败也。

王氏曰："不行公正之事，贪爱不义之财；欺公枉法，私求财利。后有累己、败身之祸。"

【译文】

败坏事情没有比处处以权谋私的行为更败事的了。

张商英注：奖赏不根据功劳，惩罚不根据罪过。喜欢佞幸之人，憎恶正直之人，结交身边亲近之人，疏远和自己不够亲密之人，往小了说会结下个人的怨恨，往大了说就会激发天下人的愤怒，这是偏私行为所败坏的结果。

王氏批注：不做公平正义的事情，贪恋爱慕不合道义的钱财；诈骗公家、曲解法律，私自谋取财钱和利益。最后一定有连累自己、地位丧失的祸患。

【评析】

自私是人保护自己的一种手段，无私是成就自己的一种精神。自私和无私都是人性的两个方面。自私是可以的，为自己争取利益只要是正当的，多少都没有关系。但如果跨过损人利己这条底线，自私这件事的性质就开始转变。如果一直下去，把损人利己当成习惯，就算是圣人的智慧也不能帮你把祸患的力量消除干净。为此而遭殃，是早晚的事。所以自私不要跨过损人利己这条底线，靠自己的努力，自己的智慧，一样可以过上幸福的生活。

【史例解读】

满足私欲遭祸端

春秋时齐国的君主齐桓公贪图女色，还很好吃，会享受，他宠信易牙、竖刁和开方这些投其所好的人，却想称霸天下，所以把国家大事都委托给管仲。管仲死后，鲍叔牙继任，他自知才能不如管仲，就劝桓公远离小人。桓公就把易牙等人赶走了。

但这几个人走了之后，桓公吃不香，睡不好，也不说话，也没有了笑容，就又把他们召了回来。这样一来，几个小人当了权，齐国很快就乱了。

隋炀帝亲自带兵出征，楚国公杨玄感在黎阳造反。李密对他说："现在天子远征，接近幽州，和这里远隔千里。如果你派兵占领了蓟，就等于扼住了他的咽喉。这样，天子会退无归路，不过一个月，粮草物资就用完了，那时候你只要举旗一呼，他的部队就会投降，不战而胜，这是上策。"杨玄感不听，他贪图洛阳的财宝，就去包围洛阳，结果失利被斩。

遵义章第五

【题解】

注曰：遵而行之者，义也。

王氏曰："遵者，依奉也。义者，宜也。此章之内，发明施仁、行义、赏善、罚恶、立事、成功道理。"

【释义】

张商英注：依照着去做，就是义。

王氏批注："遵"就是依照奉行的意思。"义"就是应该的意思。这一章里，说明了施行仁政、躬行道义、奖赏善行、惩罚罪恶、建功立业、成就功名的办法。

【原典】

以明示下者暗。

注曰：圣贤之道，内明外晦。惟不足于明者，以明示下，乃其所以暗也。

王氏曰："才学虽高，不能修于德行；逞己聪明，恣意行于奸狡，能责人之小过，不改自己之狂为，岂不暗者哉？"

【译文】

对下属表示自己过于明察的人就会愚昧不明。

张商英注：圣人贤人的统治方法，是明于内而晦于外。只有在"明"上不足的人，才把自己的明察表现给下级，这就是他愚昧不明的原因。

王氏批注：才华学识虽然高，不能在德行上有所修养；以自己的聪明逞能，肆意从事奸猾狡诈之事；责备他人小的过错，却不纠正自己过分的举动，难道不是愚昧不明吗？

【评析】

水至清则无鱼，人至察则无友。把别人的缺点看得很透彻、很清楚的确是聪明的，但也要给智慧不如自己的人留有余地，这对自己是一种起码的修养。对别人忍耐和宽容，这样才可以服众。否则，就会因为自己的聪明导致对别人的狭隘和过度严格的做法，反过来使自己处于不利的地位，这就是所谓的"聪明反被聪明误"的道理。所以，做领导的千万不要显得太聪明，要懂得大智若愚，内明外晦。聪明在于内心的澄澈，而不一定表现出来，去要求下属，否则，自己就变成孤家寡人了。

【史例解读】

明于内而憨于外

汉军和楚军在荥阳对峙，汉军的粮道屡屡被楚军袭击，致使汉军处境困难。于是，汉王先是想和项羽议和。但是，在范增的反对下，项羽没有同意。这时，陈平向刘邦献出了一条离间计。陈平给汉王分析说："楚国兵力虽众、将官也很多，但是深得项羽器重的只有亚父、龙且、钟离眛、周殷等寥寥几个。范曾号称亚父，确实是一个天下奇人，智谋之精深，大有凌驾于我汉王众谋臣之上的气概，但是项羽其实在骨子里早就厌倦他很久了。我们要离间，就要把目标放在这个关系上。至于离间其他人和项羽的关系，我们不做重点谋划，要是也成功了，算是运气，没有成功，也会损害他们君臣关系的。"

汉王、吕后以及张良、萧何、曹参都表示了此计策很好。于是，陈平就向汉王讨要了4万斤黄金去打点这条计策。陈平过去在楚国的时候曾经有过贪污的记录，但是，汉王对陈平的这个要求却没有丝毫的迟疑，马上就叫萧何拿出4万斤黄金，让陈平打点楚国君臣。陈平并没有从这三万斤黄金里克扣一分一毫自己享用，并且成功离间了范增和项羽的关系，致使范增离项羽而去，并且疽发死于途中。

大智若愚，内明外晦

据说，在舜未登上天子位的时候，他的异母弟弟象，为图占家业，几次要谋害他。昏聩的父亲和后母也总是偏心、纵容象。有一次，父亲和后母找舜，说谷仓顶坏了，要他爬上去修理。当舜一上到仓顶，父母、弟弟就抽了梯子，放起一把火想要烧死他。幸亏他撑起大斗笠，乘着一阵大风往下一跳，才得脱险。

另一次，父亲和后母让舜去淘井。那井很深，刚把舜吊到井底，上面的人就收了绳子，推下几大堆泥土去，以为这一回舜死定了。象很高兴，没想到，当他来到舜的卧室时，却看见舜正坐在床上弹琴。这是怎么回事？原来那井底还另有一个出口，舜是从那里脱身的。这一下，象惊呆了，他悔恨、羞惭不已，上前向哥哥道歉。舜呢，显得若无其事的样子，他微微一笑，说："我并不计较。"

有一次，万章与孟子谈论到这个故事中的舜。万章认为，舜或者是糊涂，或者是伪善，二者必居其一。孟子则不同意这种看法。万章说："两件事中，都表现出舜并不知象要害他，这岂不是糊涂？"孟子说："怎么不知道！只不过舜对弟弟仁慈罢了。"万章说："依您之见，舜是心里忧心忡忡，表现得却像没那么回事，这岂不是强颜为欢，是十足的伪善吗？"孟子直摇头：

"不,这怎么叫伪善?既然象已承认自己错了,有悔改之意,舜又怎能不高兴?这不叫伪善,叫宽宏大度啊。"

不计前嫌得人心

西汉末年,王莽篡权后,骄奢淫逸,民不聊生,各路豪杰和农民起义军纷纷兴起,与王莽政权抗争。结果,王莽政权被推翻了。然而在王莽政权倾覆之后,各路豪杰为争皇位,又打得不可开交,其中就有一支由刘秀领导的队伍。刘秀用大司马的名义,召集人马,又招募了四千精兵。他的部将任光向天下宣告说:"王郎冒充刘氏宗室,迷惑人民,大逆不道。大司马刘公从东方调百万大军前来征伐。一切军民,归顺了,既往不咎;抗拒的,绝不宽恕!"任光还派骑兵把这个通告分发到巨鹿和附近各地。老百姓看到了通告,议论纷纷,把消息越传越远。王郎手下的兵将听到了,都害怕起来,好像大祸临头似的。

刘秀亲自率领四千精兵,打下了邻近好几座县城,势力渐渐大起来。没过多少日子,又有不少地方首领,看到通告,率兵投靠刘秀,于是刘秀向巨鹿发起了攻击。

不久,刘玄也派兵来征伐王郎。两路大军联合起来,连续攻打了一个多月,仍然没有攻破巨鹿城。有几位将领对刘秀说:"咱们何必在这儿多耗时日呢?不如直接去攻打邯郸。打下了邯郸,杀了王郎,还怕巨鹿城不投降吗?"刘秀采纳了他们的意见,留下了部分兵马继续围攻巨鹿,自己带领大军去攻打邯郸,接着连打了几个胜仗。王郎的军队支持不住,就打开城门,献城投降。刘秀率领大军进入邯郸,杀了王郎。

刘秀住进了王郎在邯郸修建的宫殿,命令他手下的人检点朝中的公文。这些公文大部分是各郡县的官吏和豪绅大户与王郎之间往来的文书,内容大多数是奉承王郎,说刘秀坏话,甚至帮助出主意剿杀刘秀的。对这样的文书,刘秀看也不看,把它们全部堆在宫前的广场上,并召集全体官吏和将士,当着他们的面,把这些文书一把火烧掉了。有人提醒刘秀说:"您怎么就这样烧掉了呢?反对咱们的人都在这里头,现在连他们的名字也查不到了。"刘秀对他们说:"我烧掉这些,就是要向所有的人说明,我不计较这些已经过去的恩恩怨怨,好让大家都安心,让更多的人拥护我们。"

劝说的人这才明白过来,刘秀不追究那些曾反对自己的人,那些人就会心安理得地服从刘秀,而不会因为害怕刘秀报复,投入反对刘秀的一方。大伙都佩服刘秀的深谋远虑和开阔的胸怀。一些过去反对刘秀的人，见了刘秀的这种举动，也愿意为刘秀效力了。

【原典】

有过不知者蔽。

注曰：圣人无过可知；贤人之过，造形而悟；有过不知，其愚蔽甚矣！

王氏曰："不行仁义，及为邪恶之非；身有大过，不能自知而不改。如隋炀帝不仁无道，杀坏忠良，苦害万民为是，执迷心意不省，天下荒乱，身丧国亡之患。"

【译文】

有过错而不能自知，一定会受到蒙蔽。

张商英注：圣人没有过失，不需要反思，贤人犯的过失，一露形迹就能觉悟。有了过失却不知道，这种愚昧蒙蔽太厉害了。

王氏批注：不做仁义的好事，却做邪恶的坏事。自己犯有大错误，自己不知道因此不能改正。隋炀帝杨广施行不仁爱又不道义的政事，杀害忠诚善良的臣子，伤害天下的百姓就是证明。他却执迷不悟，不能反省。最终天下兵荒马乱，落得性命丢失、国家灭亡的下场。

【评析】

"人非圣贤，孰能无过"，关键在于怎样对待错误。自己有了错误不知道的叫作"蔽"，就是自己封闭自己。而知道了自己的错误还是不改的，叫作"愎"，所谓"刚愎自用"是也。

最聪明的人是看到别人的过失，引以为鉴，主动克服自身的不足；比较聪明的人是自己犯了错误能自觉反省改正；至于有了错误仍执迷不悟，一错到底的，那只有失败了。改，不是终点，更不是成就，它只是一个起点，一个需要你加倍努力的起点。

遵义章第五

【史例解读】

过而改之未晚矣

秦汉时期，匈奴冒顿杀死了自己的父亲，顺利地登上了单于的宝位。没过多久，强盛的东胡便派使者对冒顿说，希望能得到头曼单于生前的千里马。于是冒顿就把大臣们召到一起，向他们征询意见，大臣们都说："不能把千里马给他们，这可是匈奴的宝马。"冒顿摆了摆手说道："和人家做邻居，怎么能舍不得一匹马呢？"冒顿就把千里马送给了东胡。

一段时间过后，东胡人以为冒顿害怕自己，就又派使者对冒顿说，希望单于献上一个阏氏。冒顿又召来了大臣，向他们说了这件事，大臣们愤怒地说道："东胡得寸进尺，竟敢索要阏氏，请您允许我们率兵讨伐他们。"冒顿仍旧说："和人家做邻居，怎么能吝惜一个女人呢？"就把自己所爱的阏氏送给了东胡。

这样东胡就更加狂妄了，竟向西发动侵略。原来匈奴和东胡之间有一片荒芜地带，无人居住，双方各在自己的边缘地带设立守望哨所，但东胡却想独自占有它。

一天，东胡派使者对冒顿说："匈奴和我们边界哨所相接壤的荒弃地区，匈奴人不能到达那里，我们想拥有它。"冒顿征询大臣们的意见，有的大臣说："这块地方没有多大用处，让给他们也没有关系。"这时冒顿非常生气地说："土地是一国之本，怎么可以随便送人呢？"接着他又把凡是说可以给东胡土地的人都杀掉了。于是冒顿上了战马，率领军队攻打东胡，并下达命令：退后者皆斩。

冒顿率兵直奔东胡，由于东胡过于骄傲而没有多加防备，因此很快就被击溃了，于是冒顿很顺利地打败东胡军队，杀死东胡王，并掠走了东胡的人民和牲畜。回国以后，又向南吞并了娄烦和白洋河南王，向西赶跑了月氏。

不听老人言，吃亏在眼前

关羽镇守荆州的时候，孙权打算联合刘备，共同抵抗曹操，就派遣使者想和关羽结亲家。关羽大怒，说："虎女安嫁犬子乎？"诸葛亮听说后，惊叹说："荆州危险了！"

关羽被杀害以后，刘备激愤交加，起兵伐吴。吴国派诸葛瑾来求和，他对刘备说："陛下认为是给关羽报仇重要呢，还是恢复先帝的江山重要？是一个荆州大，还是天下大呢？如果都重要的话，那么也应该有个先后啊！"刘备在气愤之下，根本听不进去。

蜀主刘备为报东吴杀害关羽之仇，不顾诸葛亮、赵云等人劝阻，率领数十万大军顺江东下，夺峡口，攻秭归，屯兵夷陵，夹江东西两岸。第二年2月，刘备率诸将从巫峡起，安营扎寨七百里直抵猇亭。

东吴孙权任命宜都太守，年仅39岁的陆逊为大都督，抵抗刘备。陆逊兵少势弱，采用避敌锋芒、静观其变的战略，半年时间不与蜀军正面交锋，寻找战机。蜀吴大军在猇亭相持达七、八月之久，蜀军兵疲意沮，为避暑热将营寨移至山林之中，又将水军撤至岸上，"舍船就步，处处结营"。陆逊抓住战机，命将士持茅草点燃蜀军营寨，火烧连营七百余里。蜀军土崩瓦解，死伤数万。刘备只好带领残兵败将，由猇亭退到马鞍山，又突出重围，仓皇逃归奉节白帝城，一路留下了上马墩、下马台、下马槽、赵望山、逃出冲、红血巷等十多处历史陈迹。经此一役，蜀汉元气大伤，从此无力问鼎中原。

【原典】

迷而不返者惑。

注曰：迷于酒者，不知其伐吾性也。迷于色者，不知其伐吾命也。迷于利者，不知其伐吾志也。人无迷惑者，自迷之矣！

王氏曰："日月虽明，云雾遮而不见；君子虽贤，物欲迷而所暗。君子之道，知而必改；小人之非，迷无所知。若不点检自己所行之善恶，鉴察平日所行之是非，必然昏乱、迷惑。"

【译文】

沉迷某种嗜好而不知道改正的人，就会产生迷惑。

张商英注：沉迷于美酒之中，却不知道美酒消蚀的是我的性情。沉迷于女色之中，却不知道女色消耗的是我的生命。沉迷于财利之中，却不知道财利消减的是我的心志。人本来没有迷惑他的东西，只是迷失了自己罢了。

王氏批注：太阳月亮虽然明亮，被云雾遮住以后也是看不见的。圣人君子虽然贤良，被物质欲望迷惑以后也是愚昧糊涂的。君子奉行的道理，是知道错了就马上改正。小人的过错在于，懵懵懂懂一无所知。如果不检点自己所作所为是善是恶，鉴察自己平时行为是对是错，就一定昏庸无道、心神迷乱。

【评析】

人是有欲望的动物，但必须把欲望控制在一定的限度之内，也就是说，人是欲望的主宰，如果反过来被欲望所迷惑，那就成了欲望的奴隶，就失去了人的本性，会给自己带来灾祸。

在现实生活中，还是有许多人不能从中吸取教训，他们一味地追求玩乐，总是抱着无所谓的态度，这是十分危险的。当有一天青春不再时，才想去做些有意义的事，恐怕已经为时晚矣。

【史例解读】

怀与安，实败名

阖闾是春秋时代吴国的君主，他用孙武、伍员为将领，打败了楚国，孙武献计说："出兵应该以义为号召，才师出有名，因为楚王无道，我们才打败了他。现在应该找到太子建的儿子，把他立为国君，让他主持楚的宗庙社稷。这样，楚国安定了，也感念吴国的恩德，世世代代进贡，你虽然赦免了楚国，实际上却得到了楚国。"但阖闾贪图彻底灭楚的利益，不听孙武的话。不久，楚国大臣申包胥到秦国，在朝廷上痛哭请求援助，终于求来救兵打败了吴国。

重耳是春秋时晋国公子。周襄王八年，晋国发生动乱，重耳逃到齐国，齐王把美女齐姜嫁给他，齐姜不但美丽，也很贤惠，重耳迷上了她，朝夕欢宴，一直过了七年安逸的日子，没有了当初的远大志向。他的随从都着急了，幸亏齐姜贤德，和他们一起想办法。于是，齐姜把重耳灌醉了，随从们连被子带席子一起把重耳弄了出来，走了一百多里才清醒。后来，重耳回到晋国，振兴国家，称霸诸侯——他就是晋文公。

迷于外物的宋徽宗

宋徽宗赵佶是中国宋朝第八位皇帝，也同时具有相当高的艺术造诣。他的兄长宋哲宗无子，死后传位于他，在位25年。他自创一种书法字体被后人称之为"瘦金书"，另外，他在书画上署名签字是一个类似拉长了的"天"字，据说象征"天下一人"。

宋徽宗刚即位时，也曾雄心壮志想要当个好皇帝。但是宋徽宗只是一个艺术家，他既没有政治家的雄才大略，也不懂得如何识人辨才，更不知道应该如何治理国家。宋徽宗在位的二十多年，过分追求奢侈生活，重用蔡京、童贯、高俅、杨戬等奸臣主持朝政，大肆搜刮民财，穷奢极侈，荒淫无度。建立专供皇室享用的物品造作局。又四处搜刮奇花异石，用船运至开封，称为"花石纲"，以营造延福宫和艮岳，竟将父亲留下的当时世界上70%的财产给花光了。他信奉道教，自称"教主道君皇帝"，大建宫观，并设道观二十六阶，发给道士俸禄。后来，还爆发方腊、宋江等领导的民变。宋徽宗贪好女色，宰相王黼竟然领着皇帝去逛妓院。这样的皇帝，最终导致了北宋时代的灭亡。

【原典】

以言取怨者祸。

注曰：行而言之，则机在我，而祸在人；言而不行，则机在人，而祸在我。

王氏曰："守法奉公，理合自宜；职居官位，名正言顺。合谏不谏，合说不说，难以成功。若事不干己，别人善恶休议论；不合说，若强说，招惹怨怪，必伤其身。"

【译文】

因为语言招致怨恨，一定会有祸患。

张商英注：行动以后再说话，那么事情的主动权就在我手中，而灾祸在别人身上了；说话以后而不去做，那么事情的主动权就在别人手中，而灾祸在我身上了。

王氏批注：遵守法律，一心为公，道义就在自己这边。身居官职，名义正当，道理才讲得通。应该劝谏却不劝谏，应该说明却不说明，是很难成就功名的。如果事情与自己无关，别人的好与坏就不要跟着议论。不该说，非要说，招惹埋怨罪责，必定伤及自身。

【评析】

俗话说："祸从口出。"人的许多麻烦和灾祸是由于言语上太随便，不慎重。管不住自己嘴的人，不仅容易伤人，而且容易闯祸。当然，慎言不是不说话，慎言是该说话的时候就说，不该说话的时候就永远不要说。说话必须掌握一个"度"，如果越过这个"度"，信口开河，暴露出来的东西会让别有用心的人利用，吃亏受罪的是自己。所以，成大事的人，都是缄默寡言，慎行而谨言。正如《易经》所说：言语是产生祸患的台阶。

【史例解读】

言行不要太出格

明太祖朱元璋出身贫寒，因此，小时候就是与一帮穷哥们在一起玩耍。到他做了皇帝之后，那些昔日的穷哥们就自然少不了要到京城来找他。他们总是在想，自己与朱元璋是从小一起玩大的，朱元璋怎么也得念在昔日共同受罪的情分上，给他们封个一官半职吧。但是他们万万没有想到的是，朱元璋现在身为一国之君，最忌讳的就是别人揭他的老底，因为这样会有损于皇上的威严。

有位跟朱元璋从小一起光屁股长大的好友，千里迢迢从老家凤阳赶到南京来见朱元璋，费了好大的周折，总算进了皇宫。一见到朱元璋，这位老兄便不顾周围还站着众多文臣武将，冲着朱元璋大叫大嚷起来："哎呀，朱老四，如今你当了皇帝，可真是威风啊！你还认识我吗？当年咱俩可是一块儿偷豆子吃，背着大人，用瓦罐煮豆子。豆子还没煮熟呢，你就先抢了起来吃，结果把瓦罐都打烂了，瓦罐撒了一地。你当时吃得太急了，豆子都卡在嗓子眼儿里了，还是我帮你弄出来的。怎么，你不记得啦！"

这位老兄还在那儿喋喋不休地唠叨个没完，而宝座上的朱元璋却再也坐不住了。在朱元璋看来，这个人也太不知趣了，居然当着文武百官的面揭自己的短，而且自己现在是皇帝了，他这样说，让自己的脸往哪儿搁。盛怒之下，朱元璋下令将这个儿时的穷哥们杀了。

这位老兄就是说话不分场合，不注意听者的身份，随心所欲地说话，口无遮拦，结果将自己一步步推向了死亡的边缘。

谨慎开口，言多必失

晋武帝司马炎是统一三国、建立晋朝的开国之君，然而一提到他的继承人皇太子司马衷，他心中总觉得不是滋味。

司马衷实在才德均差。当他在洛阳皇城中看到那些饥肠辘辘的穷人时，竟然好奇地问："这些人为什么不吃肉呢？"由此可见这"阿斗"太子毫无社会知识，迟钝得近乎痴呆。

与太子相反，贾妃则是精明、果敢、早熟的人。她性妒忌而多权诈，太子既敬畏她，又盲目依附于她，因此，太子宫中的其他嫔妃侍御，极少有人能得到他的宠幸。然而一提到继统的这位皇太子，心中总有些不安。满朝文武大臣则都将对太子的异议藏在心底，无人敢明言。但是，在凌云台一次盛大的宴会上，功臣卫瓘忍不住了。他借酒装醉，一边摸索着靠近御座，一边酒话喃喃道："臣想对陛下谈一件事。"晋武帝说："卫公想说什么呢？"卫瓘几次欲言又止，只是用手抚摸着那御座，继续喃喃自语："这么精美绝伦的御座，多可惜啊！"皇帝心中明白：大臣是怀疑太子资质鲁钝，将来不能亲理政事。但是，聪明的武帝只是笑着说："卫公呀，你真的是喝醉了呀！"卫瓘自知劝谏无用，也就不再进言了。

作为太子的司马衷，对这一切毫无反应。而贾南风则因此对酒后吐真言的卫瓘恨得咬牙切齿，但她只能把这份怨恨隐藏在内心深处。因为从当时的形势上看，她还不具备抛头露面在复杂的权力斗争中与人角逐的实力。

司马炎一死，太子司马衷便沿例登上了皇位，贾南风利用皇后的地位想除掉卫瓘。她审时度势，周密分析各藩王之间关系的亲疏，权衡各家实力的强弱，终于选准了一个突破点：她发现司马亮与司马玮感情不和，而司马亮又与昔日借酒发过"御座可惜"慨叹的卫瓘交往密切。于是，贾南风决定拉拢司马玮，斗倒司马亮，同时除掉卫瓘。

永平元年6月，贾南风秘密指使心腹将密诏火速送到司马玮府中，诏称司马亮与卫瓘二人预谋篡夺皇位。司马玮遵照密旨率兵包围了司马亮和卫瓘府邸。司马亮被杀，卫瓘及其子孙9人同时遇害。

想必卫瓘至死也不明白自己的谋反之罪从何而来！他怎么能想到，这一切灾难都是因为"御座可惜"那一句话呢？

该闭嘴时就闭嘴

贺若敦是南北朝时期的晋国大将。此人平素自以为功高才大，不甘心居于同僚们之下，看到别人做了大将军，唯独自己没有被晋升，心中十分不服气，口中多有抱怨之词，决心好好大干一场。

不久，他奉命参加讨伐平湘洲战役，打了个胜仗之后，全军凯旋。这应该算是为国家又立了一大功吧，他自以为此次必然受到封赏，不料由于种种原因，他反而被撤掉了原来的职务，为此他大为不满，对传令史大发怨言。

晋公宇文护听说之后，十分震怒，把他从中州刺史上调回来，迫使他自杀。临死之前他对儿子贺若弼说：“我有志平定江南，为国效力，而今未能实现，你一定要继承我的遗志。我是因为这舌头把命都丢了，这个教训你不能不记住呀！”说完了，便拿起锥子，刺破了儿子的舌头，想让他记住这个教训。

斗转星移，光阴似箭，转眼几十年过去了，贺若弼做了隋朝的右领大将军，他没有记住父亲的教训，常常为自己的官位比他人低而怨声不断，自认为当个宰相也是应该的。不久，还不如他的杨素做了尚书右仆射，而他仍为将军，未被提拔，他气不打一处来，不满的情绪和怨言便时常流露出来。

后来，一些话传到了皇帝耳朵里，贺若弼被逮捕下狱。皇帝杨坚责备他说：“你这个人有三太猛：嫉妒心太猛；自以为是，自以为别人不是的心太猛；随口胡说、目无长官的心太猛。”因为他有功，不久也就被放了。他还不吸取教训，又对其他人夸耀他和皇太子之间的关系，说：“皇太子杨勇跟我之间情谊亲切，连高度的机密也都对我附耳相告，言无不尽。”

后来杨勇在隋文帝那里失势，杨广取而代之为皇太子，贺若弼的处境就可想而知了。

隋文帝得知他又在那里大放厥词，就把他召来说：“我用高颎、杨素为宰相，你多次在众人面前放肆地说'这两个人只会吃饭，什么也不会干'。这是什么意思？言外之意是我皇帝也是废物不成？”贺若弼回答说：“高颎是我的老朋友，杨素是我舅舅的儿子，我了解他们，我也确实说过他们不适合担当宰相的话。”这时因他言语不慎，得罪了不少人，朝中一些公卿大臣怕受牵连，都揭发他过去说的那些对朝廷不满的话，并声称他罪当处死。

隋文帝对贺若弼说：“大臣们对你都十分厌烦，要求严格执行法度，你自己寻思可有活命的道理？”贺若弼辩解说：“我曾凭陛下神威，率八千兵渡长江活捉了陈叔宝,希望能看在过去的功劳上,给我留条活命吧!"隋文帝说:"你将出征陈国时,对高颎说:'陈叔宝被削平,我们这些功臣会不会飞鸟尽,良弓藏?'高颎对你说:'我向你保证,皇上绝对不会这样。'是吧?等到消灭了陈叔宝,你就要求当内史,又要求当仆射。这一切功劳过去我已格外重赏了,何必再提呢?"贺若弼说:"我确实蒙受陛下重赏,今天还希望格外的赏我活命。"隋文帝考虑了一些日子,念他劳苦功高,只把他的官职撤了。

【原典】

令与心乖者废。

注曰:心以出令,令以心行。

王氏曰:"掌兵领众,治国安民,施设威权,出一时之号令。口出之言,心不随行,人不委信,难成大事,后必废亡。"

【译文】

命令同心意相违背,那么做事就会半途而废。

张商英注:心意是用来发布命令的,命令是用来贯彻心意的。

王氏批注:掌管将士和百姓,治理国家,安定民心,设置威势和权力,临时发出一道号令,却只是随口说说,心里并没有跟随着做。自己不能够被人信赖,一定很难做成大事,过后一定被废黜、灭亡。

【评析】

法规的制定必须要代表民心、民意,而法规的执行则要出于真心实意,如果二者相悖,则万事难成。有令不行,有禁不止,一般出于两种原因:其一是领导者不能以身作则,自己做不到反而要求别人那样去做。这种领导在单位里根本没有权威可言,而他的政策、制度也没有人会认真执行。其二是法规不得人心。《大学》说:如果政策法令违反了百姓的愿望,他们就不会听从。

【史例解读】

锐意改革则国强

赵武灵王是战国时赵国的一位奋发有为的国君,他为了抵御北方胡人的侵略,实行了"胡服骑射"的军事改革。改革的中心内容是穿胡人的服装,学习胡人骑马射箭的作战方法。其服上褶下绔,有貂、蝉为饰的武冠,金钩为饰的具带,足上穿靴,便于骑射。为此,他力排众议,带头穿胡服,习骑马,练射箭,亲自训练士兵,使赵国军事力量日益强大,而能西退胡人,北灭中山国,成为"战国七雄"之一。

相传,邯郸市西的插箭岭就是赵武灵王实行"胡服骑射"、训练士卒的场所。

战国时,今河套地区属赵之云中郡九原县地。杰出的社会改革家赵武灵王,曾一度君临北至阴山西达高阙塞的西北边疆地区。

赵武灵王即位的时候,赵国正处在国势衰落时期,就连中山那样的邻界小国也经常来侵扰。而在和一些大国的战争中,赵国常吃败仗,大将被擒,城邑被占。赵国眼看着要被别国兼并。

赵国地处北边,经常与林胡、楼烦、东胡等北方游牧民族接触。赵武灵王看到胡人在军事服饰方面有一些特别的长处:穿窄袖短袄,生活起居和狩猎作战都比较方便;作战时用骑兵、弓箭,与中原的兵车、长矛相比,具有更大的灵活机动性。他对手下说:"北方游牧民族的骑兵来如飞鸟,去如绝弦,是当今之快速反应部队,带着这样的部队驰骋疆场哪有不取胜的道理。"

为了富国强兵,赵武灵王提出"着胡服""习骑射"的主张,决心取胡人之长补中原之短。可是"胡服骑射"的命令还没有下达,就遭到许多皇亲国戚的反对。公子成等人以"易古之道,逆人之心"为由,拒绝接受变法。赵武灵王驳斥他们说:"德才皆备的人做事都是根据实际情况而采取对策的,怎样有利于国家的昌盛就怎样去做。只要对富国强兵有利,何必拘泥于古人的旧法。"赵武灵王抱着以胡制胡,将西北少数民族纳入赵国版图的决心,冲破守旧势力的阻碍,毅然发布了"胡服骑射"的政令。赵武灵王号令全国着胡服,习骑射,并带头穿着胡服去会见群臣。胡服在赵国军队中装备齐全后,赵武灵王就开始训练将士,让他们学着胡人的样子,骑马射箭,转战疆场,并结合围猎活动进行实战演习。

公子成等人见赵武灵王动了真，心里很不是滋味，就在下面散布谣言说："赵武灵王平素就看着我们不顺眼，这是故意做出来羞辱我们的。"赵武灵王听到后，召集满朝文武大臣，当着他们的面用箭将门楼上的枕木射穿，并严厉地说："有谁胆敢再说阻挠变法的话，我的箭就穿过他的胸膛！"公子成等人面面相觑，从此再也不敢妄发议论了。

在赵武灵王的亲自教习下，国民的生产能力和军事能力大大提高，在与北方民族及中原诸侯的抗争中起了很大的作用。从胡服骑射的第二年起，赵国的国力就逐渐强大起来。后来不但打败了经常侵扰赵国的中山国，而且夺取林胡、楼烦之地，向北方开辟了上千里的疆域，并设置云中、雁门、代郡行政区，管辖范围达到今河套地区。赵武灵王"胡服骑射"是我国古代军事史上的一次大变革，被历代史学家传为佳话。特别是赵武灵王以敢为天下先的进取精神，在中原王朝把少数民族看作"异类"的政治背景下，在一片"攘夷"的声浪中，力排众议，冲破守旧势力的阻挠，坚决实行向夷狄学习的国策，表现了作为古代社会改革家的魄力和胆识。赵武灵王不愧是一位值得后人纪念和效法的杰出历史人物。

【原典】

后令缪前者毁。

注曰：号令不一，心无信，其事毁弃矣！

王氏曰："号令行于威权，赏罚明于功罪，号令既定，众皆信惧，赏罚从公，无不悦服。所行号令，前后不一，自相违毁，人不听信，功业难成。"

【译文】

后到的命令与先到的命令不统一，那么做事就会失败。

张商英注：号令前后不一，就是心中没有信心而自我毁坏事业了。

王氏批注：命令指示由威势权利而发布，根据功劳罪过来奖赏或者惩罚，命令已经下达，大家都会崇奉惧怕。从大家利益出发奖赏或者惩罚，没有人不心悦诚服。所发布的命令前后不一，自相抵触，人们听到却不相信，功勋事业就难以做成。

【评析】

　　领导总是朝令夕改，变来变去，这样就会使下属无所适从，他们就会怀疑领导的权威与能力。任何制度在实行之前，一定要谨慎；公布后，除非出现致命的错误，否则一定不要变来变去。朝令夕改的领导，在心理上都是不成熟的表现，要么是太过刚愎自用，要么就是一种极度的自卑心理。但不论是哪一种情况，政令不统一或者朝令而夕改，都会使此前的努力付之东流。

【史例解读】

诚信方能立国

　　晋文公攻打原国，和大夫们约定十天做期限，要攻下原国，因此只携带了可供十天食用的粮食。可是十天了却没有攻下原国，晋文公便下令退军，准备收兵回晋国。

　　这时，有战士从原国回来报告说："再有三天就可以攻下原国了。"这是攻下原国千载难逢的好机会，眼看就要取得胜利了。晋文公身边的群臣也劝谏说："原国的粮食已经吃完了，兵力也用尽了，请国君再等待一些时日吧！"

　　晋文公语重心长地说："我跟大夫们约定了十天的期限，若不回去，就失去了我的信用啊！为了得到原国而失去信用，我办不到。"于是下令撤兵回晋国去了。

　　原国的百姓听说这件事都说："有君王像晋文公这样讲信义的，怎可不归附他呢？"于是原国的百姓纷纷归顺了晋国。

　　卫国的人也听到这个消息，便说："有君主像晋文公这样讲信义的，怎可不跟随他呢？"于是也向晋文公投降。

　　孔子听说了，就把这件事记载下来，并且评价说："晋文公攻打原国竟获得了卫国，是因为他能守信啊！"

【原典】

怒而无威者犯。

注曰：文王不大声以色，四国畏之。故孔子曰：不怒而威于斧钺。

王氏曰："心若公正，其怒无私，事不轻为，其为难犯。为官之人，掌管法度、纲纪，不合喜休喜，不合怒休怒，喜怒不常，心无主宰；威权不立，人无惧怕之心，虽怒无威，终须违犯。"

【译文】

盛怒而没有慑服人的力量，人家就敢于触犯他。

张商英注：周文王治国脸上不动声色，四周国家都畏惧他。孔子说："不用发怒，但其威严足以使百姓惧怕，就像惧怕斧钺等刑具的惩罚。"

王氏批注：内心如果公平正直，他的愤怒也不会有私心。做事情不轻率，他的行为就不会受到抵触。做官的人，掌管法律、秩序，不该高兴就别高兴，不该生气就别生气。喜怒无常，内心就不能够支配。威势和权力树立不起来，人民心里就不会恐惧害怕。虽然生气却不能够慑服人，终究会被冒犯。

【评析】

威严是一种内在的精神力量和崇高人格的外在表现。这种内在的力量，不怒自威。反之，表面上的虚张声势不但不能带来威严，相反，它无法掩盖内心的虚弱和苍白，这就是所谓的色厉内荏。

领导者都希望自己有威严，但威严不是发怒可以带来的效果，只有内心的公正、无私才会让人真心折服，这样才能带来真正的威严，周文王虽从不声色俱厉，但四邻国家都怕他，就是这个道理。

在企业中，虽然员工喜欢心慈手软的上司，但作为企业的管理者却应该用一些有力的手段治理企业自由散漫的风气，让员工不敢小视领导的权威，这样才能有效地管好员工，管好企业。

【史例解读】

有威则可畏

　　周平王是中国东周第一代王，姬姓，名宜臼。他是周幽王的儿子，母亲是幽王的正室申后。申后是申侯之女儿。

　　公元前771年，周幽王被犬戎杀死，都城镐京经犬戎侵袭，十分残破。太子宜臼受到申、许、鲁等诸侯的拥戴，在申即位，是为平王。为避犬戎，平王把都城从镐京东迁至洛邑。

　　周平王迁都洛邑后，周王朝的国力一落千丈，天子的权威也受到严重的挑战。

　　第一个挑战天子权威的就是郑庄公。因为郑国国力强盛，周平王为了讨好郑庄公，居然主动和郑庄公互换太子为人质，以示两国永久交好。周平王死后，在郑国做人质的太子也死了。太子的儿子得以即位，就是周桓王。

　　周桓王血气方刚，对自己的父亲客死郑国怀恨在心，加之也非常想摆一摆天子的架子，显露一下天子的权威，因此即位不久就罢免了郑庄公在朝廷上的卿相职位，郑庄公回到自己的封国，继续当诸侯国君。他不甘心，为了报复周桓王，派军队跑到洛邑边上给自己撒气，把周天子的麦子割了好几百亩。到了秋天，洛邑附近的小米也熟了，郑庄公故伎重演，又跑去洛邑抢小米。周桓王恼怒非常，但此时的周王朝国力已不及作为诸侯的郑国，只好睁一只眼闭一只眼，暂时忍耐了。

【原典】

好众辱人者殃。

　　注曰：己欲沽直名，而置人于有过之地，取殃之道也！

　　王氏曰："言虽忠直伤人主，怨事不干己，多管有怪。不干自己勾当，他人闲事休管。逞着聪明，口能舌辩，论人善恶，说人过失，揭人短处，对众羞辱，心生怪怨。人若怪怨，恐伤己之祸殃。"

【译文】

喜好正直的名声而当面去侮辱人家，自己必会遭殃。

张商英注：自己想要博取正直的名声，从而将别人置于有过失的境地。这是自取灾祸的途径。

王氏批注：话虽然诚恳却冒犯了君王，不满意的事情于己无关，过分干涉就会被责备。与自己的职位不相关的闲事不要去管。倚仗自己的聪明、能言善辩，谈论别人的好与坏、对与错，揭露别人的伤疤短处，当众羞辱他人，导致别人心里产生责怪怨恨的念头。别人如果责怪怨恨你，恐怕会有伤害你的祸事。

【评析】

严于律己，才能够不断提高自己的修养水平；宽以待人，不但可以赢得尊重和友谊，还能尽量不得罪人，不为将来埋下隐患。凡事多为别人设身处地想一想，不对可以原谅的人苛求责备，既能使对方知错就改，又会使他对你心存感激，予以回报。这实在是为人处世的大智慧。

【史例解读】

朱棣乱杀无辜

方孝孺是明朝建文帝最亲近的大臣，他也视建文帝为知遇之君，忠心不二。朱棣的第一谋士姚广孝曾跪求朱棣不要杀方孝孺，否则"天下读书的种子就绝了"，朱棣答应了他。南京陷落后，方孝孺闭门不出，日日为建文帝穿丧服啼哭，朱棣派人强迫他来见自己，方孝孺穿着丧服当庭大哭，虽然反复劝他归顺，不听。朱棣要拟即位诏书，大家纷纷推荐方孝孺，所以命人将他从狱中召来，方孝孺当众号啕，声彻殿庭，朱棣也颇为感动，走下殿来跟他说："先生不要这样，其实我只是效法周公辅成王罢了。"方孝孺反问："成王在哪里呢？"朱棣答说："已经自焚。"方孝孺问："为什么不立成王的儿子？"朱棣说："国家要依赖年长的君王。"方孝孺又说："为什么不立成王的弟弟？"朱棣说："这是朕的家事！"并让人把笔给方孝孺，说："写即位诏书这件事非先生不可啊！"方孝孺奋笔疾书，写下"燕贼篡位"几个字，掷笔于地,边哭边骂:"死即死耳,诏不可草。"朱棣发怒地说:"你难道不顾全你的九族了吗?"方孝孺奋然作答:"就算株连十族又能把我怎么样!"骂得更加起劲了。

朱棣气急败坏,恨他嘴硬,叫人将方孝孺的嘴角割开,撕至耳根。方孝孺血涕纵横,仍喷血痛骂,朱棣厉声道:"怎么能让你这么快就死掉呢?应当灭十族!"朱棣一面将他关至狱中,一面搜捕其家属,押解到京城,当着方孝孺的面一一杀戮。方孝孺强忍悲痛,始终不屈。

最终,朱棣就在九族之上又加一族,连他的学生朋友也因此而受牵连。这就是亘古未有的"灭十族",总计873人全部被凌迟处死,入狱及充军流放者达数千。

刘备不忍小恶杀张裕

《三国志周群传》中说过刘备"少须眉"。在古代,胡子、眉毛稀少,被认为是没有男子汉气概。

刘备刚来到西蜀时,嘲笑刘璋手下的官员张裕胡须茂盛,他说:"我老家涿县,姓毛的特别多,四面八方都是姓毛的,所以有人说:'诸毛绕涿居'。""涿"通"豖",就是"猪"的意思,这是骂张裕的嘴巴是猪圈。

张裕大怒,又不便发作,一抬头,看见刘备没长胡子,脑子一转,笑眯眯地回答:"从前有个人,是上党郡潞县的县令,后来调到你们涿县去当了县令。辞官回家后,给人写信,觉得不管写'潞君'还是'涿君',都体现不了自己的身份,于是落款'潞涿君'。""潞涿君"就是"露啄君",这叫作"以彼之道,还施彼身"。"潞涿"和"露啄"同音,这是嘲笑刘备嘴上无毛、下巴光光。

刘备没占到便宜,很是生气,但又不好发作,他把这口气忍在了心里。

后来刘备赶跑了刘璋,做了西川之主,张裕成为他的下属。刘备一直对他印象恶劣,终于找了个理由,给他治了个死罪。诸葛亮不知道张裕跟刘备这档子事,写信给刘备求情,说张裕是个人才,杀了可惜。刘备的回答也十分幽默:"芳兰生门,不得不鉏。"这话简直是给所有"聪明人"的一声当头棒喝。没分寸感的"聪明人",在哪里都很难有好下场,你还没法怪人家领导不识货。兰花是好东西,可是长得不是地方,挡了人家的道儿,能不给锄掉吗?

【原典】

戮辱所任者危。

注曰：人之云亡，危亦随之。

王氏曰："人有大过，加以重刑；后若任用，必生危亡。有罪之人，责罚之后，若再委用，心生疑惧。如韩信有十件大功，汉王封为齐王，信怀忧惧，身不自安；心有异志，高祖生疑，不免未央之患；高祖先谋，危于信矣。"

【译文】

对于自己任命的人杀戮侮辱，这样的统治是非常危险的。

张商英注：别人谈论他的统治灭亡时，危险也就伴随到来了。

王氏批注：臣子有大的错误，施加了严酷的刑罚，过后如果再任用，必然有灭亡的危险。犯法的人，惩处以后如果再委以重任，他心里就会产生猜疑和恐惧。比如韩信因为有大功十件，强迫刘邦封他为齐王。韩信心里怀有深深的恐惧，自身不能安宁，心里产生了叛离之心，被高祖刘邦所猜疑，因此有未央宫的悲惨结局。高祖谋划在先，使韩信感受到了不安全。

【评析】

作为一个领导，最难的事还是用人，尤其是一些重要的、关键的职位。用人存疑就会带来谗言和污蔑，随之而来的则是对自己信任的属下的侮辱和迫害。最终的结果，往往是伤害了有能力的下属，也同时危及自身的安全。

【史例解读】

项羽以"疑"防"疑"

项羽进驻咸阳后，大封天下，共分封了十八路诸侯，而这其中的许多受封者确是项羽不喜欢的。张良辅佐的韩王成就是其一。

原来，项羽一则恼怒张良辅佐刘邦，先于自己而进关中，张良是韩王的人，因此项羽就迁怒于韩王；再者，韩王在项羽的作战过程中，也确实毫无战功可言，特别是项羽一路西行向关中进军时，韩王成竟没有紧紧相随，这就表明韩王成对项羽不够忠心，对项羽是一种侮辱，因此项羽一定要侮辱韩王成一下。于是，在一个个诸侯被封了王，都回到自己的封地以后，项羽反而命令韩王成不必回到封地去，而是先同他一起回彭城，并且要求张良也一同前往，实际上，他是想把两人软禁在自己的身边。

项羽一度考虑废掉韩王成，而让吴县县令郑昌做韩王。多亏了张良在项羽面前千般解释、万般道理地告诫项羽，韩王成才免于被罢黜，并在被软禁一个月后，获得项羽许可，回到了韩国封地。

可是风云突变，刘邦突然起兵杀回关中，与项羽争夺天下。项羽考虑到不能让刘邦的势力继续扩大，特别是在西边的韩国，必须成为自己坚实的门户，自己需要完全掌控韩国。于是，闪念之间，他就下令立即诛杀韩王成，改立郑昌为韩王。

韩王的被杀，直接逼迫张良投靠刘邦，以后的事实证明，另立韩王，没能帮助项羽抵挡刘邦大军，而张良加入刘邦队伍却大大加速了项羽力量的消亡。

韩世忠巧计破金兵

南宋初期，高宗害怕金兵，不敢抵抗，朝中投降派得势。主战的著名将领宗泽、岳飞、韩世忠等坚持抗击金兵，使金兵不敢轻易南下。

公元1134年，韩世忠镇守扬州。南宋朝廷派魏良臣、王绘等去金营议和。二人北上，经过扬州。韩世忠心里极不高兴，生怕二人为讨好敌人，泄露军情。可他转念一想，何不利用这两个家伙传递一些假情报？等二人经过扬州时，韩世忠故意派出一支部队开出东门。二人忙问军队去向，回答说是开去防守江口的先头部队。二人进城，见到韩世忠。忽然一再有流星庚牌送到，韩世忠故意让二人看，原来是朝廷催促韩世忠马上移营守江。

第二天，二人离开扬州，前往金营。为了讨好金军大将聂呼贝勒，他们告诉他韩世忠接到朝廷命令，已率部移营守江。金将送二人往金兀术处谈判，自己立即调兵遣将。韩世忠移营守江，扬州城内空虚，正好夺取。于是，聂呼贝勒亲自率领精锐骑兵向扬州挺进。

韩世忠送走二人，急令"先头部队"返回，在扬州北面大仪镇的二十多处设下埋伏，形成包围圈，等待金兵。金兵大军一到，韩世忠率少数兵士迎战,边战边退,把金兵引入伏击圈。只听一声炮响,宋军伏兵从四面杀出,金兵乱了阵脚,一败涂地,先锋被擒,主帅仓皇逃命。金兀术大怒,将送假情报的两个投降派囚禁起来。

【原典】

慢其所敬者凶。

注曰:以长幼而言,则齿也;以朝廷而言,则爵也;以贤愚而言,则德也。三者皆可能,而外敬则齿也、爵也,内敬则德也。

王氏曰:"心生喜庆,常行敬重之礼;意若憎嫌,必有疏慢之情。常恭敬事上,急慢之后,必有疑怪之心。聪明之人,见急慢模样,疑怪动静,便可回避,免遭凶险之祸。"

【译文】

以怠慢轻侮的态度对待应该尊敬的人,这样的人必定是一个凶恶残暴的人。

张商英注:从长幼顺序来说要尊敬年长的人,从朝廷来说要尊敬有爵位的人,从贤愚来说要尊敬有德的人。这三种人都值得尊敬。而行为上要尊敬年长的人、有爵位的人,内心里要尊敬有德的人。

王氏批注:心里欢喜快乐,时时施行恭敬尊重的礼仪。感情上如果憎恶嫌弃,必然会显露出疏远怠慢的表情。时时谦恭有礼地侍奉君主,如果君主淡漠、不恭敬,那一定是内心产生了猜疑责备的想法。聪明的人,见到淡漠的表情,听到猜疑的声音,就设法躲避,以免遭遇危险可怕的祸事。

【评析】

对从前尊重的人或者帮助过自己的人,如今对他们却慢慢懈怠了,说明这个人的雄心大志已经懈怠了,意志已经渐渐衰退了。这是很危险的事情。

一些人非常有权有势,我们有求于他,那么为了自己的利益自然要尊重他,但时间长了,可能认为用不着他了,就慢慢疏远了。但危险也在这里,漫漫人生路，我们不知道什么时候还会需要人家的帮助，临时抱佛脚往往就没有用了。所以，应该经常性地保持以往的敬意，不忘记你以前曾经尊敬过的人，不管你今天的地位发生了怎样的变化。

【史例解读】

项羽错杀义帝

项羽杀死义帝，给了刘邦一个冠冕堂皇的借口。刘邦打着为义帝复仇的旗号，讨伐项羽，使项羽在政治上陷于被动。其实，刘邦要做皇帝，即使项羽不杀义帝，他也一定会除掉义帝。项羽杀义帝等于为刘邦登基扫清了一个障碍，同时又成为刘邦讨伐项羽的借口。项羽的政治幼稚在此表现得也相当明显。

项梁起兵反秦之后，主动权完全掌控在自己手中。但是，范增错误地总结了陈胜失败的教训，认为其失败的原因是不立楚国君王之后，要求项梁立楚王的后代为王。项梁采纳了范增的意见，立楚怀王的孙子熊心为楚王，仍号称怀王。

项羽后来大封天下时，在如何处理"义帝"怀王的问题上，颇费心思。最开始，项羽召集众将，告诉他们：楚怀王是我家项梁所立的。三年反秦斗争，怀王没有任何功劳，他怎么能够主持盟约呢？真正打江山的是你们大家和我。

因此，项羽把怀王排斥在了大分封名单之外，流放到江南，最后又派人偷偷杀死了他，沉尸江中。诛杀怀王，是项羽在政治上的一大败笔。

公元前205年3月，刘邦第一次出关到达洛阳，新城三老董公建议刘邦为义帝发丧，公开讨伐项羽。刘邦接受了这个建议，为义帝发丧，还脱掉衣袖放声大哭，整整为义帝哭祭了三天，并派使者遍告天下诸侯："义帝是天下的共主，如今项羽先则流放义帝，继则将义帝杀害，这是大逆无道之举。希望天下的诸侯能够与我一道讨伐诛杀义帝的逆贼。"诛杀义帝，成为项羽在政治上陷于被动的一个重要原因，同时也成为刘邦在政治上打击项羽的一面正义的旗帜。

朱元璋不念旧情除功臣

朱元璋于公元1368年得天下，公元1381年统一中国。战场上的硝烟还未散尽，朱元璋就对功臣发动有计划的屠杀。

1380年，"有人"告发宰相胡惟庸谋反，说他企图勾结东方大海中的日本，准备在宴会上杀掉朱元璋。朱元璋把胡惟庸剐了两千多刀（鱼鳞剐），屠灭三族。10年后，朱元璋的迫害狂又犯了，宣称发现已死了的胡惟庸的新阴谋和新同党，于是展开全面逮捕，连朱元璋最尊敬的开国元老，朱元璋的儿女亲家——77岁的李善长也包括在内，共杀死了两万余人。朱元璋还煞有介事地为这次大屠杀编撰了一本书，名《奸党录》，附录李善长的供词，全国每个官吏人手一本，令其人人自危。

公元1393年，朱元璋发动第二次屠杀。"有人"告发大将蓝玉谋反，蓝玉下狱，在酷刑下"召认"准备发动兵变。蓝玉被凌迟处死，屠灭三族。根据"口供"（在灭绝人性的酷刑下，要什么口供就有什么口供）牵引，屠杀两万余人，其中有一个公爵，十三个侯爵，两个伯爵。刑场上的鲜血大概能汇成一条小溪了。朱元璋又为这次大屠杀编撰了一本书，名《逆党录》，昭告全国。

在朱元璋统治时期，朝中人人自危，每时每刻都担心飞来横祸，官员们每天早上入朝，即跟妻子诀别，到晚上平安归来，合家才有笑容。

李善长是朱元璋的第二大谋臣和功臣，和朱元璋是儿女亲家。但朱元璋对他仍不放心，必欲去之而后快。恰好其弟李存义和胡惟庸联姻，朱元璋便借此大做文章，系指使坐罪胡惟庸案的丁斌（李善长的私亲）告发李存义曾私通胡惟庸谋反。狱吏对李存义父子施以重刑，二人熬刑不过，只好按狱吏的主意（实则是朱元璋的主意）"承认"是奉了李善长的指使，那时一班朝臣，悉承意旨，联章参劾善长，统说是大逆应诛，一桩"谋反案"就此制造出来。此时朱元璋还要故作姿态，说李善长是大功臣，应法外施恩。偏偏太史又奏言星变，只说此次占象，应在大臣身上，须加罚殛，于是太祖遂下了严旨，赐善长自尽。此时李善长已77岁，所有家属七十余人，尽行处斩。只有一子李祺，娶临安公主，得蒙免死，流徙江浦。既说占象应在大臣，则善长一死足矣，何必戮及家属多至七十余人，可见都是事先安排好做戏给人看的。外如吉安侯陆仲亨，延安侯唐胜宗，平凉侯费聚，南雄侯赵庸，江南侯陆聚，宜春侯黄彬，豫章侯胡美，荥阳侯郑遇春等，一并押赴刑场处斩。

【原典】

貌合心离者孤。

王氏曰："赏罚不分功罪，用人不择贤愚；相会其间，虽有恭敬模样，终无内敬之心。私意于人，必起离怨；身孤力寡，不相扶助，事难成就。"

【译文】

表面上关系很密切而实际上怀有二心的人，必定是非常孤立的人。

王氏批注：奖赏和惩罚不根据功劳罪过的实际情况实施，任用臣下也不分辨贤能还是愚昧。君臣相会的时候，虽然举止上谦恭有礼的模样，却终究没有发自内心的恭敬之情。对人有私心，臣下就会产生怨恨和背离的念头。一个人的力量是单薄的，没有其他人的扶持帮助，是难以做成大事的。

【评析】

貌合神离，其势必孤，其力必散，其事必败，所以说："三人同心，其利断金。"领导者最大的悲哀，就是他的团队貌合神离，同床异梦，大家各有各的小算盘。这样的领导什么事也做不成。我们都知道任何不朽的工程，都是众人合作的成果，能够团结多少人，就能做多大的事情。《吕氏春秋》说：千人同心，就有千人的力量。万人异心，还不如一个人有用。

【史例解读】

同床异梦，其势必孤

楚汉相争期间，刘邦可谓得"道"多助，而项羽则失"道"寡助，本来项羽旗下，文有范增，武有英布，二人均为不世之才，项羽对此二人，却是用而不信，可谓貌合神离。范增屡屡献策，项羽多不采纳。陈平施离间之计，范增饮恨离开项羽。紧接着，刘邦又把英布游说到自己这方来。

最初，齐王田荣反楚，项羽命令手下大将英布出兵，在齐地会师合攻齐。英布称病不去，只派了四千兵去助阵。而在此之前，英布又曾在楚汉彭城大战时袖手，新仇旧怨，让项羽开始对英布不满。

刘邦知道英布和项羽貌合神离后，派出能员隋何去策反英布。隋何一见到英布，就分析情势，晓以利害，英布被他说动了，暗中同意背楚投汉。

这时，刚好项羽又派使者来，催促英布发兵一起攻齐。隋何听到项羽使者来，就感觉苗头不对，英布虽然和他有默契，但英布为人反复，万一在项羽的压力下生变，不但前功尽弃，自己也因为身在"敌营"而有生命之忧。事不宜迟，他便立刻闯进英布营帐中，态度倨傲地对项羽使者吼道："九江王（项羽给英布的封号）已经归顺了大汉，你们楚国凭什么向我们汉将征兵！"

这一吼，可真是神来之笔，等于把默契公开化，迫使英布的动向明朗化，让英布没有了反复的空间。

这一吼，英布当场呆住，使者也气得起身走人；趁英布还没有回过神来，隋何再度逮着时机，打蛇七寸上，立刻对英布说："事情既然曝光，得赶快杀了使者，以免他回去通报；否则把项羽大军引来，大家都麻烦！"

这时候的英布，已经没有犹疑的余地，立刻杀了使者。策反英布终于完成，项羽被彻底孤立了。

【原典】

亲谗远忠者亡。

注曰：谗者，善揣摩人主之意而中之；忠者，推逆人主之过而谏之。合意者多悦，逆意者多怨；此子胥杀而吴亡；屈原放，而楚灭是也。

王氏曰："亲近奸邪，其国昏乱；远离忠良，不能成事。如楚平王，听信费无忌谗言，纳子妻无祥公主为后，不听上大夫伍奢苦谏，纵意狂为。亲近奸邪，疏远忠良，必有丧国、亡家之患。"

【译文】

亲近并听信谗臣、疏远并残害忠臣的君主，必定会招致国家的灭亡。

张商英注：进谗言的人善于揣测君主的意图而去迎合他的心意，进忠言的人只是抨击君主的过失而且劝谏他的过失。合于自己的心意，君主大多会高兴；违背自己的意愿，君主大多会发怒。这就是伍子胥被杀戮而吴国灭亡、屈原被放逐而楚国灭亡的原因。

王氏批注：亲近奸佞邪恶的小人，国家就昏庸混乱；远离忠臣良将，就做不成事业。比如楚平王，听信了费无忌的谗言，把原本许配给太子的秦国无祥公主纳为己有，立为王后，又不听上大夫伍奢的苦心规劝反而杀掉他，放纵欲望胡作非为。

亲近奸邪小人，远离忠臣良将，一定会有国家灭亡的危险。

【评析】

谗言是小人的专利，忠言是正直者的丰碑。其实，哪一个领导都知道"亲谗远忠"的后果，可就是做不到，因为人都有爱听好话、爱被吹捧的本性，说真话、批评人难以被人接受。历史上因此而败亡的人数不胜数。今人应以史为鉴，特别作为企业的管理者应该对员工有所监督，不要被五花八门的恭维之词夸晕了头，否则，受影响的是企业或管理者本人。

【史例解读】

平王听信谗言杀无辜

春秋时期，楚平王派太子少傅费无忌到秦国为太子建娶妻。费无忌发现那个秦国女子美貌非凡，为了讨好平王，他让平王把秦国女子留下，为太子另娶一个。太子建本来就不喜欢费无忌，自从发生此事后就更远离了费无忌，而是与太子太傅武奢关系密切。费无忌索性离开太子留在了平王身边。

他担心太子有朝一日继了位，自己的人头可能不保，便开始在平王面前诋毁太子："因为秦女之事，太子对您心生怨恨，现在又被您派往边防驻守，更对您恨之入骨。他一面广结诸侯，一面加紧练兵，时刻准备篡权夺位呢。"平王将武奢召来询问。武奢是楚庄王的大臣武举的后代，历代以直言敢谏著名。武奢知道费无忌是个祸害，他劝平王："大王不要听信小人的挑拨，怀疑自己的亲骨肉啊！愿大王亲贤臣，远小人，发扬光大先王的事业，振兴楚国，重回霸主地位。"为此，平王没有为难太子建。

费无忌见平王没有什么动静，准备冒险一搏。他对平王撒谎说："太子见武奢被大王召回宫中，已经准备派兵进京了！大王如果还不制止，恐怕您的王位难保了。"

平王的位子本来就来的不光彩，他最怕的就是被赶下台。听了费无忌添油加醋的一番话，平王下令：囚禁武奢，杀死太子。

费无忌又给平王出主意：用武奢作人质，引诱他的两个儿子武尚、武员回来再一起杀掉。结果，武奢和武尚遭到五马分尸，武员（就是伍子胥）艰难逃到吴国，发誓一定要灭掉楚国，以雪家耻。

十几年后，伍子胥最终帮助吴王阖闾攻破郢都，挖空平王坟墓，鞭尸三百。平王遗体受辱，而楚国也被吴国占领三年之久。

忠言逆耳利于行

卫鞅做秦国的宰相，变法图强，秦孝公嘉奖他的功劳，封为侯，号商君。卫鞅很得意，自以为功劳超过了以前的五谷大夫，家臣都吹捧他向他祝贺。只有赵良劝他说："一千个人说你好，不如一个人说真话。五谷大夫做穆公宰相的时候，三次安排晋国的君主，兼并了二十多个国家。但他自己很廉洁，夏天不张伞盖，去参加劳动也不骑马。他死的时候，老百姓就和死了爹妈一样，现在您做秦的宰相已经8年了，法令虽然得以执行，但杀戮得太多，刑罚太严苛了。人民只见到威严，见不到利益；只知道利益，不知道仁义。而且，太子和你有矛盾，为什么不推荐别的贤者代替自己而求得自己的安全呢？"卫鞅听了很不高兴，把他赶走了。5个月之后，太子即位，逮捕了卫鞅，并对他五马分尸。

蜀汉后主刘禅在即位5年后，诸葛亮率军北上，走之前上《出师表》说："亲贤臣，远小人，此先汉所以兴隆也。亲小人，远贤臣，此后汉所以倾颓也。"诸葛亮死后，姜维继承他的遗志，但才能不如诸葛亮。刘禅恰恰亲近小人，不听忠言，姜维很担心，不敢进成都。不久，晋讨伐蜀国，刘禅投降。

【原典】

近色远贤者昏。

注曰：如太平公主、韦庶人之祸是也。

王氏曰："重色轻贤，必有伤危之患；好奢纵欲，难免败亡之乱。如纣王宠妲己，不重忠良，苦虐万民。贤臣比干、箕子、微子，数次苦谏不肯；听信怪恨谏说，比干剖腹、剜心，箕子入宫为奴，微子佯狂于市。损害忠良，疏远贤相，为事昏迷不改，致使国亡。"

【译文】

亲近女色、疏远贤人，必定是个糊涂的君主。

张商英注：太平公主、韦庶人发动的祸乱，就是这样的事情。

王氏批注：喜好女色，轻视贤良大臣，就一定有灭亡的隐患。喜好奢侈放纵欲望，就难以避免失败流亡的动乱。比如商纣王宠信妲己，不重视忠良臣子，残酷压迫百姓。比干、箕子、微子几次规劝都不肯听，反倒听信责怪怨恨的话，把比干的肚子豁开，把心脏挖了出来；把箕子囚进宫廷做奴才，逼得微子在街市上假装发疯。摧残折磨忠厚诚实的人，疏远贤明的大臣，做事情昏暗糊涂不知悔改，最终使国家灭亡。

【评析】

《诗经》说：好男人能够成就一座城，漂亮的女人能够毁了一座城。我国古代由于贪恋美色而招致亡国的例子比比皆是，夏朝、周朝的灭亡便是铁证。历史的教训是深刻的，女色在使人快乐的同时，也消磨人的志气，使人丧失理智，失败的根源就在这里开始萌芽了。所以，对于人生男女之大欲，要适可而止，不能无止境地贪求。

【史例解读】

近美色功业难成

东汉昭宁元年，并州牧董卓率兵入洛阳，废少帝，立献帝，独揽朝中大权。曹操、袁绍起兵反抗后，董卓又挟持献帝到长安，自任太师。

司徒王允对董卓的残暴专横十分不满，想除掉董卓，为民除害，但苦于无计可施。王允家有一个歌伎名叫貂蝉，貌若天仙，能歌善舞。王允平时把貂蝉当成女儿看待，貂蝉一直想报答王允的养育之恩。于是，王允和貂蝉商量了一个除掉董卓的计策。

次日，王允将一些家藏珍宝送给董卓的义子吕布。吕布非常高兴，亲自往王允府中拜谢。王允设宴招待吕布，酒过三巡之后，请貂蝉出来给吕布斟酒。吕布一看，立即惊呆了，只见貂蝉：秋水为神玉为骨，芙蓉如面柳叶眉，分明月殿瑶池女，人间尘埃难容身。王允看出了吕布的心思，说道："这是我的养女貂蝉。将军若不嫌弃，我送小女给将军作妾，不知将军意下如何？"吕布立刻向王允拱手说："岳父在上，受小婿一拜！"王允慌忙把吕布扶起，说："早晚择个吉日，我把貂蝉送到将军的府上。"吕布再三谢过王允，高兴地去了。

过了两天，王允又请董卓到家中饮酒。

席间，王允请貂蝉出来跳舞。董卓是个老色鬼，他被貂蝉的美貌和舞姿迷住了。王允乘势说："要是太师不嫌她貌丑，就带她回去做个丫头吧！"董卓非常高兴，当夜便把貂蝉带回家。

吕布听说此事，气冲冲地找王允算账。

王允哭丧着脸说："是太师派人把貂蝉接走的，说马上给你们成亲。将军千万别怪罪于我啊！"

第二天，吕布在太师府的后花园见到了貂蝉。貂蝉说："我生是将军的人，死是将军的鬼，望将军早日救我出虎口。"两个人抱头痛哭。正在这时，董卓来了。吕布吓得扔下貂蝉就跑，董卓抄起画戟直追，眼看追不上，便将画戟掷了过去。吕布拨开飞来的画戟，飞也似的跑出园门。貂蝉扑到董卓的怀里，哭泣地说："我在后花园看花，吕布突然来调戏我，太师可得为我做主啊！"从此，董卓开始怨恨吕布。

吕布受了董卓的欺侮，忿忿不平。王允对他说："天下竟有如此寡廉鲜耻的人！董卓糟蹋我的女儿，夺走将军的妻子。我乃文官，只好忍气吞声，将军乃盖世英雄，怎能咽下这口气呢？"吕布叹了一口气说："我与他有父子名分，杀了他怕别人议论。"王允反驳道："将军姓吕，他姓董，本来就不是一家。再说他掷戟时，难道念及父子之情了吗？"吕布对天起誓，愿听王允的吩咐。

这天，董卓入宫时，被王允派去的刺客刺伤。董卓高叫："奉先在哪里？"吕布露面后不仅没救董卓，反而一戟扎穿了董卓的咽喉。吕布向众人宣

遵义章第五

布："皇上有诏只诛奸臣董卓，别人一概不问。"

赵立因色丢皇位

赵立，本名赵贵和，是燕王德昭的九世孙，沂王之子。因宁宗无后，故收胞弟沂王的儿子赵立为养子，虽未正式立为太子，但因皇子仅他一人，所以也是当然的皇位继承者。

史弥远内结杨皇后，外树党徒，权倾朝野，随心所欲。朝中大臣大都附和，虽有个把人不满，却也无力构成威胁，史弥远全不放在心中，但假若赵立不满就非同小可了。为了弄清赵立的底细，史弥远想了一计。

赵立平日并无其他喜好，只爱鼓琴，有好琴或善操琴者，必趋之若鹜。史弥远投其所好，物色了一个琴艺高超又风流俊俏的绝色女子，送给赵立，让她暗中窥伺赵立的动静，并及时报告。赵立得到这美人，非常宠爱，视为知音，虽知史弥远送美人必有所图，却并未防范。那女子又聪颖黠慧，善解人意，让赵立事事开心。因此赵立有什么机密并不避她，反而将她视为红颜知己，无所不谈。一天，赵立将杨皇后和史弥远的罪恶写成条款，逐条批驳，然后对那女子说："如此罪恶，必须发配八千里。"不过几天，又指着宫墙上挂着的地图说："等我将来做了皇帝，将流放史弥远到这里。"那美人表面不动声色，暗中却一丝不漏地报告给史弥远。史弥远一听，顿时出了一身冷汗，连着几晚睡不安稳，深感此患不除，自己将死无葬身之地，因此决心废掉赵立。

史弥远知道沂王的养子也有可能成为王位继承者，因此，很热心地为沂王物色养子，最终选宋太祖第十世孙赵与莒为沂王养子。赵与莒凝重沉稳，少年老成，深得宫中好评。史弥远又专门聘请高师教育，赵与莒更是言语合宜，举止得体。后来宁宗病重，史弥远假传圣旨，将赵与莒封为成国公，授武宁军节度使，赐名为昀。

这边史弥远"偷梁换柱"的工作紧锣密鼓，那边赵立还被蒙在鼓里，尽做将来登基的美梦。

宁宗驾崩，史弥远立即委派杨皇后的侄子杨谷石活动杨皇后，要废赵立立赵昀。这主意来得突然，杨皇后没有任何思想准备，并且她从未见过赵昀，不知赵昀底细，因此坚持不准。史弥远便一连七次派杨谷石去找杨皇后，一面讲赵立怎样对皇后不满，一面夸赵昀如何是国之大器。因为杨谷石巧舌如簧，杨皇后实在耐不住这份烦，便敷衍地说："你先将赵昀领来让我看看。"史弥远大喜，立即将赵昀引进。

杨皇后一见，赵昀仪表非凡，温和恭谨，自然非常喜欢；又加上二人均非皇上亲生，立谁不立谁本无太大区别，乐得送个人情。于是这场废赵立、立赵昀的阴谋便画上了圆满的句号。

赵立听说宁宗驾崩，满心喜悦地在家等着即位。可等他进朝时，才知皇位与自己无缘。后来史弥远又借他行为不轨、假传圣旨，将他赐死。

【原典】

女谒公行者乱。

王氏曰："后妃之亲，不可加于权势；内外相连，不行公正。如汉平帝，权势归于王莽，国事不委大臣。王莽乃平帝之皇丈，倚势挟权，谋害忠良，杀君篡位，侵夺天下。此为女谒公行者，招祸乱之患。"

【译文】

女子干涉大政，一定会有动乱。

王氏批注：后宫妃子的亲属，不可以授予他们权力、势力；如果授予了，朝廷内外相互勾结，就不会做公平正义的事情。比如汉平帝时期，权势全掌握在王莽手里，国家政事不委托给大臣。王莽是汉平帝的岳父，他倚仗势力掌握权力，设计谋害忠良臣子，杀死皇帝篡夺帝位，夺取了天下。这就是女子干涉国家朝政的例子，引来了变乱的祸患。

【评析】

枕边风起，天下必然大乱！这样的例子在中国古代太多了。其根本原因还是后宫干政，皇帝大权旁落，导致国家权利失控，实际行使权力者名不正言不顺，难以服人，难以治理国家，必然酿出灾难。

【史例解读】

吕后当权酿祸端

吕后是汉高祖刘邦的皇后。早年其父为避仇迁居沛县,将其嫁与刘邦。刘邦称帝后,被封为皇后。生子刘盈、女鲁元公主。她是中国历史上封建社会中第一个把持朝政的女性,也开了外戚专权的先河。

刘邦死后,刘盈即位,即汉惠帝,吕后便做了太后。因为惠帝软弱,吕后掌握了朝廷权力。吕太后为了强化自己的统治,在采取"无为而治"、巩固西汉政权的同时,首先打击诸侯王和政治上的反对派,重用其宠臣审食其。然后布置党羽,大封诸吕及所爱后宫美人之子为王侯。随后杀掉赵王刘友和梁王刘恢。右丞相王陵坚决反对封诸吕为王的政策,坚持高祖与大臣的盟约,"非刘氏而王,天下共击之"。吕太后不高兴,就让他担任皇帝的太傅,夺了他的丞相职权。王陵只得告病回家。吕太后又让审食其为左丞相,居中用事。陈平、周勃虽然不服,也只好顺从。审食其不处理左丞相职权范围内的事情,专门监督管理宫中的事务,像个郎中令,吕太后常与他决断大事,公卿大臣处理事务都要通过审食其才能决定。吕太后这些做法遭到刘氏宗室和大臣的激烈反对。

吕太后追封他已故的两个哥哥,大哥周吕侯吕泽为悼武王,吕释之为赵昭王,以此作封立诸吕为王的开端。吕后元年,封侄吕台为吕王,吕产为梁王,吕禄为赵王,侄孙吕通为燕王,追尊父吕文为吕宣王,封女儿鲁元公主的儿子张偃为鲁王,将吕禄的女儿嫁给刘章,封刘章为朱虚侯,封吕释之的儿子吕种为沛侯,封外甥吕平为柳侯。吕后二年,吕王吕台去世,谥号肃王,封其子吕嘉代吕台为吕王。吕后四年,又封其妹吕媭为临光侯,侄子吕他为俞侯,吕更始为赘其侯,吕忿为吕城侯。吕后先后分封吕氏家族十几人为王为侯。

吕后八年,吕太后病重,她临终前仍没有忘记巩固吕氏天下。她病危之时,下令任命侄子赵王吕禄为上将军,统领北军;梁王吕产统领南军,并且告诫他们:"高帝平定天下以后,与大臣订立盟约:'不是刘氏宗族称王的,天下共诛之。'现在吕氏称王,刘氏和大臣愤愤不平,我很快就要死了,皇帝年轻,大臣们可能发生兵变。所以你们要牢牢掌握军队,守卫宫殿,千万不要离开皇宫为我送葬,不要被人扼制。"

吕太后崩后留下诏赐给各诸侯黄金千斤,将、相、列侯、郎、吏都按官阶赐给黄金。大赦天下。让梁王吕产担任相国。让吕禄的女儿做皇后。由于吕后在政时期培植起一个吕氏外戚集团，从而加剧了汉统治阶级内部的矛盾，因此在她死后，马上就酿成了刘氏皇族集团与吕氏外戚集团的流血斗争。

【原典】

私人以官者浮。

注曰：浅浮者，不足以胜名器，如牛仙客为宰相之类是也。

王氏曰："心里爱喜的人，多赏则物不可任；于官位委用之时，误国废事，虚浮不重，事业难成。"

【译文】

私下将官职授于人，此人必定是浮浅的人。

张商英注：随波逐流的浮浅之人，不足以担负重大职务，像牛仙客担任宰相之类就是这样的事情。

王氏批注：打心里喜欢的人，如果用器物宝贝赏赐它，不足以表达自己的喜欢。如果授予他官职，则误了国家误了政事，浮而不实，做不成大事。

【评析】

设官任职，必须出于公心，这样才能网罗天下人才，共同完成大业。如果一个朝代出现任人唯亲，那就是走向下坡的开始，整个事业的根基就出了问题，政治腐败、社会动荡就会随之而来。

从历史上讲，"私人以官"的现象在中国是很普遍的，普天之下，既然莫非王土，那么官职也自然是皇家的专属品。除了正常的任命之外，还有很大的通融余地，想给谁就给谁。再加上中国人重情，当官的一动感情，就会把官职当礼品送给别人，而不考虑这个人是否是块当官的料。

《韩非子》说：不要给老虎插上翅膀，有了翅膀的老虎就会飞到城市里去找人吃，而让那些没有品德的小人做官，就等于给了他们势力，就是给老虎插上了翅膀。

【史例解读】

任人唯私，误国废事

东汉末年，"十常侍"一度掌握实权。"十常侍"指的是桓、灵时期12个宦官，他们是张让、赵忠、夏恽、郭胜、孙璋、毕岚、栗嵩、段珪、高望、张恭、韩悝、宋典，他们组成了宦官集团。

因为他们手中有权，所以就自相封赏，随意授官。他们的亲属、子弟、宾客布满天下，外则为郡守县令，内则任尚书九卿，甚至一些贿赂他们的地痞无赖，也得到一些官职。这些人横行乡里，贪如饕餮。张让有两个弟弟，一叫张舆，一叫张朔，分别担任了阳翟县和野王县的县令，在地方上贪赃枉法，滥杀无辜，张朔曾残杀孕妇。张让有一家奴，依仗其权势，为非作歹，富商孟佗竟然贿赂他，这个家奴问孟佗想要什么，孟佗说："我什么都不需要，只要你在众人面前拜我一拜。"家奴说这太好办了。一天，贿赂张让、要求他举荐的人填塞街巷，等在张让府前，孟佗故意来迟，这个家奴带领众奴前来接他，两旁宾客见此非常吃惊，以为孟佗与张让关系非同一般，纷纷用珍宝贿赂孟佗，以求举荐。孟佗将其受贿所得分送张让，张让荐他做了凉州刺史。赵忠的弟弟赵延，任京城守门校尉，和赵忠内外呼应，控制京师。真是一人得道，鸡犬升天。

物到极时终必反，多行不义必自毙，祸国殃民的"十常侍"绝不会永久得逞。灵帝死后，外戚何进独揽大权，他要尽杀宦官，遂紧急部署，这期间终因麻痹，走漏风声，何进被张让等所杀。而何进暗中调动的人马闻知何进被杀，蜂拥入城，大杀宦官，坏事做尽的"十常侍"终于得到了毙命的下场，东汉王朝也随之灭亡了。

【原典】

凌下取胜者侵。

王氏曰："恃己之勇，妄取强胜之名；轻欺于人，必受凶危之害。心量不宽，事业难成；功利自取，人心不伏。霸王不用贤能，倚自强能之势，赢了汉王七十二阵，后中韩信埋伏之计，败于九里山前，丧于乌江岸上。此是强势相争，凌下取胜，返受侵夺之患。"

【译文】

欺凌下属而获得胜利的，自己也一定会受到下属的侵犯。

王氏批注：仗恃自己的勇敢，狂妄地赢取强者美名；轻慢欺辱他人，必然受到凶险的危害。度量不够宽宏，事业难以成功。功名利益自己获得，人心不会屈服。项羽不任用贤臣能人，依靠自己的精明能干，取得了与刘邦交战的72次胜利，却在最后中了韩信的埋伏，九里山前打了败仗，最终死于乌江岸上。这就是过分地争取美名，依靠欺压臣属而取胜，却反过来遭遇被侵犯的祸患。

【评析】

在自然界中，由于地势的不同，会形成一个水压差，造成水向下流。在社会中，由于地位的不同，会形成职位上的差别，造成上级不好的情绪向下宣泄，这就是以势压人，以权欺人。如果遇到这样的领导，下属肯定会怀恨在心。诚如《孟子》里说："君之视臣如手足，则臣视君如腹心；君之视臣如犬马，则臣视君如国人；君之视臣如土芥，则臣视君如寇仇。"

【史例解读】

宽容对待下属

魏征以"犯颜直谏"而闻名。他那种"上不负时主，下不阿权贵，中不侮亲戚，外不为朋党，不以逢时改节，不以图位卖忠"的精神，千百年来，一直被传为佳话。

有一次，魏征和唐太宗因讨论问题发生了争执，魏征毫不客气地顶撞了唐太宗，唐太宗气得当场退朝。回宫后，唐太宗余怒未消地对皇后说："迟早我要杀掉这个乡下佬！"

长孙皇后忙问："要杀谁？"

唐太宗说："魏征竟敢当众说我的不是，常常当面顶撞我，使我下不了台，有损帝王的尊严。"

长孙皇后听说后就退出去穿上礼服再进来，向唐太宗道贺道："君主圣明，臣下才敢直言进谏，魏征敢于当面顶撞陛下，说明陛下是圣明之君，臣妾怎能不向陛下祝贺呢？"

唐太宗听了皇后委婉的批评和规劝，怒气顿消，清醒地认识到虚心纳谏对于天下兴亡的重要性。

由于魏征能够犯颜直谏，即使太宗在大怒之际，他也敢面折廷争，从不退让，往往使唐太宗感到难堪，下不了台。不过事后唐太宗能认识到，魏征极力进谏，是为了使自己避免过失。因而先后接受了魏征二百多次批评规劝。

魏征常常顶撞太宗，可太宗还是很喜欢他、尊重他，因为太宗知道魏征是为他好，是为江山社稷的长远利益考虑。如果魏征顶撞的是隋炀帝，他有10个脑袋也不够砍。

雍正皇帝常对他的臣下说：凡是有些真才实学的人，因为他们有才识有主见而敢于顶撞，难以驾驭，这些人也有恃才傲物不拘小节的毛病，但治理国家最终要靠这样的人，对他们应当爱惜、教诲，而绝不能因为见解不同就抛弃不用，甚至加以迫害摧残。

【原典】

名不胜实者耗。

注曰：陆贽曰"名近于虚，于教为重；利近于实，于义为轻。"然则，实者所以致名，名者所以符实。名实相资，则不耗匮矣。

王氏曰："心实奸狡，假仁义而取虚名；内务贪饕，外恭勤而惑于众。朦胧上下，钓誉沽名；虽有名、禄，不能久远；名不胜实，后必败亡。"

【译文】

所享受的名声超过自己的实际才能，精力很快就会耗竭。

张商英注：唐朝宰相陆贽说："名声接近于空虚，对于教化来说是重要的；利益接近于实际，对于道义来说是次要的。既然这样，那么实际就是获得名声的办法，名声就是符合实际的称呼。名声与实际相符合，那么力量就不会耗竭了。

王氏批注：心术狡猾狡诈，假借仁义而给自己赢得虚名；对内处理事物时，贪婪索取，对外摆出一副恭敬勤劳的样子以迷惑众人。欺瞒君主，蒙蔽下属，沽名钓誉。虽然现在有美名、有俸禄，一定不会长久。名声超过实际才能，最后一定失败灭亡。

【评析】

　　历史上名气和实际才能不相符的人很多，有的名气很大，但才能不够；有的没有名气，但很有本事。后者一般往往能取得大的成就，而那些名不副实的人，即使得到了显赫的头衔和很大的名声，也是不祥之兆，最后必然导致灭亡。

　　在这个竞争日趋激烈的年代，要想谋求事业，真才实学是前提，有了真才实学才能保证谋求心仪的职位；才能保证自己在工作岗位上充分发挥才华；才能保证在竞争激烈的人才大潮中占有一席之地。而那些没有真才实学的人，即使得到了显赫的地位和令人羡慕的名声，最终必然得到恶果。因为他的能力担负不起他的地位所应该担负的重任，只能为名所累，害人害己。

【史例解读】

名过其实的诸葛瞻

　　三国时期，魏国派大将邓艾偷袭蜀军，蜀汉刘禅拜诸葛瞻为将，统领7万大军拒敌。诸葛瞻为诸葛亮的独子，有其父必有其子，蜀国上下对诸葛瞻的期望非常高。可惜，诸葛瞻的7万人马在与邓艾的3万魏军大战三次后，就彻底失败了，诸葛瞻父子也以身殉国。这次失败使成都空虚，后主刘禅不得不出城投降，蜀汉随之灭亡。

　　诸葛瞻虽是诸葛亮的独子，却是在诸葛亮47岁那年才出生的。此后几年，诸葛亮一直在紧张的攻魏战争中奔走驱驰，呕心沥血，无暇过问诸葛瞻的学业。到建兴12年诸葛亮病逝五丈原时，诸葛瞻年仅8岁。虽说他"聪慧可爱"，但毕竟还是一个不懂事的小孩，还来不及继承父亲的文韬武略。不久，其母黄夫人也撒手人寰，给予他的指导也很有限。此后，诸葛瞻一直在功德盖世的父亲的巨大福荫之下，生活在特别优裕的环境之中。后主刘禅因为尊崇诸葛亮，在他17岁时，把公主许配给他，拜他为骑都尉，并不断升迁，屡加重任，直至官居行都护；蜀中百姓因为怀念诸葛亮，也对他特别抱有好感，把朝廷的每一善政佳事都算上他一份功劳。这就使得他"美声溢誉，有过其实"。而事实上，他本身学识不足，而且既缺乏处理政务的锻炼，也没有带兵打仗的经验，远远不能望其父之项背。所以，到了关键时刻，他实在无法支撑危局。

赵括徒有虚名

公元前262年，秦昭襄王派大将白起进攻韩国，占领了野王（今河南沁阳）。截断了上党郡（今山西长治）和韩都的联系，上党形势危急。上党的韩军将领不愿意投降秦国，打发使者带着地图把上党献给赵国。

赵孝成王（赵惠文王的儿子）派军队接收了上党。过了两年，秦国又派王龁围住上党。

赵孝成王听到消息，连忙派廉颇率领二十多万大军去救上党。他们才到长平（今山西高平县西北），上党已经被秦军攻占了。

王龁还想向长平进攻。廉颇连忙守住阵地，叫兵士们修筑堡垒，深挖壕沟，跟远来的秦军对峙，准备作长期抵抗的打算。

王龁几次三番向赵军挑战，廉颇说什么也不跟他们交战。王龁想不出什么法子，只好派人回报秦昭襄王，说："廉颇是个富有经验的老将，不轻易出来交战。我军老远到这儿，长期下去，就怕粮草接济不上，怎么好呢？"

秦昭襄王请范雎出主意。范雎说："要打败赵国，必须先叫赵国把廉颇调回去。"

秦昭襄王说："这哪儿办得到呢？"范雎说："让我来想办法。"

过了几天，赵孝成王听到左右纷纷议论，说："秦国就是怕让年轻力强的赵括带兵；廉颇不中用，眼看就快投降啦！"

他们所说的赵括，是赵国名将赵奢的儿子。赵括小时候爱学兵法，谈起用兵的道理来，头头是道，自以为天下无敌，连他父亲也不在他眼里。

赵王听信了左右的议论，立刻把赵括找来，问他能不能打退秦军。赵括说："要是秦国派白起来，我还得考虑对付一下。如今来的是王龁，他不过是廉颇的对手。要是换上我，打败他不在话下。"

赵王听了很高兴，就拜赵括为大将，去接替廉颇。

蔺相如对赵王说："赵括只懂得读父亲的兵书，不会临阵应变，不能派他做大将。"可是赵王对蔺相如的劝告听不进去。

赵括的母亲也向赵王上了一道奏章，请求赵王别派他儿子去。赵王把她召了来，问她什么理由。赵母说："他父亲临终的时候再三嘱咐我说，'赵括这孩子把用兵打仗看作儿戏似的，谈起兵法来，就眼空四海，目中无人。将来大王不用他还好，如果用他为大将的话，只怕赵军断送在他手里。'所以我请求大王千万别让他当大将。"

赵王说："我已经决定了，你就别管了。"

公元前260年，赵括领兵40万到了长平，请廉颇验过兵符。廉颇办了移交，回邯郸去了。

赵括统率着40万大军，声势十分浩大。他把廉颇规定的一套制度全部废除，下了命令说："秦国再来挑战，必须迎头打回去。敌人打败了，就得追下去，不杀得他们片甲不留不算完。"

那边范雎得到赵括替换廉颇的消息，知道自己的反间计成功，就秘密派白起为上将军，去指挥秦军。白起一到长平，布置好埋伏，故意打了几阵败仗。赵括不知是计，拼命追赶。白起把赵军引到预先埋伏好的地区，派出精兵25000人，切断赵军的后路；另派五千骑兵，直冲赵军大营，把40万赵军切成两段。赵括这才知道秦军的厉害，只好筑起营垒坚守，等待救兵。秦国又发兵把赵国救兵和运粮的道路切断了。

赵括的军队，内无粮草，外无救兵，守了四十多天，兵士都叫苦连天，无心作战。赵括带兵想冲出重围，秦军万箭齐发，把赵括射死了。赵军听到主将被杀，也纷纷扔了武器投降。40万赵军，就在纸上谈兵的主帅赵括手里全部覆没了。

【原典】

略己而责人者不治。

王氏曰："功归自己，罪责他人；上无公正之明，下无信、惧之意。赞己不能为能，毁人之善为不善。功归自己，众不能治；罪责于人，事业难成。"

【译文】

宽于律己却严于律人的人，必然不会治理好国家。

王氏批注：功劳归于自己，过失让他人承担。居高位的人没有公平正直的睿智，居低位的人就没有信服惧怕的心思。夸耀自己算不上能耐，诋毁他人称不上好事。功劳独有，就不能治理他们，推脱责任，就做不成大事。

【评析】

贪功委过的领导最让下级看不起。单位里一旦出了问题，领导会把自己的责任推得一干二净，而对别人的问题，会拿放大镜去看。遇上这样的领导，还是走为上策，因为这个单位是搞不好的。

领导者主动承认错误、承担责任是明智而勇敢的表现，这样做不但能融洽人际关系、创造和谐氛围，而且能提高自己的威望、增进下属的信任。这也就是通常所说的"罪己术"。

【史例解读】

一视同仁

伍子胥向吴王阖闾推荐了正在吴国隐居的孙武。阖闾为检验孙武的带兵才能就下令将宫中美女180名召到宫后的练兵场，交给孙武去演练。

孙武把180名宫女分为左右两队，指定吴王最为宠爱的两位美姬为左右队长，让他们带领宫女进行操练，同时指派自己的驾车人和陪乘担任军吏，负责执行军法。

分派已定，孙武站在指挥台上，认真宣讲操练要领。他问道："你们都知道自己的前心、后背和左右手吧？向前，就是目视前方；向左，视左手；向右，视右手；向后，视后背。一切行动，都以鼓声为准。你们都听明白了吗？"宫女们回答："听明白了。"安排就绪，孙武便击鼓发令，然而尽管孙武三令五申，宫女们口中应答，内心却感到新奇、好玩，她们不听号令，捧腹大笑，队形大乱。孙武便召集军吏，根据兵法，斩两位队长。吴王见孙武要杀掉自己的爱姬，马上派人传命说："寡人已经知道将军能用兵了。没有这两个美人侍候，寡人吃饭也没有味道。请赦免她们。"孙武毫不留情地说："臣既然受命为将,将在军中,君命有所不受。"孙武执意杀掉了两位队长,任命两队的排头充当队长,继续练兵。

当孙武再次击鼓发令时,众宫女前后左右,进退回旋,跪爬滚起,全都合乎规矩,阵形十分齐整。孙武传人请阖闾检阅,阖闾因为失去爱姬,心中不快,便托辞不来,孙武便亲见阖闾。他说:"令行禁止,赏罚分明,这是兵家的常法,为将治军的通则。对士卒一定要威严,只有这样,他们才会听从号令,打仗才能克敌制胜。"听了孙武的一番解释,吴王阖闾怒气消散,便拜孙武为将军。

【原典】

自厚而薄人者弃废。

注曰:圣人常善救人,而无弃人;常善救物,而无弃物。自厚者,自满也。非仲尼所谓"躬自厚"之厚也。自厚而薄人,则人才将弃废矣。

王氏曰:"功名自取,财利己用;疏慢贤能,不任忠良,事岂能行?如吕布受困于下邳,谋将陈宫谏曰:'外有大兵,内无粮草;黄河泛涨,倘若城陷,如之奈何?'吕布言曰:'吾马力负千斤过水如过平地,与妻貂蝉同骑渡河有何忧哉?'侧有手将侯成听言之后,盗吕布马投于关公,军士皆散,吕布被曹操所擒斩于白门。此是只顾自己,不顾众人,不能成功,后有丧国、败身之患。"

【译文】

对自己宽厚,对别人刻薄的,一定会被众人遗弃。

张商英注:圣人常常善于救助别人而不抛弃别人,常常善于救助万物而不抛弃万物。自厚,就是自我满足,并不是孔子所说的"从厚责备自己"的"厚"。自我满足而且薄待别人,那么别人就将抛弃你了。

王氏批注:功名自己占据,财力自己享用;疏远怠慢贤能的臣子,不信任忠厚诚实的人,事业怎么能够成功呢?比如吕布被困下邳的时候,谋士陈宫对他说:"现在情况很不好,外面有大军围困,城内又无粮草,如今黄河水又在猛涨。城破之日该怎么办呢?"吕布说:"我的赤兔马,驮上千斤过河如履平地,我和妻子貂蝉骑马渡河而去,有什么发愁的?"吕布身旁一个供差遣的小将侯成听到了这句话,就偷走了赤兔马投奔了关羽,其他的人一听这话,一哄而散。吕布被曹操所擒获,白门斩首。这是说,只顾及自己,不顾及他人,注定不能够成功,最后还有国家灭亡、名誉丧失的危险。

【评析】

对待自己或者自己的亲属很宽容,但对下属或者别人就很刻薄、很吝啬,对自己的缺点过失千方百计找理由辩解,而对别人的小过错却不加体谅,这样的领导迟早要被孤立的,也成不了什么大事。

作为领导必须以身作则,无论做什么事情都要吃苦在前,享受在后,这样才能得到下属的尊敬和爱戴。如果本末倒置,享受在前,吃苦在后,视下属的利益于不顾,这样做无疑是挖自己的墙角,领导的高工资、高待遇,都是与下属息息相关的。所以,善待下属等于善待自己。

【史例解读】

吃苦在先,享受在后

田单是齐国的一位大将军,有一次,他决定率领部队去攻打狄国,临行前,去向鲁仲子请教对这次战争的看法。

田单问鲁仲子:"我准备带兵去攻打狄国,先生认为此行的结果会怎么样?"鲁仲子摇了摇头说道:"恕我直言,此次出击,不会顺利。"田单听到此话,虽然心中不快,却依然心平气和地问道:"此话怎讲?"鲁仲子说:"将军此番一定不能攻克城池。"

田单反问道:"上次攻打即墨,那么大的一个城池,我用的都是一些老弱残兵,尚且能打败千军万马的燕国,收复了齐国的失地。这次攻打如此小的一个狄国有什么难的呢?"说完,也不向鲁仲子告辞,拂袖而去。

田单率兵出发攻打狄国,一连苦苦战斗了三个多月,谁赢谁输仍然不见分晓。

而此时田单的队伍已经是人困马乏,精神萎靡,士气低落。

有一天，田单坐在军帐内，心中无比烦闷，突然听到帐外传来孩子们唱的童谣。他仔细听来，虽然没有听清全部的歌词，但歌词的大意却听明白了："田单的军队，装备很整齐，打仗却不行，长枪如同烧火棍，士兵无用像狗熊……"

田单听了这首歌，心里很纳闷为什么孩子们会这么唱，他越想越是坐立不安，在帐子里踱过来踱过去，最后决定还是去请教一下鲁仲子。

田单想起当初鲁仲子曾说过一定攻不下狄城的预见，心里对鲁仲子明确的判断惊异不已。因此，他诚心诚意地对鲁仲子说："先生，请原谅我上次的无礼，您的预见果然不错，出征直到现在有3个月了，我军还是没有获胜，而且军马劳顿，请指教这究竟是为什么。"

鲁仲子说："上次攻打燕国，是为收复家园而背水一战，你和士兵们都是士气高昂。此次出征却不同于以往，你现在金钱封地样样俱全，已经习惯高高在上做大将军，如何带动士兵冲锋陷阵？"田单听了鲁仲子的话心服口服，回到军营后，和士兵同甘共苦，鼓舞士气，果然很快就攻下了城池，打败了狄国。

李嗣源以身作则

五代时期，契丹首领耶律阿保机率30万大军包围了晋国的北方军事重镇幽州。晋王李存勖派大将李嗣源统率7万人马增援幽州，解幽州之围。

李嗣源与诸将商议进军之计，说："敌人多是骑兵，人数众多，又已先处战地，外出游骑没有辎重之忧，而我军多是步兵，人数又少，还必须有粮草随军而行。如果在平原上与敌人相遇，敌军只需把我军粮草截走，我军就会不战自溃，更不用说用骑兵来冲击我们了！"

对这种不利情况，李嗣源从易州出发，不是走东北直奔幽州，而是先向正北，越过大房岭，然后沿着山涧向东走。

李嗣源率大军风餐露宿，日夜兼程，一直行进到距幽州只剩下60里远的地方，突然与一支契丹骑兵遭遇，契丹人才发现晋军派来了救兵。契丹兵大吃一惊，慌忙向后撤退，李嗣源与养子李从珂率领三千骑兵紧随契丹人的身后，晋军大部队则紧紧跟随在李嗣源的骑兵后面。不同的是，契丹骑兵行走在山上，晋军行走在山涧中。

行至山口，契丹万余骑兵挡住了去路。李嗣源知道成败在此一举，摘掉头盔，用契丹语向敌人喊道："你们无故侵犯我国，晋王命我率百万之众，直捣两楼（契丹首府），将你们全部消灭！"说完，一马当先，冲入敌阵，斩杀契丹酋长一名。众将士见主帅身先士卒，群情激愤，斗志倍增，纷纷杀入敌阵。契丹骑兵被迫向后退却，晋军的大部队乘机走出山口。

出山之后即是一马平川的大平原。由于失去山地的保护，极易遭受骑兵攻击，李嗣源命令步兵砍伐树枝作为鹿砦，人手一枝，每当部队停下来或遭到契丹骑兵攻击时，就用树枝筑成寨子，契丹骑兵只能环寨而行，而晋军乘机放箭，契丹人马死伤惨重。

逼近幽州时，晋军殿后的步兵拖着草把、树枝行进，一时间，烟尘滚滚，契丹兵不知虚实，以为晋军援兵甚多，未战先怯。等到决战来临，李嗣源率骑兵在前、步兵随后，有组织地掩杀过来。契丹兵斗志全无，丢弃了大量的车帐、牲畜，狼狈逃去。

至此，幽州重镇得以保全。

【原典】

以过弃功者损。

王氏曰："曾立功业，委之重权；勿以责于小过，恐有惟失；抚之以政，切莫弃于大功，以小弃大。否则，验功恕过，则可求其小过而弃大功，人心不服，必损其身。"

【译文】

因为小过失便忽略别人功劳的，一定会遭受损失。

王氏批注：对于曾经建立丰功伟绩，被分配给重大权力的人，不要苛责他小的过失，唯恐有误解、过错。授予人职位，不要忽略他大的功劳，以小失大。否则，检验功劳大小来抵消一部分过错，就会设法找到他小的过失而忽略大的功劳。人心不服，必然会损害自身。

【评析】

做领导的要有过人的度量，当别人犯了无关痛痒的小过失、小错误时，应该宽容他们，不能因为一个细小的错误就否定他的全部。不仅要赦免个人的小过，而且要帮助教育其改正，这才是真正爱护人才的做法。在使用人才时，要识大体、看主流，若苛求小过，有时无异于打击人的积极性，而赦免小过，实际上是一种最起码的激励方法，是对一个人社会价值的最根本的肯定。

【史例解读】

士会大义救荀林父

春秋时代，中原大国晋国和南方大国楚国一直是争霸的主角。

公元前632年，楚国和晋国激烈交锋，发生了春秋时代最大的一场战役——城濮之战，结果楚国大败，楚将子玉自杀。此后晋国实现了称霸中原的宏图大愿，而楚国则几十年都抬不起头来。

到了公元前597年，为报城濮一战的耻辱，楚庄王率领大军攻打晋国的属国郑国，晋国派兵救郑。在邲地和楚国发生了一次大战。晋国遭遇百年未有之大败。楚军退后，晋国的残兵败将也在当年秋天回到了绛都。晋军的统帅荀林父没有推卸责任，而是老实地向晋景公承认了错误，并请求对自己处以死罪，晋景公没有多做考虑就答应了。

荀林父被治罪最大的受益人就是士会，士会在战场上表现优异，荀林父死后，他极有可能会被提拔上来接替晋国执政的位子。可是士会作为晋国的一代贤臣，并没有为了个人利益而落井下石，而是出人意料地为荀林父求情。他举了城濮之战楚成王逼死主帅得臣的例子，说明杀掉重臣只会促使敌国的胜利，并说："荀林父进思尽忠，退思补过，是能捍卫国家的人，主公怎么能杀他呢？他这次失败，就如同日食月食，怎么会损害日月的光明呢？"一席话，让景公不但赦免了荀林父，还让他官复原职，戴罪立功。

得饶人处且饶人

三国时，"刘、关、张"桃园三结义中的张飞，有万夫不挡之勇，战功显赫，是一代名将。

张飞脾气暴躁。在阆中镇守，闻知关公被害，且夕号泣，血泪衣襟。诸位将领以酒劝解，张飞酒醉后，怒气更大。帐上帐下，只要有过失士兵就鞭打他们，以至于多有被鞭打至死的。刘备知道后，就劝他："你鞭打士兵，还让这些士兵随你左右，早晚都要背祸的。对待士兵，平常应该宽容。"

有一天，张飞下令军中，限三日内制办白旗白甲，三军挂孝伐吴。次日，帐下两员末将范疆、张达，入帐告诉张飞："白旗白甲，一时无可措置，须宽限才可以。"张飞大怒，喝道："我急着想报仇，恨不得明日便到逆贼之境，你们怎么敢违抗我作为将帅的命令！"就让武士把二人绑在树上，每人在背上鞭打50下。

打完之后，用手指着二人说："明天一定要全部完备！如果违了期限，就杀你们两个人示众！"打得二人满口出血。二人回到营中商议。范疆说："今日受了刑责，让我们怎么能够筹办？这个人性暴如火，如果明天置办不齐，你我都会被杀啊！"张达说："他杀我们，不如我们杀他！"范疆说："只是没有办法走近他。"张达说："我两人如果不应当死，那么他就醉在床上，如果应当死，那么他就不醉好了。"二人商议停当。张飞这天夜里又喝得大醉，卧在帐中。范疆、张达二人探知消息，初更时分，各怀利刀密入帐中，就把张飞给杀了。当夜，他们拿着张飞的首级，逃到东吴去了。

【原典】

群下外异者沦。

注曰：措置失宜，群情隔塞；阿谀并进，私徇并行。人人异心，求不沦亡，不可得也。

王氏曰："君以名禄进其人，臣以忠正报其主。有才不加其官，能守诚者，不赐其禄；恩德爱于外权，怨结于内；群下心离，必然败乱。"

【译文】

朝野官吏与人民如果投靠外国、怀有二心，国家就会沦亡。

张商英注：措施不符合实际情况，众人的愿望被阻塞隔绝，阿谀奉承的人一并得到重用，中饱私囊的人充斥朝廷。人人怀有二心，想要国家不沦亡，是不可能做到的。

王氏批注：君王把名爵俸禄赏赐给理当受赏的人，臣子用忠诚正义回报君主。如果有才能却不能封官晋爵，忠诚不二的人得不到赏赐，却把恩惠慈爱施舍给本国以外的人，结怨与本国之内的人，群众百姓就会有叛离的心志，国家必然崩溃危亡。

【评析】

上下离心离德，内外同床异梦，群众的意见反映不上来，上下不能有效地沟通，采取的政令法规必然不能对症下药，政令法规实行起来也会困难重重，结果没有不失败的。《淮南子》说：众人相助，虽弱必强；众人相去，虽大必亡。

在企业里，领导如果对职工的意见和想法视而不见，职工就会产生不满情绪，他们怀着这样的心情向外宣泄，甚至到处散播谣言，那么这个企业的处境就危险了。如果职工的问题不能及时解决，企业早晚会倒闭的。

【史例解读】

军心散则业难成

楚汉战争时期，楚王项羽原本占有优势，可他分封的诸侯纷纷背叛他而投向汉王刘邦，直接导致了楚汉势力对比的变化。先是彭越投向刘邦，在广武对峙时期，彭越频频袭击项羽的粮道，使项羽在前线和后方之间奔波，大大牵制了项羽的进攻势头，缓解了刘邦的战争压力。

公元前202年，项羽和刘邦原来约定以鸿沟东西边作为界限，互不侵犯。后来刘邦听从张良和陈平的规劝，觉得应该趁项羽衰弱的时候消灭他，就又和韩信、彭越、刘贾会合兵力追击正在向东开往彭城的项羽部队。

经过几次激战，最终韩信使用十面埋伏的计策，布置了几层兵力，把项羽紧紧围在垓下。这时，项羽手下的兵士已经很少，粮食又没有了。夜间听见四面围住他的军队都唱起楚地的民歌，不禁非常吃惊地说："刘邦已经得到了楚地，不然为什么他的部队里面楚人这么多呢？"说着，心里已丧失了斗志，便从床上爬起来，在营帐里面喝酒，以酒解忧，自己吟了一首诗，诗曰："力拔山兮气盖世，时不利兮骓不逝，骓不逝兮可奈何，虞兮虞兮奈若何。"意思是："力量能搬动大山啊气势超压当世，时势对我不利啊骏马不能奔驰。骏马不能奔驰啊如何是好，虞姬虞姬啊我怎样安排你！"并和他最宠爱的妃子虞姬一同唱和。歌数阙，直掉眼泪，在一旁的人也非常难过，都低着头一同哭泣。

此时，韩信实施"四面楚歌"的离心之计，楚军将士以为楚地已经沦丧，楚军必败，纷纷逃离战场，就连钟离昧、季步这些向来与项羽同生死、不言二志的人，也情不自禁地走了。最后只剩下项羽从江东带过来的八百子弟默默坚守着军营。项羽的失败已经无可挽回了。

苏代"点火"退秦兵

战国后期，秦将武安君白起在长平一战，全歼赵军40万，赵国国内一片恐慌。白起乘胜连下韩国十七城，直逼赵国国都邯郸，赵国指日可破。赵国情势危急，平原君的门客苏代向赵王献计，愿意冒险赴秦，以救燃眉。赵王与群臣商议，决定依计而行。

苏代带着厚礼到咸阳拜见应侯范雎，对范雎说："武安君这次长平一战，威风凛凛，现在又直逼邯郸，他可是秦国统一天下的头号功臣。我可为您担心呀！您现在的地位在他之上，恐怕将来您不得不位居其下了。这个人不好相处啊。"苏代巧舌如簧，说得应侯沉默不语。过了好一会儿，才问苏代有何对策。苏代说："赵国已很衰弱，战胜不在话下，何不劝秦王暂时同意议和。这样可以剥夺武安君的兵权，您的地位就稳如泰山了。"

范雎立即面奏秦王。"秦兵劳苦日久，需要修整，不如暂时宣谕息兵，允许赵国割地求和。"秦王果然同意。结果，赵国献出六城，两国罢兵。

白起突然被召班师，心中不快，后来知道是应侯范雎的建议，也无可奈何。

两年后，秦王又发兵攻赵，白起正在生病，改派王陵率10万大军前往。这时赵国已起用老将廉颇，设防甚严，秦军久攻不下。秦王大怒，决定让白起挂帅出征。白起说："赵国统帅廉颇，精通战略，不是当年的赵括可比；再说，两国已经议和，现在进攻，会失信于诸侯。所以，这次出兵，恐难取胜。"秦王又派范雎去动员白起，两人矛盾很深，白起便装病不答应。秦王说："除了白起，难道秦国无将了吗？"于是又派王陵攻邯郸，久攻不下。秦王又令白起挂帅，白起伪称病重，拒不受命。秦王怒不可遏，削去白起官职，赶出咸阳。这时范雎对秦王说："白起心怀怨恨，如果让他跑到别的国家去，肯定是秦国的祸害。"秦王一听，急派人赐剑白起，令其自刎。可怜，为秦国立下汗马功劳的白起，落得这个下场。

当白起围攻邯郸时，秦国国内本无"火"，可是苏代点燃范雎的妒忌之火，制造秦国内乱，文武失和。赵国隔岸观火，使自己免遭灭亡。

【原典】

既用不任者疏。

注曰：用贤不任，则失士心。此管仲所谓："害霸也。"

王氏曰："用人辅国行政，必与赏罚、威权；有职无权，不能立功、行政。用而不任，难以掌法、施行；事不能行，言不能进，自然上下相疏。"

【译文】

已经使用贤人却不委以重任，必定会使贤人疏远自己。

张商英注：使用贤人却不委以重任，就会失去士人之心，这就是管仲所说的有害于霸业的策略。

王氏批注：任用人才辅佐国事、干预政治，就必须给予他可以奖赏和惩罚的威势和权力。有职位却无权力，就不能建立功勋，执行政事。任用了却又不委以重任，不能够执掌法度执行实施，做事不能够推行下去，进言又不能够被采纳，君臣的距离自然就疏远了。

【评析】

对有真才实学的人，不应顾虑重重，既然想重用他就要为他提供施展才能的舞台，任而不放权、不重用的做法是极其不可取的，这无疑是浪费人才。随着时间的推移，被任命的人也会心灰意冷，从而导致人才流失。

领导与下属间的异议往往是针对一个问题，下属发表了意见，而领导不同意；或者是领导发表的意见，下属不同意。至于谁的意见最终是正确的，自有实践来检验。但是，在沟通过程中，领导必须为自己的行为负责。如果不能接受下属的反对意见，就会得到一个不接纳反对意见的恶评，而如果无条件地接受意见，又会在下属眼里得到一个没有主见的印象，不但失去了自己的威信，也将失去下属的尊重。因此，如何对待下属的反对意见，一定要三思而后行。

【史例解读】

用贤不任，则失士心

洪秀全定都天京后，发生了争权夺利的天京事变。洪秀全的威望大大下降，无论从威望、才干来说，只有石达开是辅理政务、统率军队、安抚百姓的理想人物。洪秀全虽然已对外姓人有猜忌疑惧的私心杂念，但从解救燃眉之急考虑，也不得不采取权宜之计，召石达开回京辅政。十一月，石达开带军从宁国经芜湖回到天京，受到天京军民的热烈欢迎，洪秀全亦加封石达开为"通军主将翼王"，命他提理政务。

可惜洪秀全并没有从天京事变的阴影中走出，杨秀清独揽大权和逼封万岁的情景不断在他眼前出现，因而他时生疑忌。尤其是眼见石达开辅政，功绩卓著，又见石达开"所部多精壮之士，军力雄厚"，对其兵权的集中更为忌讳，再加上石达开为首义之王，威望极高，这都使洪秀全深为不安。他从维护洪氏集团的统治地位出发，对石达开进行限制、排挤。遂封其长兄洪仁发为"安王"，又封其次兄洪仁达为"福王"，干预国政，以牵制石达开。他又"专用安、福王"，使"主军政"。在挟制、架空石达开的同时，还要夺取他的兵权，甚至发展到对石达开有"阴图戕害之意"。这种无理的刁难、挟制和阴谋陷害，实际上使石达开已无法施展其聪明才智，已无法实现匡国辅政的志愿，石达开也对洪秀全及其集团能否继续保持太平天国和建立统一的"天朝"失去信心和希望，不禁发出"忠而见逼，死且不明"的叹息。

最终，石达开离开天京，许多将领基于义愤和对他的敬仰，纷纷带队跟他出走。出走的太平军将士约有二十万人。太平天国一时出现了"国中无人"、"朝中无将"的局面，造成了太平天国军事力量的又一次重大分裂。

【原典】

行赏吝色者沮。

注曰：色有靳吝，有功者沮，项羽之刓印是也。

王氏曰："嘉言美色，抚感其劳；高名重爵，劝赏其功。赏人其间，口无知感之言，面有怪恨之怒。然加以厚爵，终无喜乐之心，必起怨离之志。"

【译文】

论功行赏时如果脸上显露出吝惜的神色，那么功臣宿将们就会灰心丧气了。

张商英注：脸上露出吝惜的神色，立有功劳的人就会灰心失望，项羽摩挲侯印不肯授人就是这样的事。

王氏批注：用美言和美好的仪容来抚慰、感谢他的劳苦；用高名望和重爵位来赏赐他的功劳。如果封赏人的时候，嘴上不说知恩感德的话，面容上有责怪恼怒的表情。就算给予很重的赏赐，部下的心里一样不会欢喜开心，必然有怨恨离异的心志。

【评析】

无论一个人多么有能力、有才华，也不可能独立完成所有的事情，必须有人在身边协助。当别人有了功劳、取得成绩的时候，就必须慷慨兑现用人时许下的诺言，这样，才能留住人才，留住人心。《韩非子》说：奖赏很微薄，下属就不愿意做事；反过来，奖赏很优厚，并信任他，他就会为你付出生命。

在现实生活中，作为领导为人应该大气，不应用人时大方承诺，到了论功行赏时却一毛不拔，小肚鸡肠，翻脸不认账，概不兑现，这样会伤了大家的积极性，破坏整体的团结。

【史例解读】

论功而行赏

汉五年，刘邦已经消灭了项羽，平定了天下，于是论功行赏。由于群臣争功，一年多了，功劳的大小也没能决定下来。高祖认为萧何的功劳最显赫，封他为酂侯，给予的食邑最多。功臣们都说："我们身披战甲，手执兵器，亲身参加战斗，多的身经百战，少的交锋十回合，攻占城池，夺取地盘，都立了大小不等的战功。如今萧何没有这样的汗马功劳，只是舞文弄墨，发发议论，不参加战斗，封赏倒反在我们之上，这是为什么呢？"刘邦说："诸位懂得打猎吗？"群臣回答说："懂得打猎。"刘邦又问："知道猎狗吗？"群臣说："知道。"刘邦说："打猎时，追咬野兽的是猎狗，但发现野兽踪迹，指出野兽所在地方的是猎人。而今大家仅能捉到野兽而已，功劳不过像猎狗。至于萧何，发现野兽踪迹，指明猎取目标，功劳如同猎人。再说诸位只是个人追随我，多的不过一家两三个人。而萧何让自己本族里的几十人都来随我打天下，功劳是不能忘怀的。"群臣都不敢再言语了。

列侯均已受到封赏，待到向刘邦进言评定位次时，群臣都说："平阳侯曹参身受70处创伤，攻城夺地，功劳最多，应该排在第一位。"刘邦已经委屈了功臣们，较多地赏封了萧何，到评定位次时就没有再反驳大家，但心里还是想把萧何排在第一位。关内侯鄂千秋进言说："各位大臣的主张是不对的。曹参虽然有转战各处、夺取地盘的功劳，但这不过是一时的事情。大王与楚军相持5年，常常失掉军队，士卒逃散，只身逃走有好几次了。然而萧何常从关中募集兵员补充前线，这些都不是大王下令让他做的，数万士卒开赴前线时正值大王最危急的时刻，这种情况已有多次了。汉军与楚军在荥阳对垒数年，军中没有现存的口粮，萧何从关中用车船运来粮食，军粮供应从不匮乏。陛下虽然多次失掉崤山以东的地区，但萧何一直保全关中等待着陛下，这是万世不朽的功勋啊。如今即使没有上百个曹参这样的人，对汉室又有什么损失？汉室得到了这些人也不一定得以保全。怎么能让一时的功劳凌驾在万世功勋之上呢！应该是萧何排第一位，曹参居次。"刘邦说："好。"于是便确定萧何为第一位，特恩许他带剑穿鞋上殿，上朝时可以不按礼仪小步快走。

【原典】

多许少与者怨。

注曰：失其本望。

王氏曰："心不诚实，人无敬信之意；言语虚诈，必招怪恨之怨。欢喜其间，多许人之财物，后悔悭吝；却行少与，返招怪恨；再后言语，人不听信。"

【译文】

承诺多，兑现少，必招致怨恨。

张商英注：失掉他们本来的愿望。

王氏批注：内心不诚实，人们就不会有敬重信服的心意。言语虚伪狡诈，必然招致责怪埋怨。兴头上的时候，许愿说要重赏部下，过后后悔，行赏时却非常吝啬，兑现不了厚赏的诺言，反倒招来部下的怪罪怨恨。以后再说话，人们就不相信了。

【评析】

关键时刻，答应了人家好处，但事成之后又不给那么多了，或者干脆一点都不给了，就会招来怨恨。做人、做领导一定要讲诚信，言出必践，有诺必现，否则就失去了做人的根本。

无论为人还是处世，诚信都是每个人必须遵循的准则，不讲诚信的人会被身边的朋友抛弃，最后成为孤家寡人；不讲诚信的企业会被消费者唾弃，最终难逃倒闭的命运；不讲诚信的国家会遭到人民的发对，最后落得国将不国的下场。

【史例解读】

贤能太守郭伋

汉代光武帝时期，有一人叫郭伋，字细侯，扶风茂陵（今陕西省兴平东北）人，是汉武帝时期大侠郭解的孙子。郭伋从小便立志高远，要为百姓谋福祉，后来官至太中大夫。郭伋颇有治世之能，且为官清廉信义为先，很受当时百姓的爱戴和称颂。

光武帝即位的时候，社会还未安定，盗贼土匪四处作乱。皇帝常听闻郭伋的名声，便多次委派郭伋到治安问题严重的州郡做太守，治乱除暴，安抚百姓。在渔阳的时候，郭伋不失信赏，打击土匪，使盗贼销声匿迹；又整顿兵马，抗击匈奴，使得治安井然有序，人口大增。皇帝称其为"贤能太守"。颍川土匪流寇也十分猖獗，郭伋被调往颍川后，因山道险阻，情势错综，剿匪艰难。郭伋深入险地，了解到土匪也多是社会混乱无处安身，才被"逼上梁山"，便以仁德信义说服了一伙土匪。土匪也意欲改过自新，郭伋就将他们遣还回家务农，既往不咎。郭伋将遣还土匪的事情禀报皇帝，光武帝认为做得对，也并没有怪罪。后来，那伙土匪的党羽听说此事，都极其敬仰郭伋的为人，纷纷从各地不远千里来投降自首，路途之上络绎不绝。

过了些年头，郭伋被调往做并州牧。在王莽时期，郭伋曾经就被征召做过并州牧，前任并州牧的时候，郭伋勤政爱民，常常微服私访，解决民生疾苦，整顿吏治，扫除流寇，平定许多冤狱大案，所以百姓一直感念郭伋的恩义。

当地人听到郭伋又到并州，那真是打心眼里欢喜，郭伋每经过一县一乡，老老少少夹道欢迎。郭伋心里也是颇感欣慰，常想："做官能做到这份上，人生才是真正有意义，也不枉在这世上活了一场！"于是，更加尽心警惕自己，常以"不以恶小而为之，不以善小而不为"时时激励自己。于是所过地方，常常问民疾苦，向乡里德高望重的老人、有才学的年轻人询问治邦方略，并设"几杖之礼"，早晚不息。

中秋八月，秋高气爽，按例又当行至各地州县巡查吏治情况，郭伋带着几名随从骑马赶往西河郡美稷县。故地重游，心里感慨万千，眺望辽阔的西河大地，曾经在这里辛勤工作过的往事又浮上心头，那脉脉流淌着的小河，小河两岸淳朴善良的百姓……想着这些，不禁挥动手中的马鞭，骏马便飞驰起来。

一行人行至县城郊外，突然远远望见有几百个小孩骑着竹马，嬉戏而来，及至近旁，小孩列队相迎，稽首跪拜。郭伋下马还礼问道："小朋友，不必多礼，快快请起，你们从哪里来？在这里干什么呀？"有一稍年长的小孩回答道："我们听说郭爷爷今日来美稷，都很欢喜，特来此恭候！"近旁的一小孩好似鼓了鼓勇气说："您真是郭爷爷吗？我们大伙听过您的好多故事，说您是个大好人！"郭伋心下感叹不已，看着这些天真可爱的孩子，充满了温情和慈爱。于是在众小孩的簇拥之下进了县城。

郭伋在美稷县衙，详细阅读了近年所积案卷，有错判疑案的就马上调出重新审理，又察访民情，慰问贫苦，所至之处，百姓欢欣，多有馈赠礼物者，然则一律不取。没过多久，又将外出公干，刚到城门口，没想到众孩童骑着竹马又来相送，一直送到了城郊外，郭伋就对孩童说道："大家早点回家吧！我很快还会回来的。"为首的小孩问："郭爷爷，您哪一天回来呀？我们还要来接您！"郭伋内心感动，便询问身边的师爷，师爷算了算行程和办事所需要的时间，便告诉孩童回来应该是几天以后。于是郭伋与众孩童约定了那一天在郊外相会，不见不散。

不曾想很快便将事情办完，归来时比预计的时间提前了一天，郭伋惦记着与小孩的约定，便决定与随行人员暂不入城，在郊外寻得一个山野小亭，歇息起来。那时正值深秋，昼夜温差较大，山林之中霜寒露重，郭伋便叫随从捡拾柴火取暖御寒，围坐着生起的篝火，随从师爷显得有些不解地问："老爷，天气寒冷，还是早点回去吧，万一感染风寒可得不偿失了！"郭伋郑重地告诫到："君子言出必行，一诺千金，怎可言而无信！"

旭日又冉冉升起，阳光斜照着绚烂的美稷城郊，一群孩童早早骑着竹马在那里嬉戏，正七嘴八舌地讨论着他们敬爱的郭爷爷。一小孩举手遮了遮眼睛上方的阳光，向远处眺望。正在这时，远处官道上已隐隐尘土飞扬，马蹄声渐渐清晰，郭伋与随从骑着骏马已风驰而至，数百孩童不禁为之欢欣鼓舞。

后来，郭伋以太守之尊，守信于孩童，夜宿山野小亭的事，传到光武帝那里，光武帝十分钦佩他的德行，称赞他为"信之至矣"。也有人评说，郭伋能于小事上这样守信，那他布施大信于天下也就可以知道了，所以才能成就伟大的功业，可令盗贼土匪纷纷自首，可使百姓爱戴称颂。

晚年，郭伋老病，荣归故里，光武帝赐封为太中大夫，并赏赐了很多田宅钱粮，然而郭伋也都分赠给了宗亲族人。郭伋享年86岁，光武帝亲自悼唁，赐给了他墓地。郭伋守信的故事也世代流传。

【原典】

既迎而拒者乖。

注曰：刘璋迎刘备而反拒之，是也。

【译文】

已经迎接人家前来却又拒绝入内，这是背离常道的。

张商英注：刘璋迎接刘备入蜀反而拒之于门外就是这样的事。

【评析】

很多做领导的都喜欢说自己赏识人才，但招揽到人才又不用，就像请人吃饭，客人都到了门口，又因疑心重重，找个借口将客人赶走，这样的领导也遭人痛恨。旧情丢了不说，还结上了新怨，这是最愚蠢不过的举动。

【史例解读】

刘璋疑心重重邀刘备

刘璋部属，本是在刘焉、刘璋父子战胜益州旧势力后的二十多年中逐渐形成的一个松散集团。起先，刘焉欲"避世难"，后来入蜀，为益州牧。当时支持他的，除了陆续进入益州的以南阳、三辅人为主的"东州人"及其他外来人以外，还有两种益州势力。一为原仕洛阳、后随刘焉回籍的益州官僚，如侍中广汉董扶、太仓令巴西赵韪；一为仕于益州的本籍豪强，如领有家兵的益州从事贾龙。

汉朝末年，曹操派遣钟繇率军讨伐占据汉中的张鲁，益州牧刘璋听到消息后，心中恐惧。有个叫张松的臣子乘机劝他说："曹操的兵马天下无敌，如果攻下汉中后，利用张鲁的库存物资来进攻益州，谁能抵抗得住！刘备是您的同宗，曹操的大仇人，又善于用兵，如果让刘备讨伐张鲁，一定能击破张鲁。张鲁一破，则益州势力增强，曹操即使来攻，也无能为力了。现在本州的将领们如庞羲、李异等都自恃功劳，骄横不法，想要向外投靠。如果得不到刘备的帮助，则敌人在外面进攻，百姓在内叛变，一定会失败。"刘璋同意他的见解，派法正率领4000人去迎接刘备。

但是等到法正领来了刘备大军，刘璋却又怕强大的刘备势力对成都有所图谋，因此紧闭城门，拒绝让刘备进入成都，此举惹怒了刘备。两军交战，最后引狼入室的刘璋把整个西川都丢掉了。

【原典】

薄施厚望者不报。

注曰：天地不仁，以万物为刍狗；圣人不仁，以百姓为刍狗。覆之、载之、含之、育之，岂责其报也。

王氏曰："恩未结于人心，财利不散于众。虽有所赐，微少、轻薄，不能厚恩、深惠，人无报效之心。"

【译文】

从薄施惠于人却希望人家从厚报答的，必定会导致人们不思报答。

张商英注：天地无所谓仁慈，对待万物像对待用草扎成的狗一样；圣人也无所谓仁慈，对待百姓也像对待用草扎成的狗一样。覆盖万物、承载万物、容纳万物、哺育万物，哪里要求万物回报呢？

王氏批注：恩惠还没有抵达人们的内心，财物货利还没有布散给群众。虽然偶有赏赐，给予的太少，赏赐的不丰厚，不能加厚恩情，加深慈爱，人们就没有报效的心志。

【评析】

在紧要关头，帮人一点小忙，给人一点小恩小惠，就盼望着别人能十倍、百倍地回报自己，这种想法是错误的。他们不明白，知恩不报是常情，薄施厚望则有失天理。老子说："施恩不要心里老想着让人报答，接受了别人的恩惠却要时时记在心上，这样才会少烦恼，少恩怨。"

现实生活中，许多人抱怨人情淡薄，好心得不到好报，甚至做了好事反而成了冤家，其实错不在于"知恩不报"，因为这是常情。人们错在"施恩图报"的心理，做了点好事，就天天盼望着报答，否则就怨恨不已，恶言恶语。其实人心都是肉长的，只要你真心对别人，即使不希望回报，别人也会对你真心相报。

【史例解读】

士为知己者死

韩氏、魏氏、赵氏三家把智氏灭了之后，还分了智氏的土地。赵襄子无恤本来和智伯有私仇，加上又被智氏打了一年，就把智伯的头砍下来，挖空，涂上漆，作为酒器。他一旦和别人饮酒作乐，就把它拿出来装上美酒喝掉。

有一个死士叫豫让，是智伯的家臣，他深得智伯的恩遇，曾说过一句名言：士为知己者死，女为悦己者容。他一心要杀了赵襄子，为智伯报仇。

在几次行刺失败后，豫让为了能够充分接近赵襄子，用油漆把自己涂得过敏发炎，成了一个浑身长癞疮的人，改变了相貌；又烧红了两块木炭，吞进肚子里，把自己弄成哑人，最后化妆成乞丐，沿街乞讨，居然连自己的老婆都认不出他来。

豫让觉得时机成熟，就埋伏在赵襄子出行的桥下。赵襄子的马突然受惊了。下人们在桥下把豫让给逮了出来。赵襄子质问豫让："你原来在范氏、中行氏家中都充当过门客，他们两家最后都被智伯灭了。你不给他们报仇也就罢了，怎么却一心为智伯报仇而欲杀害我呢？"豫让说："范氏、中行氏以一般人对待我，我就用一般人的方式报答他。而智伯以国士待我，我就得用国士来回报他。"

【原典】

贵而忘贱者不久。

注曰：道足于己者，贵贱不足以为荣辱；贵亦固有，贱亦固有。惟小人骤而处贵，则忘其贱，此所以不久也。

王氏曰："身居富贵之地，恣逞骄傲狂心；忘其贫贱之时，专享目前之贵。心生骄奢，忘于艰难，岂能长久？"

【译文】

富贵之后就忘却贫贱时候的情状,一定不会长久。

张商英注:用道义满足自身的,无论是尊贵还是贫贱都不值得作为荣耀或耻辱。尊贵时也拥有道义,贫贱时也拥有道义。只有小人突然一下子处于尊贵的地位,才会忘记他贫贱的时候,这就是他不能长久保持尊贵地位的原因。

王氏批注:居于富裕显贵的位置,肆意表现自己骄傲狂妄的心志;忘掉了自己贫寒卑贱的时候,一心享受眼下的富贵。内心产生骄横奢侈,忘掉艰苦困难,怎么会持续很久呢?

【评析】

"苟富贵,勿相忘。"真正品德高尚的人把功名利禄看得很淡,不论富贵贫贱,都保持自己的本色,这才是孟子所谓的真君子、大丈夫。一个人有了名利后就忘乎所以,这样的人是不会长久的,这是典型的小人得志的心态。他们不明白,贵贱荣辱,是时运机遇造成的,并不是他们真的比别人高明多少。倘若因此而目空一切,即便荣华富贵,也会转眼成泡影。

《管子》说:贵而不讲礼的人会恢复卑贱,富而飞扬跋扈的人会恢复贫困。做人应该以厚道为上,不论地位如何变化,根本是不能变的。因为每个人过去的岁月里都经历过风雨,从中积累了经验,都是财富,都值得去尊重。

【史例解读】

控制自己的骄奢之心

陈胜吴广起义后,一开始进展顺利,可是当陈胜自立为王,建立张楚政权后,才遭遇到秦军真正有效的抵抗,军队的进攻作战方案接连受阻。

当张楚军正在前方浴血奋战时,陈胜却在深宫玩物丧志,在宦官和女人的包围下恣情纵欲,没日没夜地御女酗酒,把国家大事远远地抛在脑后,忘记了自己原本是贫贱出身。称王后不到一个月,陈胜就堕落到和嬴胡亥一样的地步,耳朵里习惯了阿谀逢迎之声,听到不好的消息则勃然大怒。于是身边的人就把前方的战况隐瞒起来,陈胜的威望也因此丧失殆尽。部属不再服其统御调遣,各地将领各行其是,形不成抗击政府军的合力。结果张楚国君臣猜忌,将帅离心，呈现一幅败亡的迹象。

有一则事例可以说明陈胜腐化变质的程度：陈胜在举事之前曾给人当过长工，有不少在一起种田的农民朋友。陈胜成了高高在上的大王之后，有几个农民朋友去王宫拜访，想沾点儿故友的光，没想到陈胜认为他们丢了他的脸面，竟然把他们全部用酷刑处死。这个愚蠢举动使广大的穷人也走向了他的对立面。

终于，陈胜被自己的马车夫所杀，而张楚政权很快走向了终结。

【原典】

念旧恶而弃新功者凶。

注曰：切齿于睚眦之怨，眷眷于一饭之恩者，匹夫之量也。有志于天下者，虽仇必用，以其才也；虽怨必录，以其功也。汉高祖侯雍齿，录功也；唐太宗相魏征，用才也。

王氏曰："赏功行政，虽雠必用；罚罪施刑，虽亲不赦。如齐桓公用管仲，弃旧雠，而重其才；唐太宗相魏征，舍前恨，而用其能；旧有小过，新立大功。因恨不录者凶。"

【译文】

念及别人旧恶，忘记其所立新功的，是很危险的。

张商英注：对小小的怨恨切齿不忘，对一顿饭的恩惠念念不忘，只是普通人的气量。有志于成就天下大事的人，即使对仇人也一定加以任用，因为他拥有才能；即使对冤家也一定加以录用，因为他有功劳。汉高祖刘邦封雍齿为侯，是按照他的功劳进行录用；唐太宗任命郑国公魏征为相，是按照他的才能进行使用。

王氏批注：奖赏功劳行使政事，虽有仇恨必定录用；惩罚罪恶施加刑罚，虽是亲人也不宽恕。比如齐桓公任用管仲，就是放下了过往的仇恨，而欣赏他的才干。唐太宗任用魏征为宰相，舍弃先前的恩怨，是看重他的能力。臣下以前有小的过错，最近立过大的功劳，却因小恨不任用，这是很凶险的。

【评析】

作为领导要有宽广的胸怀，别人对自己的无礼，要尽快忘掉，而自己对别人的无礼，却要时时引以为戒。尤其不能记人之过，睚眦必报。记仇不是大丈夫，记仇成不了大事业。

汉高祖不计较与雍齿有私仇，仍然封他为什方侯；唐太宗不在意魏征曾是李建成的老师，仍然任命他为宰相，这都是成大事者的气量和风度。那种非要以眼还眼、以牙还牙方解心头之恨的行为，是十足的小人行径。

【史例解读】

刘邦不计雍齿之过

刘邦称帝后，把姓刘的皇族分封到全国各地为王。堂兄刘贾封为荆王、弟刘交为楚王、兄刘喜为代王，他的私生子刘肥为齐王。并大封功臣，萧何为酂侯、张良为留侯、陈平为户牖侯，先后共封了二十余人。而其他有功的将领，日夜都在争论谁的功劳大小。

一天，刘邦在洛阳南宫，从阁道上看见诸将三二五五地坐在沙土上窃窃私语，就询问张良他们在谈论什么事。张良故意危言耸听地说："他们在商议谋反！"刘邦大吃一惊，忙问："天下初定，他们何故又要谋反？"张良答道："您起自布衣百姓，是利用这些人才争得了天下。现在您做了天子，可是受封的都是您平时喜爱的人，而诛杀的都是平时您所仇怨的人。现在朝中正在统计战功，如果所有的人都分封，天下的土地毕竟有限。这些人怕您不能封赏他们，又怕您追究他们平时的过失，最后会被杀，因此聚在一起商量造反！"刘邦忙问："那该怎么办？"张良问道："您平时最恨的，且为群臣共知的人是谁？"刘邦答道："那就是雍齿了。"张良说："那您赶紧先封赏雍齿。群臣见雍齿都被封赏，自然就会安心了。"于是，刘邦摆设酒席，欢宴群臣，并当场封雍齿为什方侯，还催促丞相、御史们赶快定功行封。群臣见状，皆大欢喜，纷纷议论道："像雍齿那样的人都能封侯，我们就更不用忧虑了。"

张良此举，不仅纠正了刘邦任人唯亲、徇私行赏的弊端，并且轻而易举地缓和了矛盾，避免了一场可能发生的动乱。他这种安一仇而得众心的权术，也常常为后世政客们如法炮制。

【原典】

用人不得天者殆。

王氏曰："官选贤能之士，竭力治国安民；重委奸邪，不能奉公行政。中正者，无官其邦；昏乱、谗佞者当权，其国危亡。"

【译文】

使用人才如果不当，那就危险了。

王氏批注：官员选用贤能人士，竭尽心力治理国家安定人民。给奸佞邪恶的人委以重任，就不能奉行公事行使政事。正直的人，不会授官给自己身边的人。昏庸、谗佞的小人把持政权，国家就有灭亡的危险了。

【评析】

中国历代的统治者都非常重视选人和用人，尤其是重要的、关键的职位更为慎重，选用人才不能光看能力，品德、作风、个性其实更重要。如果一个人人品不好，能力越强，危害也就越大。

作为领导最重要的就是识人，识人必须拥有敏锐的洞察力，对他人有着很深刻的认识，这样才能让最好的人才为自己服务。刘邦一统天下因为他的身边有张良、韩信这种人；刘备能成就伟业就是因为他的身边有诸葛亮、赵云、关羽等人才。

【史例解读】

王莽篡夺皇位

汉成帝是个荒淫的皇帝，即位以后，朝廷的大权逐渐落在外戚手里。成帝的母亲、皇太后王政君有一个侄儿王莽，没有贵族骄奢的习气，做事谨慎小心，生活也比较节俭。因此汉成帝就让王莽做了大司马。王莽摆出一副贤臣的样子，礼贤下士，争取到了很多人的支持。

汉成帝死后，不出10年，换了两个皇帝——哀帝和平帝。汉平帝即位的时候，年纪才9岁，国家大事都由大司马王莽做主。有人说王莽是安定汉朝的大功臣，经大臣们一再劝说，太皇太后王政君封王莽为安国公。但王莽只接受了封号，把封地退了。

公元2年，中原发生了旱灾和蝗灾。为了缓和老百姓对朝廷和官吏的愤恨情绪，王莽建议公家节约粮食和布帛。他自己先拿出100万钱，30顷地，当作救济灾民的费用。太皇太后把新野的两万多顷地赏给王莽，王莽又推辞了。

王莽越是不肯受封，越是有人要求太皇太后封他。据说，朝廷里的大臣和地方上的官吏、平民上书请求加封王莽的人共有四十八万多人。有人还收集了各种各样歌颂王莽的文字，一共有3万多字。王莽的威望越来越高。

汉平帝觉得王莽可怕，免不得背地说了些抱怨的话。一天，大臣们给汉平帝祝寿，王莽也献上一杯椒酒。第二天宫里传出话来，汉平帝得了重病，没有几天就死了，其实是汉平帝喝的那杯酒被王莽做了手脚。汉平帝死时没有儿子，王莽提议从刘家的宗室里找了一个两岁的幼孩为皇太子，叫孺子婴，王莽摄政。

有些文武官员劝王莽即位做皇帝。王莽最开始忸怩作态，到后来摆出一副恭敬不如从命的样子就同意了。公元8年，王莽正式即位称皇帝。改国号叫新。这个人人高喊的贤能臣子最终葬送了汉朝的江山。

燕昭王屈尊招贤人

燕国国君燕昭王一心想招揽人才，而更多的人认为他仅仅是叶公好龙，不是真的求贤若渴。于是，燕昭王始终寻觅不到治国安邦的英才，整天闷闷不乐。

后来有个智者郭隗给燕昭王讲述了一个故事，大意是：古时候，有个国君，最爱千里马。他派人到处寻找，找了3年都没找到。有个侍臣打听到远处某个地方有一匹名贵的千里马，就跟国君说，只要给他一千两金子，准能把千里马买回来。那个国君挺高兴，就派侍臣带了一千两金子去买。没料到侍臣到了那里，千里马已经害病死了。侍臣想，空着双手回去不好交代，就把带去的金子拿出一半，把马骨买了回来。

侍臣把马骨献给国君，国君大发雷霆，说："我要你买的是活马，谁叫你花了钱把没用的马骨买回来？"侍臣不慌不忙地说："人家听说你肯花钱买死马，还怕没有人把活马送上来？"

国君将信将疑，也不再责备侍臣。这个消息一传开，大家都认为那位国君真爱惜千里马。不出一年，果然从四面八方送来了好几匹千里马。

郭隗说完这个故事，说："大王一定要征求贤才，就不妨把我当马骨来试一试吧。"

燕昭王听了大受启发，回去以后，马上派人造了一座很精致的建筑（黄金台）拜郭隗做老师。各国有才干的人听到燕昭王这样真心实意招请人才，纷纷赶到燕国来求见。其中最出名的是赵国人乐毅。燕昭王拜乐毅为亚卿，请他整顿国政，训练兵马，燕国果然一天天强大起来。

燕昭王招贤纳士的法子前无古人，讥为作秀又何妨，要的是最佳宣传效果。"乐毅自魏往，邹衍自齐往，剧辛自赵往"，"士争凑燕"，有了人，有了这些人，卧薪尝胆28年的燕国得以殷富，局面大好，攻齐雪耻的机会亦在临近。

【原典】

强用人者不畜。

注曰：曹操强用关羽，而终归刘备，此不畜也。

王氏曰："贤能不遇其时，岂就虚名？虽领其职位，不谋其政。如曹操爱关公之能，官封寿亭侯，赏以重禄；终心不服，后归先主。"

【译文】

勉强用人，一定留不住人。

张商英注：曹操勉强留用关羽而关羽最终回到刘备身边，这就是挽留不住。

王氏批注：贤良而有才能的人，如果生不逢时，怎么会领受虚妄的声誉呢？虽然接受了职位，也不会谋求做事。比如曹操爱惜关羽的能力，封他为寿亭侯，赏赐他重重的俸禄。最终关羽的心也没能服从，后来回到刘备身边。

【评析】

人各有志，千万不可强求。待遇和地位并非留人的充分条件，如果在价值观、奋斗目标上不能达成一致，根本就留不住人才。组建一个团队，必须是共同的文化、共同的奋斗目标，否则即使用尽心机逼人就范，也会像三国时的关羽那样，人在曹营心在汉。

【史例解读】

人在心不在

汉献帝建安十三年，曹操率大军南征荆州。这时刘表已亡，他的儿子刘琮不战而降。刘备率军民二十多万人南撤。在曹军追及到当阳长坂坡时，刘备寡不敌众，大败而逃，辎重全失。

徐庶的母亲也不幸被曹军掳获，并被曹操派人伪造其母书信召其去许都，徐庶得知此讯，痛不欲生，含泪向刘备辞行。他用手指着自己的胸口说："本打算与将军共图王霸大业，耿耿此心，唯天可表。不幸老母被掳，方寸已乱，即使我留在将军身边也无济于事，请将军允许我辞别，北上侍养老母！"刘备虽然舍不得让徐庶离开自己，但他知道徐庶是出了名的孝子，不忍看其母子分离，更怕万一徐母被害，自己会落下离人骨肉的罪名，只好同徐庶挥泪而别。

徐庶北上归曹以后，心中仍十分依恋故主刘备和好友诸葛亮。尽管他有出众的谋略和才华，但不愿为曹操出谋划策，与刘备、诸葛亮为敌。因此，徐庶在曹魏历时数十年，却从未在政治、军事上有所作为，几乎湮没无闻。这就是人们常说的"徐庶进曹营，一言不发"。

关羽人在曹营心在汉

建安五年正月，刘备势力越来越大。曹操亲自征讨刘备，刘备惊悉曹操军将至，亲率数十骑出城观察，果然望见曹军旌旗，只得仓猝应战，被曹军击溃，刘备和张飞败逃，曹操接着攻陷下邳，俘虏了刘备妻子。

曹操把关羽围困在屯土山上，在张辽的极力劝说下，关羽和曹操订立了著名的"土山三约"：一、降汉不降曹；二、赡养刘备两个夫人；三、一旦知道刘备消息，无论千里万里赴汤蹈火也要投奔兄长。曹操最后答应了苛刻的条件。身在曹营的关羽还几次提醒曹操，自己时刻没有忘记故主刘备。后来又斩颜良、诛文丑，解白马之围报答曹操不杀之恩。关羽忠于刘备，忠于桃园结义的拳拳之心。曹操赞赏关羽为人，拜其为偏将军，礼遇甚厚。当时曹操认为，只要比刘备对他还要好，不信关羽心里还想着刘备。因此，曹操三天一小宴，五天一大宴，上马一锭金，下马一锭银地款待关羽。曹操赠袍，关羽穿于衣底，上用刘备所赐旧袍罩之，不敢以新忘旧；曹操赠赤兔马，关羽拜谢，以为乘此马，可一日而见刘备。曹操如此厚爱，关羽仍是人在曹营心在汉。

曹操觉察关羽心神不定，无久留之意，便对与关羽关系甚好的张辽说："卿试以情问之。"张辽去问关羽，关羽叹息道："吾极知曹公待我厚，然吾受刘将军厚恩，誓以共死，不可背之。吾终不留，吾要当立效以报曹公乃去。"

张辽将关羽的这番话转告曹操，曹操闻后，不但没有怨恨关羽，反而认为他有仁有义，更加器重他。

【原典】

为人择官者乱。

王氏曰："能清廉立纪纲者，不在官之大小，处事必行公道。如光武之任董宣为洛县令，湖阳公主家奴，杀人不顾性命，苦谏君主，好名至今传说。若是不问贤愚，专择官大小，何以治乱、民安？"

【译文】

用人无法摆脱人情纠结，政事一定越理越乱。

王氏批注：能够清正廉明树立秩序法度的人，不管职位的大小，做事必然施行公平道义。比如东汉光武帝任命董宣为洛阳县令。光武帝的姐姐湖阳公主的家奴杀死了人，董宣不顾生命危险，几次劝说君王公平审理此案，他的美名至今流传。如果不考虑贤良愚昧，只挑选官员职位的高低，怎么可以治理动乱，使人民安宁呢？

【评析】

设置官职最忌讳因人设事，也就是说，本来不需要这样一个职位，但为了安排自己的亲戚或者冗员，不得不巧立名目，设立新的职位，这样做，不但会导致官员的滥竽充数，而且多了鱼肉百姓的官吏，必然巧取豪夺，加重百姓负担，最后导致祸乱。

历史上的朝政之乱，基本上乱于四种情况：宦官、朋党、外戚、地方势力。但根本的原因却只有一个，那就是用人不当。要么是重用"私人"，如宦官、外戚之流；要么是所用非人，如朋党、地方势力之流。

【史例解读】

汉武帝因人设事

李延年是李夫人的兄长，此人长于歌舞技艺，在这方面是个天才，每当他唱起新曲时，听者都不由自主地被歌声感动。他长得很不错，犯法后被处以宫刑，入宫成为武帝的男宠。不久他发现武帝乃是一位好色的君王，于是便在这上头动起了脑子。

有一天，武帝又让李延年歌舞助兴，于是李延年不失时机地唱了一首自己新做的歌，曰："北方有佳人，绝世而独立，一顾倾人城，再顾倾人国。宁不知倾城与倾国，佳人难再得！"武帝听了之后不禁遐想联翩，叹息道："这只是歌而已，难道世上真有这样倾国倾城的佳人吗？"

于是，早已收受了李家大量贿赂的平阳公主立即在旁边不失时机地报告："李延年歌中所唱的美女，就是他自己的妹妹。"

刘彻自然大喜过望，立即召见。一见之下心旷神怡，不但美得超乎想象，具有李延年所唱的那种清高绝世气质，而且聪明无比，还能歌善舞。刘彻立即将她纳入后宫，一时间形影不离，令后宫女子妒忌无比。

然而好花不常开，生育不久李夫人便生了病，不久后，她便离开人世。汉武帝伤心欲绝，以皇后之礼营葬，并亲自督饬画工绘制他印象中的李夫人形象，悬挂在甘泉宫里，旦夕徘徊瞻顾，低徊嗟叹。

由于汉武帝对李夫人的夭亡如此思念不已，便想到李夫人临终前的嘱托，要求照顾她的兄弟。怎样照顾呢？那就是予以高官厚禄，使他们富贵荣华。能使李夫人的兄弟们富贵了，就实现了她生前的愿望。于是便任命李延年为协律都尉，李广利为将军。因李夫人毕竟是个侍妾，在宫中地位低微，其兄弟虽属皇亲，无功不得封侯。武帝命李广利为将军，就是好让他带兵出征，立功战场，得以封侯，达到尊贵的地位。卫青、霍去病得以命为将军，率师远征，也是由于武帝宠爱卫子夫的原因。但是与李广利的任命仍有所区别。卫青在被任命为车骑将军、出征匈奴之前，有在宫廷为官10年的经历，霍去病更是跟随卫青学过孙吴兵法，可谓亲受过圣明者的教授。李广利则纯由武帝对李夫人的极度思念，不见有任何的军政经历而平步青云。武帝赋予这样的人以军事重任是失策的。

【原典】

失其所强者弱。

注曰：有以德强者，有以人强者，有以势强者，有以兵强者。尧舜有德而强，桀纣无德而弱；汤武得人而强，幽厉失人而弱。周得诸侯之势而强，失诸侯之势而弱；唐得府兵而强，失府兵而弱。

其于人也，善为强，恶为弱；其于身也，性为强，情为弱。

王氏曰："轻欺贤人，必无重用之心；傲慢忠良，人岂尽其才智？汉王得张良、陈平者强，霸王失良平者弱。"

【译文】

失去所依靠的强大力量，必会趋于衰微破败。

张商英注：有依靠仁德强大的，有依靠人心强大的，有依靠势力强大的，有依靠兵力强大的。唐尧、虞舜拥有仁德而强大，夏桀、商纣没有仁德而衰弱；商汤、周武王拥有人心而强大，周幽王、周厉王失掉人心而弱小；周初拥有控制诸侯的势力而强大，周末失掉控制诸侯的势力而弱小；唐初期拥有府兵而强大，唐后期失掉府兵而弱小。

对于人来说，行善是强大，做恶是弱小；对于自身来说，性格属于强大，感情属于弱小。

王氏批注：轻慢欺侮贤能的人，必然没有重用他的心思。对忠诚贤良的人态度傲慢，贤人怎么会施展全部的才能智慧呢？刘邦得到张良、陈平这样的人因而强大，项羽失去张良、陈平这样的人因此衰弱。

【评析】

凡强势领导，必有其原因。有的人靠道德而强盛，有的人靠人力、财力、军队而强盛。但强和弱不可能一成不变，它们是相互转化的，因时而易，因势而易，也因怎样利用而易。可见，是强是弱，关键在于如何把握。

现实生活中，强与弱也是无定式可言的。如果某个人因为暂时的强势就目空一切，忽略了强势与弱势之间是相互转化的，那么眼前的美好生活转瞬间就会成为泡影。

【史例解读】

强弱因时而易

秦朝灭亡后，项羽分封土地，对别人的分封，都还容易掂量，唯独对刘邦的分封，让他有点儿伤脑筋。因为，除了项羽率领的楚军，就数刘邦的汉军实力最强。刘邦是他的首要假想敌，他对刘邦的动向也最为关注。不除掉刘邦，项羽的霸主地位始终受到威胁。但在鸿门宴的时候，双方已经讲和了，如果现在出尔反尔，向刘邦突然发动袭击，又怕引起诸侯的公愤。

还是老谋深算的范增有办法，很快献上一条计策："还是把刘邦封到巴蜀去吧。"项羽将刘邦分封到巴蜀之地本来也算是上策，在两人的斗争中，占据了优势。可是紧接着，项羽接受张良的建议，把汉中之地也册封给刘邦，而自己弃关中之地不要，却定都彭城。这是继鸿门宴之后，刘项两人第二次无言的交锋。这一次的实际得益者，无疑是刘邦。

巴蜀即今天的四川省，在古时地处偏远，山幻灵绕，交通闭塞，和中原地区的联系不大，一向被当作流放罪犯的地方。而汉中平原较之巴蜀之地则要文明开化得多，刘邦屯汉中，就可以用汉中发达的农业积蓄自己的力量，为日后进击中原做好准备。

而关中之地为龙虎之地，秦国就是得以靠关中平原的肥沃和函谷关的凶险而向东遏制关外诸侯的。项羽放弃兼备肥沃与险要的关中，却以"富贵不还乡，如锦衣夜行"为由，打道南楚，定都彭城，无疑是一种战略失误。项羽一错再错，他的失败也许在楚汉斗争的初期就已经无可挽回了。

下邑奇谋，由弱转强

汉二年春，刘邦接连收降常山王张耳、河南王申阳、韩王昌、魏王豹和殷王卬五个诸侯，得兵56万。同年4月，刘邦乘项羽集中力量攻打田荣之机，率兵伐楚，直捣楚都彭城。攻占彭城后，刘邦被这轻而易举得到的胜利冲昏了头脑，不但没有采取恰当的政治、经济措施，安抚此地，赢得人心，反而恶习复发，得意忘形之余大肆收集财宝、美女，整日置酒宴会，结果给项羽回军解救赢得了时机。项羽闻知彭城失陷，立即亲率3万精兵，从小路火速赶回，急救彭城。刘邦数十万乌合之师难以协调指挥，连粮饷都筹备不齐，所以一经接战，便遭惨败，几乎全军覆没。至此，许多诸侯王又望风转舵，纷纷背汉向楚，刘邦丢下老父、妻子、儿女，只带张良等数十骑狼狈出逃，军事上再度遭受重大挫折，大好的形势复又逆转。

刘邦狼狈逃至下邑，惊魂未定，心灰意冷，万念俱灰。他沮丧地对群臣说："关东地区我不要了，谁能立功破楚，我就把关东平分给他。你们看谁行？"在此兵败危亡之际，又是张良匠心独运，为刘邦想出了一个利用矛盾、联兵破楚的策略。他说："九江王英布，是楚国的猛将，与项羽有隙；彭城之战，项羽令其相助，他却按兵不动。项羽对他颇为怨恨，多次遣使者责之以罪；彭越因项羽分封诸侯时，没有受封，早对项羽怀有不满，而且田荣反楚时曾联络彭越造反，为此项羽曾令肖公角攻伐他，结果未成。这二人可以利用。另外，汉王手下的将领，只有韩信可以委托大事，独当一面。大王如果能用好这三个人，那么楚可破也。"这就是著名的"下邑之谋"。

刘邦听罢，认为这确是一个以弱制强的妙计，于是派舌辩名臣隋何前往九江，策反九江王英布；接着又遣使联络彭越；同时，再委派韩信率兵北击燕、赵等地，发展壮大汉军力量，迂回包抄楚军。

"下邑之谋"虽然不是全面的战略计划，但它构成了刘邦关于楚汉战场计划的重要内容。正是在张良的谋划下，一个内外联合共击项羽的军事联盟终于形成，扭转了楚汉战争的局势，使刘邦由战略防御转为战略进攻。事实证明了张良"下邑之谋"的深谋远虑，最后兵围垓下打败项羽，主要依靠的正是这三支军事力量。

田忌赛马

　　齐国的大将田忌，很喜欢赛马，有一次，他和齐威王约定，要进行一场比赛。他们商量好，把各自的马分成上、中、下三等。比赛的时候，要上马对上马，中马对中马，下马对下马。由于齐威王每个等级的马都比田忌的马强一些，所以比赛了几次，田忌都失败了。

　　田忌觉得很扫兴，比赛还没有结束，就垂头丧气地离开赛马场，这时，田忌抬头一看，人群中有个人，原来是自己的好友孙膑。孙膑招呼田忌过来，拍着他的肩膀说："我刚才看了赛马，威王的马比你的马快不了多少呀！"

　　孙膑还没有说完，田忌瞪了他一眼："想不到你也来挖苦我！"孙膑说："我不是挖苦你，我是说你再同他赛一次，我有办法准能让你赢了他。"田忌疑惑地看着孙膑："你是说另换一匹马来？"孙膑摇摇头说："一匹马也不需要更换。"田忌毫无信心地说："那还不是照样得输！"孙膑胸有成竹地说："你就按照我的安排办吧。"

　　齐威王屡战屡胜，正在得意洋洋地夸耀自己马匹的时候，看见田忌陪着孙膑迎面走来，便站起来讥讽地说："怎么，莫非你还不服气？"田忌说："当然不服气，咱们再赛一次！"说着，"哗啦"一声，把一大堆银钱倒在桌子上，作为他下的赌钱。

　　齐威王一看，心里暗暗大笑，于是吩咐手下，把前几次赢得的钱全部抬来，另外又加了一千两黄金，也放在桌子上。齐威王轻蔑地说："那就开始吧！"一声锣响，比赛开始了。孙膑先以下等马对齐威王的上等马，第一局输了。齐威王站起来说："想不到赫赫有名的孙膑先生，竟然想出这样拙劣的对策。"孙膑不去理他。接着进行第二场比赛。孙膑拿上等马对齐威王的中等马，获胜了一局。齐威王有点儿心慌意乱了。第三局比赛，孙膑拿中等马对齐威王的下等马，又战胜了一局。这下，齐威王目瞪口呆了。比赛的结果是三局两胜，当然是田忌赢了齐威王。

【原典】

决策于不仁者险。

注曰：不仁之人，幸灾乐祸。

王氏曰："不仁之人，智无远见；高明若与共谋，必有危亡之险。如唐明皇不用张九龄为相，命杨国忠、李林甫当国。有贤良好人，不肯举荐，恐挽了他权位；用奸谗歹人为心腹耳目，内外成党，闭塞上下，以致禄山作乱，明皇失国，奔于西蜀，国忠死于马嵬坡下。此是决策不仁者，必有凶险之祸。"

【译文】

依靠残忍无情的人运筹决策，就会有杀身灭族的危险。

张商英注：残忍无情的人，对灾祸感到高兴。

王氏批注：残忍而不仁爱的人，智谋上没有远见卓识。见解独到的人如果与他共事，必然会有危险。比如唐明皇不任用张九龄为宰相，却任命杨国忠、李林甫主持国事。贤能善良的人，都不被举荐，怕他的权势地位被分出去，任用奸诈谗佞的小人为亲信，朝廷内外结成党派，截断了君王和臣僚的沟通。以至于安禄山反叛，唐玄宗失掉国家，向蜀川逃奔，杨国忠死在马嵬坡下。这就是依靠残忍无情的人运筹决策，就会有杀身灭族危险的后果。

【评析】

领导的重要职责在于决策，但决策必以仁爱为本，拿今天的话说，就是要以人为本，这样的决策才能有远见、合民意。如果把决策的大权交给没有远见、心地不良的小人，就很危险。同样，如果一个企业的核心职位被那些只会花言巧语、无德无能的人所把持，企业秩序就会混乱，职工就会与管理层产生矛盾，那么这个企业的处境就危险了。

【史例解读】

小人掌权贻害无穷

宋朝南迁后，秦桧为相国，把持朝政，向赵构提出了投降主义的对金合约政策，虽然满朝文武反对，南宋朝廷还是坚持和金朝签订了默认失土为金的合约。

绍兴十年起，金撕毁和约，以宗弼当统帅，挥军直取河南、陕西。南宋抗金将领岳飞、刘琦在人民群众的支持下，痛击金兵，打出了一个大好局面。金兵将士纷纷准备投降，岳飞迎着胜利的形势，非常高兴，对部将们说："直抵黄龙府（今吉林农安，女真族根据地），与诸公痛饮耳！"正待不日渡河，而秦桧却想把淮河以北的土地送给金朝，命岳飞退兵。赵构、秦桧一天之内连下十二道金字牌，紧催撤军，岳飞愤慨惋惜地哭着说："十年之功，废于一旦！"下令忍痛退兵。人民拦马痛哭，岳飞悲泣。以赵构、秦桧为代表的南宋投降派是实权派。他们既担心抗金战争的顺利发展会激起女真贵族的不满，也忧虑岳家军的迅速壮大会威胁他们的统治地位，因此，胜利在望之际，迫令岳飞撤退。

岳飞归国后，兵权即被剥夺，又无端入狱，并惨遭杀害。

岳飞将被害时，韩世忠十分气愤，质问秦桧："岳飞父子究竟犯了多大罪，事实如何，有什么证据？"秦桧说："莫须有（意思是"难道没有吗？"）。"岳飞被害后，家属流放岭南，被株连者或坐牢或流放，或死于狱中，相反，凡跟着秦桧陷害岳飞的，都各有升迁。

韩世忠等主战派最终全部遭到解劝，而南宋的亡国命运，已经无可挽回了。

宦官当政祸国殃民

刘瑾6岁时被太监刘顺收养，后净身入宫当了太监。孝宗时，他犯了死罪，而后被赦免。后侍奉太子朱厚照，即后来的明武宗。他善于察言观色，随机应变，深受信任。太子继位后，他多次升迁，爬上司礼监掌印太监的宝座。一旦大权在握，便引诱武宗沉溺于骄奢淫逸中，自己趁机专擅朝政，时人称他为"立皇帝"，武宗为"坐皇帝"。他排除异己，朝中正直官员大都受他迫害。而刘宇、焦芳等小人则奔走其门，成为其党羽。

权力的集中刺激了他的贪欲。他利用手中的权力，大肆贪污。他劝武宗下令各省库藏都必须上交国库，并从中贪污大量银两。他公然受贿索贿，大搞权钱交易，买官卖官。各地官员朝觐至京，都要向他行贿，这叫"见面礼"，少则白银千两，多则高达五千两。有人为了行贿，只好向京师富豪贷款，那时候称为"京债"。凡官员升迁赴任，回京述职，都得给他送礼。此外，他还派亲信到地方供职，为他聚敛钱财。善于行贿的官员，往往官运亨通，如巡抚刘宇，先后向其行贿数万银两，官位也随之上升至吏部尚书。

刘瑾的贪婪专权给国家和人民带来了无穷灾难。安化王朱寘鐇趁机于正德五年4月发动叛乱。由于不得人心，叛乱很快被平定。太监张永利用献俘之机，向武宗揭露了刘瑾的罪状。刘瑾被捕，从其家中查出金银数百万两，并搜出了仿造的玉玺、玉带等违禁物。经过会审，刘瑾被判以凌迟。同年8月，刘瑾伏法，结束了他罪恶的一生。

【原典】

阴计外泄者败。

王氏曰："机若不密，其祸先发；谋事不成，后生凶患。机密之事，不可教一切人知；恐走透消息，反受灾殃，必有败亡之患。"

【译文】

秘密的计划如果泄露出去，一定会失败。

王氏批注：机要的事情如果不能保守秘密，灾祸一定先来到；谋划事情不成功，还会生出凶险灾祸。机密的事情，不能够被一切人知道，担心消息流露出去，反过来遭受祸殃，一定会有失败的祸患。

【评析】

所谓阴计，并不是阴谋诡计，而是指暗中进行的计策或计划，目的是要出其不意，攻其不备。一旦计策或计划泄露，结果只有失败。《韩非子》说：事情秘密才能成功，因为泄露机密会失败。比如一个企业的营销方案，一旦被竞争对手窃取，那么损失的不仅仅是金钱，可能会波及企业的形象、信誉及其市场份额等。二战期间，正因为日本破译了美国密电码，所以才能偷袭珍珠港。所以，保守机密对企业和国家都是尤为重要的。

【史例解读】

弦高巧救国

秦穆公任命孟明为大将，西乞术、白乙丙为副将，率领300辆兵车去攻打郑国。

秦国的军队在公元前628年12月动身，到了第二年2月里才到了滑国（都城在今河南睢县西北，后迁都于今河南偃师西南）地界。前边有人拦住去路，说："郑国的使臣求见。"孟明吃惊地接见了郑国的使臣，问他："您贵姓？到这儿来干什么？"

那个使臣说："我叫弦高。我们的国君听到将军要到敝国来，赶快派我先送您4张熟牛皮，随后再给您送12头肥牛来。这一点小意思不能算是犒劳，不过给将士们吃一顿罢了。我们的国君说，敝国蒙贵国派人保护着北门，我们不但非常感激，而且我们自个儿也格外小心谨慎，不敢懈怠。将军您只管放心！"

孟明说："我们不是到贵国去的，你们何必这么费心！"弦高似乎有点儿不信。孟明偷偷地对他说："我们……我们是来征伐滑国的，你回去吧！"弦高交上牛皮与肥牛，谢过孟明，回去了。

孟明对西乞术和白乙丙说："郑国有了准备，偷袭是没法成功的。我们还是回国吧。"接着，秦兵顺道灭了滑国，就回国了。

没想到孟明中了弦高的计策。那个"使臣"原来是冒充的！他是郑国的一个生意人。这回赶到周天子的都城洛邑去做买卖，半路上碰见一个从秦国回来的老乡。两个人一聊，那老乡说起秦国发兵来打郑国，这位生意人一听到这个消息，急得跟什么似的。他一边派手下的人赶快回去通知国君，一边赶着买了4张熟牛皮又买了12头牛迎了上来。果然在滑国地界碰到了秦国的军队，他就冒充使臣犒劳秦军，救了郑国。

郑国的新君郑伯兰接到了商人弦高的警报，马上派人去探望杞子他们的动静。果然，他们正在那儿磨刀喂马，整理兵器，收拾行李，好像准备打仗的样子。郑伯派大臣去对他们说："诸位辛苦了，待在我们这儿太久了。大概以为敝国供给你们的食物也没了，你们要回国了。其实敝国有你们吃的，你们何必回去呢？！"

杞子他们听了大吃一惊，知道有人走漏了消息，只好厚着脸皮对付了几句，连夜逃走了。

【原典】

厚敛薄施者凋。

注曰：凋者，削也。文中子曰："多敛之国，其财必削。"

王氏曰："秋租、夏税，自有定例；费用浩大，常是不足。多敛民财，重征赋税，必损于民。民为国之根本，本若坚固，其国安宁；百姓失其种养，必有雕残之祸。"

【译文】

向人民从重征收财物或赋税，却减少发放救济灾患的物资，必定会导致国力空虚的局面。

张商英注：凋，削减的意思。《文中子》说："厚敛的国家，它的财物必定会被削减。"

王氏批注：秋天的田租、夏天的税收，本来就有常规，国家财政的花费非常大，常常不够用。多多地收拢百姓的钱财，重重地征收百姓的赋税，这一定会损害到百姓。百姓是国家的根本，根本如果坚固，国家就安宁。百姓失去了种植的种子和养殖的幼崽，国家的收入也必然会被削弱。

【评析】

古人说："穷天下者，天下仇之；危天下者，天下灾之。"只顾自己，不顾别人，自古都是一个下场，那就是被别人抛弃。

爱财似乎是很多人的天性，如果是老百姓，耍点儿小聪明，贪点儿小财，也无可厚非。但若处在领导者的位置上，如想成就一番事业，就不能太看重钱财。钱财有其两面性，有了它固然可以荣华富贵，但也可以令你祸害缠身。在面对这些问题时，保持清醒的头脑是必要的。

【史例解读】

刘秀与民休息

　　汉光武帝即刘秀，东汉王朝的建立者。新朝王莽末年，起兵反对王莽，而后统一天下，定都洛阳，重新恢复汉室政权，为汉朝中兴之主。政治措施皆以清静俭约为原则，兴建太学，提倡儒术，尊崇节义，为一贤明的君王。

　　自西汉后期以来，农民沦为奴婢、刑徒者日益增多，成为西汉末年阶级矛盾日益尖锐化中的一个重要问题。王莽末年，不少奴婢、刑徒参加起义，同时在一些割据势力的军队中也有不少奴婢、刑徒。光武帝在重建刘汉封建政权中，为了瓦解敌军，壮大自己的力量，也为了安定社会秩序，缓和阶级矛盾，曾多次下诏释放奴婢，并规定凡虐待杀伤奴婢者皆处罪。诏令免奴婢为庶人的范围，主要是：王莽代汉期间吏民被非法没收为奴的，或因贫困嫁妻卖子被卖为奴婢的；在王莽末年因饥荒或战乱被卖为奴婢的；在战乱中被掠为人下妻的。另外，还规定不许任意杀伤奴婢以及废除"奴婢射伤人弃市律"，说明奴婢的身份地位较之过去有所提高。同时，在省减刑罚的诏令中，还多次宣布释放刑徒，即"见徒免为庶民"。

　　东汉初年，针对战乱之后生产凋敝、人口锐减的情况，光武帝注意实行与民休养生息的政策，而首先是薄赋敛。建武6年，下诏恢复西汉前期三十税一的赋制。其次是省刑法。再其次是偃武修文，不尚边功。光武帝"知天下疲耗，思乐息肩，自陇蜀平后，未尝复言军旅"。建武27年，功臣朗陵侯臧宫、扬虚侯马武上书：请乘匈奴分裂、北匈奴衰弱之际发兵击灭，立"万世刻石之功"。光武帝下诏说："今国无善政，灾变不息，人不自保，而复欲远事边外乎！……不如息民。"

　　因各项政策措施都不同程度地实行，为恢复发展社会生产创造了有利的条件，使得垦田、人口都有大幅度的增加，从而奠定了东汉前期80年间国家强盛的物质基础。

【原典】

战士贫，游士富者衰。

注曰：游士鼓其颊舌，惟幸烟尘之会；战士奋其死力，专捍疆场之虞。富彼贫此，兵势衰矣！

王氏曰："游说之士，以喉舌而进其身，官高禄重，必富于家；征战之人，舍性命而立其功，名微俸薄，禄难赡其亲。若不存恤战士，重赏三军，军势必衰，后无死战勇敢之士。"

【译文】

奋勇征战的将士生活贫穷，鼓舌摇唇的游士安享富贵，国势一定会衰落。

张商英注：游说之士摇唇鼓舌，只是希望赶上扬起烽烟和尘土的战乱的时代；作战之士拼出自己的效死之力，专门平定领土上的忧患。使那些游说的人富有却使这些征战之士贫穷，军队力量就衰弱了。

王氏批注：游说之士，依靠能言善辩而被录用，官位高俸禄重；出征打仗的人，丢弃性命才能建立功劳，声誉低，俸禄薄，俸禄难以赡养亲人。如果不能爱惜战士，重重地犒赏军人，军势必然衰落，以后再也没有勇敢拼死战斗的战士了。

【评析】

中国历史上的说客唯恐天下不乱，天下大乱，才有他们风光的机会。然而那些战场上的普通士兵捐躯流血，渴望的是天下太平，合家团圆。如果流血牺牲的暴尸疆场，游说四方的身挂相印，这肯定是一个战乱流离的时代。

金融危机爆发时，就是机会和财富向少数人集中的时候，干活的人既贫苦，又缺少机会，用现在的话说，拼死拼活的职工拿不到钱，后面指挥的人却发了财。一旦出现这种情况，都是走向衰败的开始。企业要有最强的竞争力，首先必须拥有最好的员工队伍，并根据其贡献大小给予最合理的报酬，尽可能让员工将个人利益与自己的努力结合起来。

【史例解读】

张仪巧破"合纵"

　　自从孙膑打败魏军，魏国逐渐衰败，秦国却越来越强大。秦孝公死后，他儿子秦惠文王继承皇位，不断扩张势力，引起了其他六国的恐慌。如何对付秦国的进攻呢？有一些政客帮六国出谋划策，主张六国结成联盟，联合抗秦，这种政策叫作"合纵"。还有一些政客帮助秦国到各国游说，要他们靠拢秦国，去攻击别的国家，这种政策叫作"连横"。其实这些政客并没有固定的政治主张，不过凭他们能说会道的嘴皮子混饭吃。不管哪国诸侯，不管哪种主张，只要谁能给他做大官就行。

　　在这些政客中，最出名的要数张仪。张仪是魏国人，在魏国穷困潦倒，跑到楚国去游说，楚王没接见他。楚国的令尹把他留在家里作门客。有一次，令尹家里丢失了一块名贵的璧。令尹家看张仪穷，怀疑璧是被张仪偷去的，把张仪抓起来打个半死。张仪垂头丧气地回到家里，他妻子抚摸着张仪满身的伤痕，心疼地说："你要是不读书，不出去谋官做，哪会受这样的委屈！"张仪张开嘴，问妻子："我的舌头还在吗？"妻子说："舌头当然还在。"张仪说："只要舌头在，就不愁没有出路。"

　　后来，张仪到了秦国，凭他的口才，果然得到了秦惠文王的信任，当上了秦国的相国。这时候，六国正在组织合纵。公元前318年，楚、赵、魏、韩、燕五国组成一支联军，攻打秦国的函谷关。其实，五国之间也有矛盾，不肯齐心协力。经不起秦军一反击，五国联军就失败了。在六国之中，齐、楚两国是大国。张仪认为要实行"连横"，非把齐国和楚国的联盟拆散不可。他向秦惠文王献了个计策，就被派到楚国去了。张仪到了楚国，先拿贵重的礼物送给楚怀王手下的宠臣靳尚，求见楚怀王。楚怀王听到张仪的名声很大，认真地接待他，并且向张仪请教。

　　张仪说："秦王特地派我来跟贵国交好。要是大王下决心跟齐国断交，秦王不但情愿跟贵国永远和好，还愿意把商于一带六百里的土地献给贵国。这样一来，既削弱了齐国的势力，又得了秦国的信任，岂不是两全其美。"楚怀王是个糊涂虫，经张仪一游说，就非常高兴地说："秦国要是真能这么办，我何必非要拉着齐国不撒手呢？"

　　楚国的大臣们听说有这样便宜的事儿，都向楚怀王庆贺。只有陈轸提出

·227·

反对意见。他对楚怀王说："秦国为什么要把商于六百里地送给大王呢？还不是因为大王跟齐国订了盟约吗？楚国有了齐国作自己的盟国，秦国才不敢来欺负咱们。要是大王跟齐国绝交，秦国不来欺负楚国才怪呢！秦国如果真的愿意把商于的土地让给咱们，大王不妨打发人先去接收。等商于六百里土地到手以后，再跟齐国绝交也不晚。"

楚怀王听信张仪的话，拒绝陈轸的忠告，一面跟齐国绝交，一面派人跟着张仪到秦国去接收商于。齐宣王听说楚国同齐国绝交，马上打发使臣去见秦惠文王，约他一同进攻楚国。

楚国的使者到咸阳去接收商于，想不到张仪翻脸不认账，说："没有这回事儿，大概是你们大王听错了吧。秦国的土地哪儿能轻易送人呢？我说的是六里，不是六百里，而且是我自己的封地，不是秦国的土地。"使者回来一汇报，气得楚怀王直翻白眼，发兵10万人攻打秦国。秦惠文王也发兵10万人迎战，同时还约了齐国助战。楚国一败涂地。10万人马只剩了两三万，不但商于六百里地没到手，连楚国汉中六百里的土地也被秦国夺了去。楚怀王只好忍气吞声地向秦国求和，楚国从此元气大伤。

张仪用欺骗手段收服了楚国，后来又先后到齐国、赵国、燕国，说服各国诸侯"连横"亲秦。这样，六国"合纵"联盟终于被张仪拆散了。

【原典】

货赂公行者昧。

注曰：私昧公，曲昧直也。

王氏曰："恩惠无施，仗威权侵吞民利；善政不行，倚势力私事公为。欺诈百姓，变是为非；强取民财，返恶为善。若用贪饕掌国事，必然昏昧法度，废乱纪纲。"

【译文】

贿赂政府官员的事公开进行，政治必定十分昏暗。

张商英注：这是用私利蒙蔽公家，用不正蒙蔽正直。

王氏批注：恩典慈惠不能够向下推行，倚仗威势和权力侵吞百姓的钱物。良好的政令不能施行，倚靠势力假公济私。欺诈百姓，把对的说成是错的；强取民财，把恶事美化成善事。如果用贪婪残暴的人执掌国事，必然法律黑暗，制度崩溃。

【评析】

在任何组织、团队里，腐败就像人的身体长了毒瘤，各种机能都会降低，这就会不可避免地威胁到管理者的管理效率。如果对待腐败分子手下留情，必定会给自己和组织带来很大伤害。对此，领导者必须动真格的，做到除恶务尽。

【史例解读】

倚势私事公为

孔子在鲁国代理相国的时候，齐国认识到，只要孔子在鲁国当政，鲁国就一定会强大，对齐国一定会有威胁。据《史记·孔子世家》记载，齐景公在家里面一再跟大臣们说这个事情，这个时候，黎弥出了一个主意。他说："我们先想办法让孔子在鲁国不能再做下去。如果阻止不了，再想其他的办法。"

于是，他贿赂给鲁国国君和季桓子80个美女、120辆车，放在鲁国曲阜城的南边。季桓子一开始不好意思接受，毕竟在道德、品行、名声上影响不好，但是他又忍不住，就穿上便装，装成普通的老百姓去看，越看越喜欢，回来后就建议鲁定公把这些礼物全收下了。这件事情对孔子的打击非常大，多年后，孔子说了一句话："吾未见好德如好色者也。"

这年的秋祭，孔子作为大夫本该收到一块祭肉，可是他没有收到，这表明他已经不再受到重视了。因此孔子就带着弟子离开了鲁国。

途中，季桓子派人来挽留。孔子没有作答，只给来人唱了一首歌："彼妇之口，可以出走，彼妇之谒，可以死败。盖悠哉游哉，维以卒岁。（那女人的口，可把人逼走；那女人的话，可丧国败家。我何不宽心游荡，快乐打发时光。）国君和大夫公开收受贿赂，排挤走了贤德的孔子，鲁国注定衰败了。"

【原典】

闻善忽略，记过不忘者暴。

注曰：暴则生怨。

王氏曰："闻有贤善好人，略时间欢喜；若见忠正才能，暂时敬爱。其有受贤之虚名，而无用人之诚实。施谋善策，不肯依随；忠直良言，不肯听从。然有才能，如无一般。不用善人，必不能为善。齐之以德，广施恩惠，能安其人；行之以政，心量宽大，必容于众；少有过失，常记于心；逞一时之怒性，重责于人，必生怨恨之心。"

【译文】

听到忠言好事而忽略不管，记住缺点错误而抓住不放，必定是一个凶残暴虐的暴君。

张商英注：暴虐就会产生怨恨。

王氏批注：听到有贤能善良的好人，只高兴一会儿功夫；见到忠诚正直的才能人士，只短暂地敬重爱惜。这人只是有接受贤能的虚名，而没有任用人才的诚意。给与好办法好谋略不能采纳，忠诚正直的话，听不进去。虽然有才人能人，却如同没有一般。不用善良的人，也必然不能做善事。用道德规范自己，广泛施行恩惠慈爱，能使众人安定；行事光明正大，胸怀宽广，必能被众人接受。偶尔犯有过失，时时地记在心上；放纵一时的愤怒，狠狠地责备别人，一定会产生强烈的仇恨。

【评析】

别人给我们提供了正确的意见，我们要牢记于心，别人的错误我们要学会宽容。

管人用人是一门需要宽容的大学问。德才兼备的能人毕竟只是少数，管理者不能只留意下属的缺点和不足，如果这样，那寻遍世界也将无可用之人。宽容能使下属感到亲切、温暖和友好，获得心理上的安全感。下属也终将因此而增强其责任感。此时，宽容会化作一种力量，激励人自省、自律、自强。因此管理者适当地宽容可有效地激励下属。

【史例解读】

不听忠言，必酿祸端

田丰，字元皓，钜鹿人。东汉末年袁绍部下谋臣，官至冀州别驾。其为人刚直，曾多次向袁绍进言而不被采纳，曹操部下谋臣荀彧曾评价他"刚而犯上"。后因谏阻袁绍征伐曹操而被袁绍下令监禁。官渡之战后，田丰被袁绍杀害。

田丰素来足智多谋，为袁绍势力的崛起献过许多良策。与曹操在官渡决战的前夕，田丰对袁绍说："曹操善于用兵，通晓变化，他的兵众虽少，但不可轻视，不如采取持久战的办法。您据有险要的地势，又有众多的兵马，可以外结英雄，内修农事，然后以精锐为奇兵，不断骚扰曹操。他救右则击其左，救左则击其右，让他疲于奔命，民不安业，不出两年就可以打败他。现在您不采取长胜之策，与曹操决胜败于一战，万一不如意，后悔就晚了。"袁绍不但不听，反而认为田丰是在涣散军心，把他囚禁起来。

后来，官渡之战中袁绍果然大败而归，有人对田丰说："先生真有远见，袁绍一定会对您加以重用。"田丰说："袁绍心地狭窄，他如果取胜，我还能活；现在他打了败仗，证实了我对他错，我恐怕活不成了。"果然，袁绍回来后，对左右说："我不听田丰的话，现在要受他的耻笑了。"便将田丰杀害了。

【原典】

所任不可信，所信不可任者浊。

注曰：浊，溷也。

王氏曰："疑而见用怀其惧，而失其善；用而不疑竭其力，而尽其诚。既疑休用，既用休疑；疑而重用，必怀忧惧，事不能行。用而不疑，秉公从政，立事成功。"

【译文】

使用的人不堪信任，信任的人又不能胜任其职，这样的政治一定很污浊。

张商英注：浊，是污浊的意思。

王氏批注：被猜忌而被任用，必然深怀恐惧，这样就失掉了好的品质。被任用不被猜忌会竭尽全力，尽其忠诚。既然猜疑就不要任用，既然任用就不要猜疑，猜疑又加以重用，必然怀有忧虑恐惧，做事就不能做成。任用并且不猜疑，秉承公正之心做事，事情就一定能够做成。

【评析】

这里讲的依然是用人不疑、疑人不用的道理，也就是你请了某个人担任一个职位，你就要把这个职位所对应的权限授予这个人，而不要去怀疑他的专业水准、他的职业道德。

领导对下属的不信任，直接挫伤的是下属的自尊心和归属感，间接的后果是会加大企业离心力。如果领导能进行换位思考，与下属建立起彼此信任的关系，在企业建立起一个上下信任的平台，无疑会增加下属的责任感与使命感，激发员工内在的潜能。

【史例解读】

既疑休用，既用休疑

楚霸王项羽率兵10万，围攻荥阳，当时荥阳空虚，刘邦十分着急，召各谋臣商议。

陈平说："项羽的得力干将，不外范增、钟离昧、龙且、周兰这几个人，如果能够离间他们，使项羽起疑心，就可以解散项羽的核心组织，削弱他的进攻力量了。"

因此，刘邦把4万斤金子交给陈平去作间谍活动的经费，派人混入楚营，散布谣言，说钟离昧等因功不得赏，想与刘邦同谋，灭楚分地称王。项羽一向多疑，听到这个消息，便信以为真，遂不与钟离昧等议事，挥军把荥阳围得水泄不通，一连攻打三日，见城中防卫森严，毫不动摇，也不能越雷池一步，项羽十分急躁。

张良建议趁机派人去与项羽讲和，待项羽谈判代表来再施行反间计，彻底离间项羽与谋臣的关系。汉使提出"以荥阳为界，荥阳以东为楚界，荥阳以西为汉界"的条件，项羽觉得可以接受，但他的谋臣范增却坚决反对。汉使说："关键时刻，大王应自己拿主意。为战胜或战败，别人都可以当楚官或汉官，而你就只能当楚王，不能当汉官。现在汉王兵强马壮，你要取胜不太容易，万一失败了呢？"

项羽听后，点头称是，于是决定先派人去讲和，讲不成再打也不迟。

汉使回去把情况告诉刘邦，刘邦转告陈平："楚使不日就要来和谈，你用何计对付？"

陈平附耳说："如此如此。"刘邦大喜，密令陈平去实行。

项羽不听范增的劝谏，派虞子期为和谈大使，指示他："要刘邦于三天之内出城当面谈判，再趁机会探听汉营虚实。"

虞子期奉命带了几名能干的密探进入荥阳城，闻说刘邦狂饮大醉未起，便暂时到旅馆安歇，打发左右暗里去刺探情报，表面装出是去通报。那位负责通报的密探依命进入了汉营，只有张良和陈平两人出来，见他们身穿的是楚服，便殷勤地把他邀进一间公馆里，用好酒好肉招待，顺便问起范增的起居近况，大赞范增，并附耳问："范亚父有什么吩咐？"那人说："我受项王的差使，不是亚父差来的。"张良、陈平两人一听，假装吃惊，说："我们以为你是亚父秘密差来的！"便叫一名小卒过来，把他带到另一间小馆里，改以粗饭淡菜招待。张良、陈平也只冷冷地说："你饭后叫虞子期来与我王面谈吧！"便走开了。

虞子期听到属下这番报告十分起疑，当他来见刘邦，刘邦还在梳洗。汉兵把虞子期带到一间休息室，等候接见。休息室是间密室，密室里布置得很幽雅，设备齐全，隋何奉陪一会儿，托辞起身，说："虞大使请多坐一会儿，待我去看汉王梳洗好否？"

隋何出去了，虞子期转身看看书桌，见有许多秘密文件，他即走过去翻，见有一封首尾不写名的信，内云："项王彭城失守，提兵远来，人心不附，天下离叛，大兵不过20万，势渐孤弱，大王切不可出降，急当唤韩信回荥阳，老臣与钟离昧等为内应，指日可破楚关……"

虞子期听到门外脚步声，立即把信藏入袖中。

汉臣进来了，说汉王召见，遂把他带到汉王那里。刘邦开口又把过去汉使在项羽面前说过的话重复一遍，愿与项王分土而治。虞子期说："我项王已依遵命，只欲与大王见面详谈，别无他意！"

"既然这样，"刘邦说，"先生请先回，我商议好日期后再约项王见面就是了！"虞子期回见项羽，传达了刘邦意见。更悄悄地密报在城内所见的情况，张良、陈平的态度，及在密室里偷回来的匿名信呈给项羽。

项羽看罢信大怒，虽然范增竭力辩驳，其大臣也劝谏，说这是汉王的"反间计"，多疑的项羽没治范增死罪，但从此疏远他。范增自讨没趣，便回家度余生，不料半途生病而亡。

【原典】

牧人以德者集，绳人以刑者散。

注曰：刑者，原于道德之意，而恕在其中；是以先王以刑辅德，而非专用刑者也。故曰："牧人以德则集，绳之以刑则散也。"

王氏曰："教以德义，能安于众；齐以刑罚，必散其民。若将礼、义、廉、耻，化以孝、悌、忠、信，使民自然归集。官无公正之心，吏行贪饕；侥幸户役，频繁聚敛百姓；不行仁道，专以严刑，必然逃散。"

【译文】

用德政治理百姓就会聚集百姓，用刑法约束百姓就会驱散百姓。

张商英注：刑法，是在道德的意思上建立起来的，而宽恕的原则就包含在刑法之中，因此先代君王用刑法辅助德治而不是专用刑法。所以说：管理百姓用德政就会聚集百姓，约束百姓用刑法就会驱散百姓。

王氏批注：用道德仁义教育人民，能使人民安定。用刑罚约束人民，必然使百姓失散。如果能把礼制、仁义、廉操、羞耻改变为孝顺父母、悌于兄长、忠于君主、信于朋友，使人民自然而然地归顺服从。当官的如果没有公平正直的信念，下面的小吏做事就会贪得无厌，放任差役频繁课重税搜刮百姓钱财。不施行仁爱正直，只以刑法约束，百姓必然逃散。

【评析】

　　刑法对于一个社会而言，是辅助道德养成的工具。如果一味刑民以法，必然离心离德，一遇混乱，整个社会就会轰然倒塌。相反，以德服人，才能有号召力和凝聚力，才能让人真心归附。

　　严刑酷法之下，不可能有真正的团结。不论是治理国家，还是经营管理单位，都是一样的道理。如果有一个领导经常处罚部下，即使每一次处罚都合乎规定，也必会产生怨恨。虽然管理离不开规章制度，但如果刻板地执行这些制度，则会是一个失败的管理者。

【史例解读】

勤于德者，众人归心

　　田横是出生于战国齐国的王族。他和兄长田儋、田荣，都是狄县的豪族。趁秦末大乱复兴故国，田儋、田荣曾相继自立为王。田氏三兄弟有很高的人望，秉承战国养士之遗风，史称"齐人贤者多附焉"。

　　后来田儋死于秦将章邯之手，田荣也被项羽击败后被杀。田横聚集了数万齐国逃兵，继续与楚战斗。项羽进不能胜，退又不甘心，兵力被陷在齐。后来田横趁项羽与刘邦争战之际，夺回了大量齐国的城邑，立田荣之子田广为齐王，自己为相，独揽国政，既不朝楚，也不附汉。

　　刘邦派著名的儒生郦食其去游说齐归汉。郦食其凭借三寸不烂之舌，列举了天下大势和各种利害得失。郦食其的游说很成功，田广和田横同意归顺刘邦，并撤去了守备。这时韩信听说郦食其不费一兵一卒便为刘邦得到了齐国的七十多座城池，非常不满，立即出动大军攻打已经准备投降的齐国。齐国君臣大怒，田横以为刘邦不讲信义，欺骗了自己，便烹杀了郦食其。兵败于韩信后，田横率众向东逃到了梁国，投靠了彭越。

　　西汉统一后，田横由于杀了刘邦的重臣郦食其，十分害怕刘邦的报复，就跑到了海州东海县（今山东即墨县东北）一岛上据守，跟从者有五百余人。刘邦知道田横三兄弟早年起兵定齐，他们在齐人中的威望很高，齐贤能者多有归附。刘邦担心这些人长期留在海岛中，会生后患，对汉不利，于是便下诏赦免田横之罪，召他回朝。田横不肯，他说："我烹煮了陛下的使臣郦生，现在听说郦生的兄弟郦商为汉将,我很恐惧他会报复,所以不敢奉诏。"他表示愿为庶人,与众人在海岛上度过一生。

刘邦并没有善罢甘休。他一面命令郦商不得为其兄复仇,并下诏天下,如果有伤害田横和他的从人的,夷族;一面又派使者继续前往海岛赦免招降,说:"田横来,分封可以大至封王,小至封侯。不来,就派大兵诛灭!"

也许是为了让部下免遭屠戮,田横带着两名从客随同汉使西行去见刘邦。走到尸乡驿站,洗沐完毕,他找了个机会对从客说:"我当初与汉王一起称王道孤,如今他为天子,我成亡命之徒,还有比这更耻辱的吗!天子现在要见我,不过想看一看我的面貌罢了。这里离天子所居的洛阳仅30里,你们赶快拿着我的头去见天子,脸色还不会变,尚可一看。"说完就拔剑自刎了。

刘邦见到田横的首级后,流下了眼泪,他说:"田横自布衣起兵,兄弟三人相继为王,都是大贤啊!"随后派了两千兵卒,以诸侯的规格安葬了田横,又拜田横从客二人为都尉。不想两个从客将田横墓侧凿开,自刎在墓里。刘邦闻之大惊,十分感慨,并由此认定田横的门客都是不可多得的贤士,便再派使者前去招抚留居海岛的500人。500壮士从汉使那里得知田横的死讯,也都相继"蹈海"自杀了。这个海岛后来就叫作田横岛。

【原典】

小功不赏,则大功不立;小怨不赦,则大怨必生。

王氏曰:"功量大小,赏分轻重;事明理顺,人无不伏。盖功德乃人臣之善恶;赏罚,是国家之纪纲。若小功不赐赏,无人肯立大功。

志高量广,以礼宽恕于人;德尊仁厚,仗义施恩于众人。有小怨不能忍舍,专欲报恨,返招其祸。如张飞心急性躁,人有小过,必以重罚,后被帐下所刺,便是小怨不舍,则大怨必生之患。"

【译文】

对于小功不进行赏赐，那么大功就没有人去建立；对于小的怨仇不赦免，那么大的怨仇就必定会产生。

王氏批注：功劳分大小，赏赐分轻重；事情道理明白顺畅，没有人不心悦诚服。大体上，功业德行是臣子的好坏，奖赏惩罚就是国家的秩序。如果小的功劳不赏赐，就没有人愿意立大的功劳了。

志向高远、气量广大，用礼制宽恕别人；道德高尚、仁爱深厚，用仁义向众人推行恩典。有小的怨恨不能容忍，一心要报复，反而会招致祸患。比如张飞心性急躁。人有小的过错，就重重地惩罚，后来被部下刺杀，这就是小的怨仇不赦免，大的怨仇就必定会产生的道理。

【评析】

每个人都希望自己的成绩被重视。哪怕是小的进步，也应该及时予以鼓励，这样才能激发工作热情。另一方面，对别人的小错误应该宽恕、原谅，盯着不放会招来更大的仇怨。

企业靠组织目标与个体目标的趋同一致来吸引员工，更多情况下，需要一种积极的氛围来促使人们协作，实现目标。在这个过程中，以正面激励回应理想的绩效表现的效果，远胜于以负面激励来回应不理想的绩效表现。

【史例解读】

勿以功小而不为

贞观年间，唐太宗发兵征辽东。有一次两军对阵，一名辽将十分勇猛，李世民手下的几个战将都不是他的对手。他们一个个轮番上阵，都无法制服他，全败下阵来。

第二天，那名辽将带兵又来挑战。唐太宗手下竟然没人再敢应战。唐太宗正在着急，却见队伍中闪出一个身穿白色战袍的年轻军人，自告奋勇愿去应战。

"你叫什么名字？"唐太宗问他。"禀告皇上，末将叫薛仁贵。"他回答。

薛仁贵原来是个农民，家里十分贫穷。但他从小爱好武功，尤其善于骑马、射箭，练就了一身的本领。唐太宗征辽东时，薛仁贵报名参军，作战十分勇敢，多次立下战功。

"你有没有看到那辽将异常勇猛，我们几个大将都不是他的对手？"唐太宗又问。

"那辽将武功确实了得，但不是没有破绽。他每次交战都像不要命似的拼杀，得胜的主要原因是在气势上占了上风。"薛仁贵回答。

唐太宗见这个原来不起眼的军人，居然在阵前有这样冷静的头脑，因而非常欣赏，就再次问他："你凭什么来战胜他？"

薛仁贵的回答只有四个字："先声夺人。"唐太宗赞许地点点头。

只见薛仁贵手持方天画戟，腰挂弓箭，像一股飓风似的拔地而起，拍马杀去。

那个前来挑战的辽将还没反应过来，薛仁贵已经杀到，方天画戟直刺他的咽喉。

那辽将被薛仁贵挑下马来，顿时一命呜呼。薛仁贵又趁势杀入敌阵，横冲直撞，没有人能抵挡得住他。李世民抓住时机发动进攻，将对方杀得溃不成军。

战斗结束后，唐太宗召见薛仁贵，给他记了头功，升他为右领军中郎将。

【原典】

赏不服人，罚不甘心者叛。赏及无功，罚及无罪者酷。

注曰：人心不服则叛之也。非所宜加者，酷也。

王氏曰："施恩以劝善人，设刑以禁恶党。私赏无功，多人不忿；刑罚无罪，众士离心，此乃不共之怨也。赏轻生恨，罚重不共。有功之人，升官不高，赏则轻微，人必生怨。罪轻之人，加以重刑，人必不服。赏罚不明，国之大病；人离必叛，后必灭亡。"

【译文】

赏功不能使人心诚悦服，罚罪不能让人甘心，必定会造成众叛亲离的崩溃局面。奖赏到没有立功的，惩罚到没有犯罪的，这是残暴苛刻的表现。

张商英注：人的内心不悦服，就会众叛亲离。赏罚不是所应当施加的对象，就是残暴苛刻。

王氏批注：施加恩惠用以勉励人们做善事，设置刑罚用以禁绝结党作恶。以私意赏赐没有功劳的人，更多的人都会生气；刑罚施加到没有罪过的人，众多将士怀有异心，这就是不恭敬的怨恨。奖赏轻微就会有怨恨，惩罚过重就不会受到恭敬，有功劳的人，官爵提升得不够高，赏赐得不够多，必定产生怨恨。罪责轻微的人，却施加很重的刑罚，必定不会顺服。奖赏惩罚不明确，这是国家大的隐患。人们必定叛变离开，最后一定灭亡。

【评析】

这里讲的是赏罚分明的原则和道理。赏和罚必须公平、公正、分明。如果奖赏了没有功劳的人，就难以服众；同样，惩罚了没有犯错的人，就会激起他们的不满情绪，使人产生逆反的心理，导致严重的后果。

作为企业领导，赏与罚是他们手中的两件法宝，奖罚分明会对一个组织的有效运转起到积极的效果。对有功者的奖励必然应伴随着对无功或者有过者的惩罚，而这不仅要相互结合，而且要泾渭分明。如果奖罚不能分明，它所引起的不良后果远比不奖不罚大得多，从而导致人心涣散、组织混乱，那这两件宝器将变成最致命的自杀利器。

【史例解读】

商鞅赏罚分明

在战国七雄中，秦国在政治、经济、文化各方面都比中原各诸侯国落后。贴邻的魏国就比秦国强，还从秦国夺去了河西一大片地方。

公元前361年，秦国的新君秦孝公即位。他下决心发奋图强，首先搜罗人才。

他下了一道命令，说："不论是秦国人或者外来的客人，谁要是能想办法使秦国富强起来，就封他做官。"

秦孝公这样一号召，果然吸引了不少有才干的人。有一个卫国的贵族公孙鞅（就是后来的商鞅），在卫国得不到重用，跑到秦国，托人引见，得到秦孝公的接见。

商鞅对秦孝公说:"一个国家要富强,必须注意农业,奖励将士;要打算把国家治好,必须有赏有罚。朝廷有了威信,一切改革也就容易进行了。"

秦孝公完全同意商鞅的主张。可是秦国的一些贵族和大臣却竭力反对。秦孝公一看反对的人这么多,自己刚刚即位,怕闹出乱子来,就把改革的事暂时搁了下来。

过了两年,秦孝公的君位坐稳了,就拜商鞅为左庶长(秦国的官名),说:"从今天起,改革制度的事全由左庶长拿主意。"

商鞅起草了一个改革的法令,但是怕老百姓不信任他,不按照新法令去做。就先叫人在都城的南门竖了一根三丈高的木头,下命令说:"谁能把这根木头扛到北门去,就赏10两金子。"

不一会儿,南门口围了一大堆人,大家议论纷纷。有的说:"这根木头谁都拿得动,哪儿用得着10两赏金?"有的说:"这大概是左庶长成心开玩笑吧。"

大伙儿你瞧我,我瞧你,就是没有一个敢上去扛木头的。

商鞅知道老百姓还不相信他下的命令,就把赏金提到50两。没想到赏金越高,看热闹的人越觉得不近情理,仍旧没人敢去扛。

正在大伙儿议论纷纷的时候,人群中有一个人跑出来,说:"我来试试。"他说着,真的把木头扛起来就走,一直扛到北门。

商鞅立刻派人传出话来,赏给扛木头的人50两黄澄澄的金子,一分也没少。

这件事立即传了开去,一下子轰动了秦国。老百姓说:"左庶长的命令不含糊。"

商鞅知道,他的命令已经起了作用,就把他起草的新法令公布了出去。新法令赏罚分明,规定官职的大小和爵位的高低以打仗立功为标准。贵族没有军功就没有爵位;多生产粮食和布帛的,免除官差;凡是为了做买卖和因为懒惰而贫穷的,连同妻子儿女都罚做官府的奴婢。

秦国自从商鞅变法以后,农业生产增加了,军事力量也强大了。不久,秦国进攻魏国的西部,从河西打到河东,把魏国的都城安邑也打了下来。

【原典】

听谗而美，闻谏而仇者亡。

王氏曰："君子忠而不佞，小人佞而不忠。听谗言如美味，怒忠正如仇雠，不亡国者，鲜矣！"

【译文】

听信阿谀诬陷的语言就觉得美滋滋的，听到直言规劝的忠告就表现得恶狠狠的，这样的君主必定走向灭亡。

王氏批注：君子忠诚但不谄佞，小人谄佞却不忠诚。听到谗言如同尝到味道美好的食品。向忠臣发脾气如同仇人，国家还能不灭亡的，不多见了。

【评析】

明智的领导可以避免金钱和美色的诱惑，却不能避免阿谀奉承。听到好话和吹捧的话就高兴，而听到批评和逆耳的箴言就不高兴，甚至记恨别人，这是失败的征兆。

"阿谀奉承"是小人惯用的伎俩。这种人会与领导保持高度的一致，而且很会揣摩领导的心思，整天围着领导转，但却不会为共同的目标而奋斗。领导往往最初还有所警觉，日久天长，慢慢习惯了，最后听不到唱赞歌，甚至唱得不中听就开始生气了，以至于到了对歌功颂德者重用、犯言直谏者仇恨的地步。喜听奉承话，就像是吸鸦片，时间久了，终会走向失败。

【史例解读】

君子忠而不佞

齐景公即位之初让晏婴去治理东阿（山东阿城镇）。晏婴一去就是3年，这期间齐景公陆续听到了许多关于晏婴的坏话，因此很不高兴，便把晏婴召来责问，并要罢他的官。晏婴赶忙谢罪："臣已经知道自己的过错了，请再给臣一次机会，让我重新治理东阿，3年后臣保证让您听到赞誉的话。"齐景公同意了。3年后，齐景公果然听到有许多人在说晏婴的好话。齐景公大悦，决定召见晏婴，准备重重赏赐。谁知晏婴却推辞不受，齐景公好生奇怪，细问其故。晏婴便把两次治理东阿的真相说了出来。

晏婴说："臣3年前治理东阿，尽心竭力，秉公办事，得罪了许多人。臣修桥筑路，努力为百姓多做好事，结果遭到了那些平日里欺压百姓的富绅们的反对；臣判狱断案，不畏豪强，依法办事，又遭到了豪强劣绅的反对；臣表彰和荐举那些节俭、勤劳、孝敬师长和友爱兄弟的人，而惩罚那些懒惰的人，那些不务正业游手好闲之徒自然对我恨之入骨；臣处理外事，送往迎来，即使是朝廷派来的贵官，臣也一定循章办事，绝不违礼逢迎，于是又遭到了许多贵族的反对。甚至臣左右的人向我提出不合法的要求，也会遭到臣的拒绝，这自然也会引起他们的不满。这样一来，这些反对臣的人一齐散布我的谣言，大王听后自然对臣不满意。而后3年，臣便反其道而行之，那些原来说臣坏话的人，自然开始夸奖臣了。臣以为，前3年治理东阿，大王本应奖励臣，结果反而要惩罚臣；后3年大王应惩罚臣，结果却要奖励臣，所以，臣实在不敢接受。"

唐太宗亲贤远佞

玄武门之变后，有人向秦王李世民告发，东宫有个官员，名叫魏征，曾经参加过李密和窦建德的起义军，李密和窦建德失败之后，魏征到了长安，在太子建成手下干过事，还曾经劝说建成杀害秦王。

秦王听了，立刻派人把魏征找来。魏征见了秦王，秦王板起脸问他："你为什么在我们兄弟中挑拨离间？"

左右的大臣听秦王这样发问，以为是要算魏征的老账，都替魏征捏了一把汗。

但是魏征却神态自若，不慌不忙地回答说："可惜那时候太子没听我的话。要不然，也不会发生这样的事了。"

秦王听了，觉得魏征说话直爽，很有胆识，不但没责怪魏征，反而和颜悦色地说："这已经是过去的事，就不用再提了。"

唐太宗即位以后，把魏征提拔为谏议大夫，还选用了一批建成、元吉手下的人做官。原来秦王府的官员都不服气，背后嘀咕说："我们跟着皇上多少年了，现在皇上封官拜爵，反而让东宫、齐王府的人先沾了光，这算什么规矩？"

宰相房玄龄把这番话告诉了唐太宗。唐太宗笑着说："朝廷设置官员，为的是治理国家，应该选拔贤才，怎么能拿关系来作选人的标准呢？如果新来的人有才能，老的没有才能，就不能排斥新的、任用老的啊！"

大家听了，才没有话说。

有一天，唐太宗读完隋炀帝的文集，跟左右大臣说："我看隋炀帝这个人，学问渊博，也懂得尧、舜好，桀、纣不好，为什么干出的事这么荒唐？"

魏征接口说："一个皇帝光靠聪明渊博不行，还应该虚心倾听臣子的意见。隋炀帝自以为才高，骄傲自信，说的是尧舜的话，干的是桀纣的事，到后来糊里糊涂，就自取灭亡了。"唐太宗听了，感触很深，叹了口气说："唉，过去的教训，就是我们的老师啊！"

唐太宗看到他的统治巩固下来，心里高兴。他觉得大臣们劝告他的话很有帮助，就向他们说："治国好比治病，病虽然好了，还得好好休养，不能放松。现在中原安定，四方归服，自古以来，很少有这样的日子。但是我还得十分谨慎，只怕不能保持长久。所以我要多听听你们的谏言才好。"

魏征说："陛下能够在安定的环境里想到危急的日子，太叫人高兴了。"

以后，魏征提的意见越来越多。他看到太宗有不对的地方，就当面力争。有时候，唐太宗听得不是滋味，沉下了脸，魏征还是照样说下去，叫唐太宗下不了台阶。

公元43年，直言敢谏的魏征病死了。唐太宗很难过，他流着眼泪说："一个人用铜作镜子，可以照见衣帽是不是穿戴得端正；用历史作镜子，可以看到国家兴亡的原因；用人作镜子，可以发现自己做得对不对。魏征一死，我就少了一面好镜子。"

【原典】

能有其有者安，贪人之有者残。

注曰：有吾之有，则心逸而身安。

王氏曰："若能谨守，必无疏失之患；巧计狂图，后有败坏之殃。如智伯不仁，内起贪饕、夺地之志生，奸绞侮韩魏之君，却被韩魏与赵襄子暗合，返攻杀智伯，各分其地。此是贪人之有，返招败亡之祸。"

【译文】

能够拥有他应该拥有的，就会心安理得；贪图人家所拥有的，就会残暴掠民。

张商英注：拥有我拥有的，就会心神安逸、身体平安。

王氏批注：如果能够谨慎守护，一定没有散失的祸患；设计精巧的计策，放纵任性地谋取，最后会有被损坏的祸殃。比如春秋时期的智伯不仁义，内心里贪得无厌，产生了侵夺别人土地的念头，阴险地排挤、侮辱韩国和魏国的国君，反被韩魏两国与赵襄子里通外合，回过头来攻击杀死了智伯，每个人都分得了他的土地。这就是贪图人家所拥有的，却反过头来招致灭亡的祸殃。

【评析】

很多人都不懂得珍惜自己已经拥有的东西，这山望着那山高，认为别人的东西总比自己的好，这是人的本性中贪婪的一面使然。但很多时候，那只是一种错觉，只有在失去了自己拥有的东西之后，才感到它的可贵，但为时已晚。要记住，珍惜自己所拥有的，才会一生平安；贪求别人所拥有的，会反过来伤害自己。

【史例解读】

珍惜自己所拥有的

百里奚出身卑贱，曾作为晋国公主伯姬的侍从和陪嫁送给秦穆公。百里奚不堪屈辱，只身逃跑，被山地人捉住，命他养牛。秦穆公听说百里奚的才能后，用5张羊皮把他换回来，任命他担任秦国的宰相。百里奚任职期间，为秦国的发展和壮大做出了突出贡献，为秦始皇统一中国奠定了基础。但百里奚不摆阔气，不讲排场。一般情况下也不坐车，特殊情况需要坐车时，即使是盛夏酷暑，车上也不装绫罗伞盖。到各地视察，从不带一大群侍从，前呼后拥，因此得到了秦国民众的拥护和爱戴。百里奚去世后，秦国男女失声痛哭，孩子停止歌唱，农妇停止杵米。

而商鞅则截然不同。商鞅的好朋友赵良曾对他说："你是凭借国君的宠臣介绍进身官场的，你这种进身的办法就已经不受人尊重。掌握大权之后，每次出门，必定有一大串护卫车跟随，雄壮武士在左右做保镖。侍卫人员全副武装，箭上弦，刀出鞘。如果没有这种派头排场和侍卫保镖，你宁可待在家里，也不肯出门。《诗经》上说'恃德者昌，恃力者亡'。你这些做法可算不上'恃德'。你的荣华富贵正像早上的露珠，太阳一出，霎时就会化为乌有。可是你并不醒悟，贪图享受，独霸秦国朝政，积蓄民众的怨恨。一旦出现什么动乱，很难想象秦国老百姓会怎么对付你。"对赵良的话，商鞅不以为然。结果两人谈话5个月后，商鞅就被车裂而死。

安礼章第六

【题解】

注曰：安而履之为礼。

王氏曰："安者，定也。礼者，人之大体也。"此章之内，所明承上接下，以显尊卑之道理。

【释义】

张商英注：安定地履行就是礼制。

王氏批注：安，就是安定。礼，就是有关人的重要道理。这一章里，说明的是传承上一辈接引下一代，以显明尊贵和卑贱的道理。

【原典】

怨在不舍小过，患在不预定谋。

王氏曰："君不念旧恶。人有小怨，不能忘舍，常怀恨心；人生疑惧，岂有报效之心？事不从宽，必招怪怨之过。

人无远见之明，必有近忧之事。凡事必先计较、谋筹必胜，然后可行。若不料量，临时无备，仓卒难成。不见利害，事不先谋，反招祸患。人行善政，增长福德；若为恶事，必招祸患。"

【译文】

怨恨产生于不肯赦免小的过失，祸患产生于事前未作仔细的谋划。

王氏批注：君王不应当记挂以前的恶意。人有小的埋怨，不能忘掉，时时怀恨在心，人心里产生疑虑和恐惧，怎么会有报答效劳的心意呢？做事不顺从宽容，一定会招致责怪埋怨。

人没有长远见识的睿智，必是为眼前的事情担忧。所有的事都要先计划商量、谋划策略，有必胜的把握，然后再去实行。如果事先没有安排，事到临头没有准备，匆忙处理就很难成功。见不到祸害所在，做事不预先谋划，一定会招惹祸害。人为政良善，会增长福分、德行；如果做坏事，必定会招致祸害。

【评析】

患祸的到来，在于没有事先谋划。所谓人无远虑，必有近忧，如果做事情之前没有对未来的预测，那么，到了危机出现的时候，由于没有准备只能仓促应付，事情就难以办成。所以，必须记住凡事预则立的道理。

【史例解读】

宽而栗，严而温

公元200年，曹操的死对头袁绍发表了讨伐曹操的檄文。在檄文中，曹操的祖宗三代都被骂得狗血喷头。曹操看了檄文之后问手下人："檄文是谁写的？"手下人以为曹操准得大发雷霆，就战战兢兢地说："听说檄文出自陈琳之手。"曹操于是连声称赞道："陈琳这小子文章写得真不赖，骂得痛快。"官渡之战后，陈琳落入曹操之手。陈琳心想：当初我把曹操的祖宗都骂了，这下非死不可了。然而，曹操不仅没有杀陈琳，还委任他做了自己的文书。曹操还与陈琳开玩笑说："你的文笔的确不错，可是，你在檄文中骂我本人就可以了，为什么还要骂我的父亲和祖父呢？"后来，深受感动的陈琳为曹操出了不少好主意，使曹操颇为受益。

　　曹操与张绣的合作也使后人们钦佩他的宽宏大量。张绣是曹操的死敌，两个人有着深仇大恨。曹操的儿子和侄子都死于张绣之手。但是，在官渡之战前，为了打败袁绍，曹操考虑到张绣独特的指挥才能，主动放弃过去的恩恩怨怨，与张绣联合，并封张绣为扬威大将军。他对张绣说："有小过失，勿记于心。"张绣在后来的战役中十分卖力。

　　官渡之战结束后，曹操在清理战利品的时候，发现了大批书信，都是曹营中的人写给袁绍的。有的人在信中吹捧袁绍，有的人表示要投靠袁绍。曹操的亲信们建议曹操把这些当初对他不忠心的人抓来统统杀掉。可曹操却说："当时袁绍那么强大，我自己都不能自保，更何况众人呢？他们的做法是可以理解的。"于是，他下令将这些书信全部烧掉，不再追究。那些曾经暗通袁绍的人被曹操的宽宏大量感动了，对曹操更加忠心。一些有识之士听说了这件事，也纷纷来投靠曹操。

赵简子的驭人之道

　　阳虎是春秋时期一个颇为独特的人，既是治国之奇才，又是毁国之诡才，但就是这样一个人，赵简子却敢大胆任用。

　　阳虎在鲁国为官的时候，挪用公款，假公济私，贪污受贿。但是由于他手段高明，一些知情者虽然不满，却也奈何不得。后来由于过于嚣张，嫉妒他的人和他的仇家联名向鲁君告状。于是鲁君下令查封他的家产，把他驱逐出鲁国。

　　阳虎来到齐国，取得了齐王的信任，齐王让他管理齐国的军事。开始时，阳虎励精图治，把齐军打造成了一支进可攻、退可守的精锐之师。齐王看到本国力量强大，以为可以高枕无忧了，于是每日寻欢作乐。阳虎见有机可乘，就和部将密谋造反。不料被人告密，他只得仓皇逃到赵国，投靠赵简子。

孔子听说此事后，认为赵简子收留乱臣，后世将会有乱。赵简子淡然一笑："阳虎只图谋可以图谋的政权。"

　　赵简子果然放手由阳虎进行一系列的改革，使得赵国国力日益增强，在诸侯中的声望也与日俱增。但是阳虎又开始旁若无人地敛财，并聚集了一帮门客。

　　一日，赵简子将一个密折给他，上面赫然记录着阳虎网罗家臣、侵吞库金的事实。阳虎看过以后，吓出一身冷汗，以后行事再也不敢过于张狂。

【原典】

> 福在积善，祸在积恶。
>
> 注曰：善积则致于福，恶积则致于祸；无善无恶，则亦无祸无福矣。

【译文】

　　幸福在于积善累德，灾难在于多行不义。

　　张商英注：善行积累就会获得幸福，恶行积累就会得到灾祸。既没有善行也没有恶行，就会连灾祸和幸福都没有了。

【评析】

　　"善有善报，恶有恶报"，这句话虽然没有什么科学依据，却也可以将此看成是人类的一种道德底线。

　　从现实的角度讲，如果对人真诚、善良，别人也会以同样的态度对待你；如果对人常常恶语相加、蔑视对方，那么，别人也会对你采取同样的态度。这在无形中证明了"善恶终有报"的观点。所以，为人处世，必须要经常怀着一颗善良、真诚的心。

【史例解读】

帮助别人等于帮助自己

　　三国争霸之前，周瑜并不得意。他曾在袁术部下为官，被袁术任命为居巢长———一个小县的县令。

　　这时候地方上发生的饥荒，兵乱间又损失不少，粮食问题日渐严峻起来。百姓没有粮食吃，就吃树皮、草根，活活饿死了不少人，军队也饿得失去了战斗力。周瑜作为父母官，看到这悲惨情形急得心慌意乱，不知如何是好。

　　这时有人前来献计，说福晋有个乐善好施的财主鲁肃，他家素来富裕，想必囤积了不少粮食，不如去向他借点儿粮。

　　于是周瑜带上人马登门拜访鲁肃，刚刚寒暄完，周瑜就直接说："不瞒老兄，小弟此次造访，是想借点儿粮食。"

　　鲁肃根本不在乎周瑜现在只是个小小的居巢长，哈哈大笑说："此乃区区小事，我答应就是。"

　　鲁肃亲自带周瑜去查看粮仓，这时鲁家存有两仓粮食，各三千斛，鲁肃痛快地说："也别提什么借不借的，我把其中一仓送与你好了。"周瑜及其手下一听他如此慷慨大方，都愣住了，要知道，在饥馑之年，粮食就是生命啊！周瑜被鲁肃的言行深深感动了。

　　后来周瑜发达了，当上了将军，他牢记鲁肃的恩德，将他推荐给孙权，鲁肃终于得到了干事业的机会。

　　鲁肃在周瑜最需要帮助的时候慷慨赠粮，因而两人建立起了深厚的友谊，成为真正的朋友，后来周瑜被重用后就推荐鲁肃，使鲁肃也能一展才华，而不只是做个富翁。鲁肃能拿出自家一半的粮食帮助当时还是陌生的周瑜，使周瑜觉得他是可以信赖的朋友，这应该是周瑜推荐鲁肃的根本原因吧。

宽容之举避祸端

　　汉景帝时，袁盎曾经是诸侯国吴国的宰相。他在吴国任职时，手下有一从史跟他的侍女私通。袁盎知道后，当作什么也没发生。对待这位从史还和以前一样。当从史知道自己做的事已经泄露到袁盎那里后，从史害怕，连夜逃跑了。袁盎得知后，赶紧追回从史，并把侍女送给他。有人说闲话，袁盎就说："人之常情，不必再提。"这番宽宏大量的举动让从史感动不已。

　　后来袁盎被招进朝廷为官。当时正值各分封诸侯国飞扬跋扈、不听中央号令的时候。不久吴国和楚国叛乱。朝廷由于实力不够，不得不派遣使者前往说服吴楚停息叛乱，于是袁盎被派往吴国。

安礼章第六

出使吴国后，吴王想留下袁盎做将军，袁盎不答应。于是吴王密令一都尉带领500人包围了他的住所，将人软禁了起来，准备第二日杀害他。

半夜里，监守袁盎的校尉司马把袁盎从床上拉起来，说："您快逃走吧，吴王要杀您。"袁盎不相信，问："你是什么人？"司马说："我过去是您的从史。承蒙您不记我的罪过，并赐我侍女。"袁盎推辞道："我不能走，否则岂不连累了你和你的家人。"

司马说："我已经安排好了，你不用替我担心！"说完，割破帐篷，领着袁盎到了安全的地方。袁盎于是安全地回到了朝廷。

【原典】

饥在贱农，寒在堕织。

王氏曰："懒惰耕种之家，必受其饥；不勤养织之人，必有其寒。种田、养蚕，皆在于春；春不种养，秋无所收，必有饥寒之患。"

【译文】

轻视农业，必招致饥馑；惰于蚕桑，必挨冷受冻。

王氏批注：懒于耕地种植的家庭，一定会挨饿；不勤劳养蚕纺织，一定会受冻。

种田、养蚕都取决于春天。春天不种田养蚕，秋天就没有收成，一定有饥饿、寒冷的祸患。

【评析】

一直以来，勤劳都是我们中华民族的传统美德。我们的祖先在那个蛮荒年代用勤劳和汗水创造了辉煌灿烂的中华文明，从而跻身于世界四大文明古国之列。直到今天，与"中国人"这三个字联系最紧密的仍然是"勤劳"。毕竟，勤劳是一个人安身立命最重要的根基之一。

【史例解读】

农乃天下之本

从前有个农夫,一心想着有朝一日自己能够成为一个富翁。但是通过什么方式才能成为大富翁呢?经过一番思考,他认为,学会炼金之术才是致富的捷径。

决定了学习炼金之术,他便开始将自己全部的时间、精力以及金钱,都用于炼金术上,对家中的事情不管不问,致使自家田地荒芜。妻子对此也无可奈何,只好向自己的父亲哭诉。岳父听后,决心让自己的女婿将心思重新用到正路上来。

于是,他让农夫前来相见,并对农夫说:"我已经掌握了炼金之术,但是,现在手头还缺少一样炼金用的东西。"

"快告诉我,缺少的东西到底是什么?"农夫急切地问岳父。

"好吧,我可以让你知道这个秘密。但是,你必须先给我弄来3公斤香蕉叶下面的白色绒毛,而且这些绒毛必须是你自己种的香蕉树上的。等你收齐这3公斤绒毛后,我自然会告诉你炼金的方法。"

农夫回家后,迫不及待地将已经荒废多年的田地种上了香蕉,而且还开垦出来大量的荒地。不知不觉,10年过去了,农夫拿着自己所收获的3公斤绒毛来到岳父家,向岳父讨要炼金之术。

岳父指着院子中的一间房子说:"现在,你去把那边的房门打开看看。"

农夫走过去,打开了那扇门,立即看到了满屋子的金光,整个屋子遍地都是黄金。他的妻子儿女已经把香蕉运到市场上卖掉了,换回了这么多的金子。

付出终有回报,世上没有不劳而获的东西。农夫最终通过自己的辛勤劳动,换来了满屋子的黄金。

【原典】

安在得人,危在失士。

王氏曰:"国有善人,则安;朝失贤士,则危。韩信、英布、彭越三人,皆有智谋,霸王不用,皆归汉王;拜韩信为将,英布、彭越为王；运智施谋，灭强秦，而诛暴楚；讨逆招降，以安天下。汉得人，成大功；楚失贤，而丧国。"

【译文】

得到人才就会安全，失去人才则很危险。

王氏批注：国家存在有道德的人，就安全；朝廷失去贤能的人，就危险。韩信、英布、彭越三人，都有智慧谋略，项羽不任用他们，都归附了刘邦。刘邦任命韩信为大将，英布、彭越为王，运用智谋，施展谋略，消灭强大的秦国，诛灭残暴的楚国；征讨叛逆的人，招安归降的人，使天下安宁。汉国得到人才，成就大功；楚国失去贤人，最终灭亡。

【评析】

成功与否的关键，不是"何事"的问题，而是"何人"的问题。用人之道高深莫测，关键在于"不拘一格"四个字。每个人都是人才，要用其长处，避其短处。作为领导，如果真能做到人尽其才，物尽其用，必然政通人和，国泰民安，在社会上也必然享有举足轻重的地位。

【史例解读】

得人者得天下

贞观三年，天下大旱，严重的灾情已危及国计民生。唐太宗忧心如焚，多次率百官求雨，极为虔诚。太宗求天不应，便召集群臣商量对策。他宣布，无论文臣还是武将都要指出朝廷政令的得失，并提出几条具体的意见。这可难坏了武将常何，他回到府中，愁眉不展。正好家中一位名叫马周的落魄朋友，漫游到长安，借住在他的府中。得知了常何的为难之事，马周不假思索，伏在案上，洋洋洒洒地向朝廷提了二十多条建议，文辞非常优美。

次日早朝，常何怀着忐忑不安的心情将奏疏呈现给太宗。太宗一看，这些建议有根有据，切中时弊，确属可行，但武夫常何绝非有这神来之笔，便问他是何人所写，常何告诉太宗为马周所写。太宗又问马周是何样之人，常何便向太宗介绍说："马周是清河茌平（今山东茌平）人，家境贫寒，但勤奋好学，尤其精通先秦诸子的典籍。由于才学出众，清高孤傲，郁郁不得志。他在博州一所学校教书，常受地方官的训斥，一怒之下便拂袖而去，离家远游。他穷困潦倒，经常受人欺凌，历尽艰辛来到长安，住在臣家，乃当今一大奇士也。"

太宗听完介绍，立即预感到这是一位隐于"侧陋"的杰出人才。传诏奖赏给常何绢三百匹，表彰他推荐贤才之功，并派常何回家，请马周入宫见驾。等了约半个时辰，不见马周前来。太宗求贤心切，亲自派官员驾宫中的四马彩车去请马周。又过了半个时辰，太宗到殿外张望，还不见马周入宫。他又派了一辆四马彩车前去催请。这就是风传一时的太宗礼贤下士、三请马周的佳话。

太宗见到马周，广泛问及尧舜的德治天下、孔孟儒学的思想精华、周隋的盛衰兴亡以及当今的时弊和治国要略，马周对答如流，见解精辟。太宗对马周的才华和忠诚极为赞赏，不久拜为监察御史。

马周为官后理政谦虚、谨慎，不拘旧俗，锐意创新，对于贞观一朝的制度建设做出了重要贡献。为了表彰马周，唐太宗亲自题写了"鸾凤冲霄，必假羽翼，股肱之寄，要在忠力"16个草书大字赐予马周，使马周大享殊荣。

贞观22年，马周病危，太宗亲自为他调药，命御医日夜护理。马周去世时，年仅48岁，令太宗哀悼不已。

从唐太宗对待马周一事可以看出，太宗求贤的虔诚、礼贤的恭敬、用贤的如一、思贤的深情。所以天下贤才聚集朝廷，君臣才能共创大唐盛世之伟业。

【原典】

富在迎来，贫在弃时。

注曰：唐尧之节俭，李悝之尽地利，越王勾践之十年生聚，汉之平准，皆所以迎来之术也。

王氏曰："富起于勤俭，时未至，而可预办。谨身节用，营运生财之道，其家必富，不失其所。贫生于怠惰，好奢纵欲，不务其本，家道必贫，失其时也。"

【译文】

国家富有在于增产节约、生聚有方。国家贫困在于放弃农业生产、违背农时。

张商英注：唐尧节俭，李悝充分发挥地利，越王勾践用10年时间繁殖人口、聚积物力，汉朝平抑物价的措施，这些都是增产节约的好办法。

王氏批注：富裕来源于勤劳俭朴，时机尚未来到就预先办置。约束自身节约使用，经营产生财富的道路，他的家庭必然富裕，不会失去所拥有的财富。贫困根源于懒惰，喜好奢侈放纵欲望，不从事本职工作，家境必然贫困，从而失去致富的机会。

【评析】

富有在于有长远的打算，着眼于未来；贫困是因为不善于把握时机，抓不住机遇。时机对于事业的成败具有举足轻重的作用，在合适的时间做合适的事，才能保证事有所成。错过了时机，再好的项目也不会成功。比如说农业生产，一年之计在于春，关键要在春天适时播种，秋天才会有收获，生活才会富足；如果延误了农时，春天该种的没有种下去，秋天就只能收获一些杂草了。一个人的成功有时是与机会密不可分的，错失机会，也就等于与成功失之交臂。

居里夫人说得好："弱者等待时机，强者创造时机。"一个人的成功有偶然的机遇，但偶然机遇的被发现、被抓住与被充分利用，却又绝不是偶然的。

【史例解读】

机不可失，时不再来

三国时期，诸葛亮用马谡的反间计使曹睿削掉了司马懿的兵权后，开始北伐中原，曹睿派驸马夏侯楙为大都督来迎战诸葛亮，于是魏延向诸葛亮献策："夏侯楙乃膏粱子弟，懦弱无谋。延愿得精兵五千，取路出褒中，循秦岭以东，当子午谷而投北，不过十日，可到长安。夏侯楙若闻某骤至，必然弃城望横门邸阁而走。某却从东方而来，丞相可大驱士马，自斜谷而进如此行之，则咸阳以西，一举可定也。"

孔明笑曰："此非万全之计也。汝欺中原无好人物，倘有人进言，于山僻中以兵截杀，非惟五千人受害，亦大伤锐气。决不可用。"魏延又曰："丞相兵从大路进发，彼必尽起关中之兵，于路迎敌，则旷日久，何时而得中原？"孔明曰："吾从陇右石取平坦大路；依法进兵，何忧不胜！"遂不用魏延之计。

其实魏延此计正合兵家奇袭之计，妙不可言，后来司马懿重掌兵权之后，分析说："如果是我进兵，我一定要从子午谷进攻，奇袭长安，这样长安一带便唾手可得。"魏延与司马懿可谓英雄所见略同，可过于谨慎的诸葛亮却不用此计，实在遗憾。

再看后来邓艾率五千精兵，偷渡阴平，逢山开路，遇水搭桥，奇袭成都，一举成功，他没按正规进攻路线来攻打成都，避开姜维剑门关的大军，灭了蜀汉政权，此计与魏延之计如出一辙。

诸葛亮北伐中原能够成功的唯一一次机会就在这里，因为魏主曹睿连续犯了两个错误：一是中了马谡反间计，撤了司马懿的兵权；二是派不谙战事的夏侯楙为帅来拒蜀。这正好给了诸葛亮天赐之机，如果诸葛亮能抓住这一机会，按魏延之计，率五千精兵直取长安，自己再率军出斜谷，那么大事几乎成矣。再加之其他兵马呼应，谁能定天下就难说了。

【原典】

上无常躁，下多疑心。

注曰：躁静无常，喜怒不测；群情猜惧，莫能自安。
王氏曰："喜怒不常，言无诚信；心不忠正，赏罚不明。所行无定准之法，语言无忠信之诚。人生疑怨，事业难成。"

【译文】

上位者反复无常，言行不一，喜怒无常，部属必生猜疑之心，以求自保。
张商英注：急躁或宁静没有常规，高兴与愤怒不加节制，众人的心中猜测疑虑，没有能够自我安定的。

王氏批注：高兴与愤怒没有常规，说话就不会诚实守信；内心不忠诚正直，奖赏惩罚就不会明确无误。所做的事没有确定的标准，说的话没有忠诚信用，人们会产生疑虑埋怨，事业难以成功。

【评析】

　　为官之道，重在沉稳，遇事不慌张，处事要慎重，说话要有信，举止要得体。而那些急功近利、遇事先乱、喜怒无常、朝令夕改的领导，常常给人不可靠、不可信的感觉，下属也会常常猜测领导的意图，久之必生疑心。《左传》说："在上面的没有一定之规，在下面的就无所适从，这是产生疑惑和混乱的根源。"所以，大到国家的治理，小到企业、单位的管理，做领导的都应该注意自己的言行举止，稳重谨慎，要为下面的人树立好的榜样，而不能随便轻浮，遇事慌乱，朝令夕改。

【史例解读】

惊慌失措是不能应对危机的

　　三国时期，诸葛亮因错用马谡而失掉战略要地——街亭，魏将司马懿乘势引大军15万向诸葛亮所在的西城蜂拥而来。当时，诸葛亮身边没有大将，只有一班文官，所带领的五千军队，也有一半运粮草去了，只剩2500名士兵在城里。众人听到司马懿带兵前来的消息都大惊失色。诸葛亮登城楼观望后，对众人说："大家不要惊慌，我略用计策，便可教司马懿退兵。"

　　于是，诸葛亮传令，把所有的旌旗都藏起来，士兵原地不动，如果有私自外出以及大声喧哗的，立即斩首。又叫士兵把四个城门打开，每个城门之上派20名士兵扮成百姓模样，洒水扫街。诸葛亮自己披上鹤氅，戴上高高的纶巾，领着两个小书童，带上一张琴，到城上望敌楼前凭栏坐下，燃起香，然后慢慢弹起琴来。

　　魏军先锋部队见状，不知虚实，急忙策马回报司马懿。司马懿听报随后来到城下，见此状，司马懿心中大疑。他对诸葛亮有很深的了解，认为素来谨慎行事的诸葛亮，从不弄险，今天见他如此安然，城中秩序井然，15万大军压城犹如不见，其中必有埋伏。司马懿之子司马昭是员虎将，见要退兵，急忙劝阻司马懿说："诸葛亮手中可能无兵，必是在疑惑我们，不如让我带兵攻城，即可知虚实。"司马懿不准，15万魏军全部退却。诸葛亮见魏军远去，遂拍掌大笑，结果尽在意料之中。城中兵士见千钧一发之险，顷刻间化作乌有，不由得惊喜交加。诸葛亮含笑对余悸未尽的兵士们说："司马懿素来知我谨慎，不曾轻易弄险，而今见我稳坐城头，安然饮酒抚琴，城门大开，百姓自若不慌，想必我定有奇兵伏于城中，所以不战而退了。此疑兵之计，是万不得已才用的，倘若随便用此计，一旦被敌人识破，必遭大败。"在众人的赞叹声过后，诸葛亮接着说："司马懿急切中退兵，必然选择小路，可速去通告关兴、张苞二位大将设伏。"

不出所料，司马懿正率军沿小路向北退却，行至武功山时，忽听得山后鼓炮齐鸣，杀声震天，只见冲出一队人马，将旗上写着"张苞"。司马懿以为这是诸葛亮早已埋伏好的蜀军，急令魏军不许恋战，拼死冲杀，以求生路。刚刚冲出不远，又是一声号炮，只见一队蜀军从左路向魏军冲来，一看将旗是关兴的兵马。司马懿大惊，更加确信这一切都是诸葛亮预先的计谋，一时间不知蜀军到底有多少兵马。魏军已成惊弓之鸟，丝毫不敢停留，丢掉粮草辎重，沿此路向山后溃逃。

司马懿哪里知道，蜀军的两路兵马总数不过五千，在此设伏，只是虚张声势，并未实战。这是诸葛亮利用司马懿疑心过重的心理，以几千蜀军，兵不血刃地吓退了司马懿的15万大军。诸葛亮在危急关头，能够沉稳安然，因人而异，以兵不厌诈、虚张声势而退数十万大军，除足智多谋外，还因他有坚忍不拔的意志。

【原典】

轻上生罪，侮下无亲。

注曰：轻上无礼，侮下无恩。

王氏曰："承应君王，当志诚恭敬；若生轻慢，必受其责。安抚士民，可施深恩、厚惠；侵慢于人，必招其怨。轻蔑于上，自得其罪；欺罔于人，必不相亲。"

【译文】

对上官轻视怠慢,必定获罪;对下属侮辱傲慢,必定失去亲附。

张商英注:轻视上级是没有礼貌,欺侮下级就是没有恩惠。

王氏批注:侍奉君王,应当用心专一、诚恳恭敬。如果有轻薄怠慢,一定会受到责罚。安抚臣子人民,可以施行深厚的恩情好处。侵犯怠慢他人,必定招致埋怨。轻蔑地对待上位者,是自己领受罪责。欺辱诓骗下边的人,人们必然不会亲近他。

【评析】

如果臣子对国君居功轻慢,不讲礼数,作为权力化身的君王,即使软弱无能,也会忍无可忍,做人臣的轻则削职,重则惨遭杀身之祸。从另一个角度看,一国之君,如果喜怒无常,欺凌侮辱臣下,臣子就不会亲近他,那么,国君就成了真正的"孤家寡人"。其后果不堪设想,可能造成政策法令无法上下畅通的局面。历史上许多弑君犯上事件,多数因此而发生。

"秩序"是稳定的根基,是一个国家凝聚的源泉。尽管有时候这种"秩序"并不合理,需要不断地改进,但也只能采取渐进的方式,激进的做法是极不可取的,很可能扰乱原有的"秩序"。

【史例解读】

轻上生罪,必招劫难

西汉元帝时,元帝的老师萧望之正直无私,当时朝中权贵石显胡作非为,萧望之十分不满,一有机会就会对汉元帝说石显在外边办了很多坏事,让元帝惩罚他。石显送了很多东西给萧望之想拉拢他,可是都没有成功。萧望之一直与石显及其党羽坚持斗争,从没有妥协的时候。

元帝为了维护石显,就多次对萧望之说:"群臣之中,只有你反对石显,是不是你对他有误解呢?我重用他是看中了他的办事能力,如果有什么小毛病,那么我也不想深究,毕竟人无完人嘛。你还是不要揪住他不放了。"

萧望之为此每次都和元帝有一番争论。一次,他激动之下,直接指责元帝包庇石显,纵容他违法作恶,他说:"皇上如果不处处袒护他,石显就不会那么猖狂了。现在他大权在握，群臣因为害怕他报复才不敢反对他，这样一来，连一个说真话的人也没有了。难道皇上还要怪我说实话吗？"

元帝听了心里很不高兴，但又拿这位刚正无私的老师没办法，只好说："别人不那么做，自有他们的道理，你为什么不学学他们呢？虽然你是我的老师，可毕竟我是君你是臣，这样对我说话，实不应该啊。"

萧望之劝汉元帝惩办石显的同时，石显和他的党羽也一心想除掉萧望之，他们多次联名诬告萧望之贪赃枉法；元帝了解萧望之的为人，他对石显说："萧望之一向清廉如水，这个我最清楚，你就不要陷害他了。你与他不和，就应当设法化解怨恨，而不是互相作对。如果你真有诚意，那么就去拜访他吧。"

石显明白元帝还不忍舍弃萧望之，只好硬着头皮来到萧望之府中，他挤出笑脸说："你是皇上的老师，皇上都敬你，何况我呢？我无心和你作对，皇上也让我们和好，你就高抬贵手吧。"萧望之一脸严肃，不为所动，说："你我不是个人恩怨，而是忠奸之争，绝没有和好的可能。我这个人天不怕地不怕，你就别抱幻想了。要想让我和你在朝廷上和和气气的，除非江河都倒流！"

石显一听，鼻子都气歪了，他见"和好"无望，就恨恨地离开了，从此发誓要把萧望之除掉。石显走后，萧望之的家人对萧望之说："石显屈尊前来，一定出自皇上的授意，你当面斥责他，就是不给皇上面子，这样皇上也会不高兴。你以一人之力和群奸对抗，实在太危险了，还是暂且忍耐一下为好。"

萧望之说："自古忠奸本能相克，不铲除石显我是不会罢手的。我是皇上的老师，皇上即使不支持我，也不会把我怎么样，你们就不要为我的安危担心了。"

后来石显等人诬陷萧望之结党营私，这一次元帝非常愤怒，他下令把萧望之关入狱中。后来经过调查，发现根本没有这回事，完全是石显诬告的。元帝放了萧望之，但还是免去了他的官职。过了不久，元帝觉得自己做得可能有些过分了，有所后悔，就又恢复了萧望之的官职。但是对于诬告的石显等人却没有做出什么责罚，还对萧望之说："我不忍伤害你，因为你是我的老师。你若能和百官和睦相处，免去我的烦忧，那我是最高兴的。"

可是萧望之仍然坚持与石显势不两立。

石显等人见萧望之官复原职了，不禁又恨又妒，他们担心萧望之会报复自己，就以萧望之的儿子萧伋曾上书申冤为由，诬陷萧望之纵子犯上，犯了大不敬的重罪。

　　这回元帝又命人把萧望之逮捕入狱了，还特别强调审查此事：萧望之对元帝十分失望，他忍受不了两番入狱的侮辱，自杀而死。

【原典】

　　近臣不重，远臣轻之。

　　王氏曰："君不圣明，礼衰、法乱；臣不匡政，其国危亡。君王不能修德行政，大臣无谨惧之心；公卿失尊敬之礼，边起轻慢之心。近不奉王命，远不尊朝廷；君上者，须要知之。"

【译文】

　　亲近左右之臣不受尊重，那么在朝廷之外的藩臣就会轻视他们。

　　王氏批注：君主不圣明，礼制衰落，法制昏乱。臣子不匡扶国政，国家就有灭亡的危险。君王不能够以修养仁德来推行政事，大臣就没有谨慎小心、畏惧害怕的心志；王公大臣失去尊敬的礼制，朝廷外就会产生轻视怠慢的心思。身边的人不遵守君王命令，远方的人就不会尊敬朝廷；国君必须要知道这个道理。

【评析】

　　国家领导人身边的大臣如果得不到信任和重用，那么远离中央的地方官吏也会瞧不起他们。这样一来，国家的决策部署就难以实行。齐桓公放权于管仲，称霸一世；刘玄德委政于孔明，终成三足鼎立之势；唐太宗以魏征为鉴，才有贞观之治……这都是历史的明证。

　　古代的君王派大臣下基层办事时，总是授以"钦差大臣"的名号，就是要加强下派干部的权威性，形成震慑力。一个国家或者一个单位，国家的决策不可能由最高领导亲自完成，必须层层传达，逐级贯彻。

【史例解读】

项羽有才而不用

秦末农民战争时，范增成为项羽的主要谋士，封历阳侯，尊为亚父。他屡劝项羽杀刘邦，项羽不听。后项羽中刘邦反间计，其权力被削弱，他愤而离去，死于途中。

范增一向足不出户，好出奇计，是一个不轻易抛头露面的满腹经纶的谋略家。但是，由于晚年投靠了刚愎自用的项羽，使他的谋略才华无法充分施展，作为一个谋略家，他最终成为一个悲剧人物。

秦灭亡后，项羽、刘邦是两个最大的军事集团，当时项羽拥兵40万，刘邦仅有10万之众，两军对峙。范增清醒地看到，沛公刘邦具有更大的抱负，必然成为与项羽抗衡的对手。因此他和项羽共同设下了历史上著名的"鸿门宴"。

在鸿门宴上，范增屡次举目示意项羽，又再三举起所佩玉玦，暗示他当机立断，杀死刘邦。项羽却没有反应。范增又让项庄借舞剑助酒兴，伺机击杀刘邦，项伯看出破绽，起身拔剑对舞，掩护刘邦。张良忙召樊哙说"项庄舞剑，意在沛公"，让他去护驾。结果，刘邦从危急之中脱险，范增枉费了心机。他非常清楚，刘邦此一去，将是蛟龙入水，给项羽集团带来极为不利的后果。事后，他气愤地把张良临走赠送他的一双玉斗扔到地上，拔剑而击之，叹道："唉！不能与这小子共谋大事，夺取项王天下的，一定是沛公，我们眼看就成了他的俘虏了。"

作为项羽主要谋臣的范增，虽然有许多谋略，但都不能为项羽所采纳。正如刘邦所说："项羽有一范增而不能用。"范增本是项羽的"骨鲠之臣"，项羽曾尊他为"亚父"，最后也受到项羽猜疑，一气之下，请求退归乡里。一路郁闷成疾，快到彭城时，发病而死。

【原典】

自疑不信人，自信不疑人。

注曰：暗也。明也。

王氏曰："自起疑心，不信忠直良言，是为昏暗；己若诚信，必不疑于贤人，是为聪明。"

【译文】

自己怀疑自己,则不会信任别人;自己相信自己,则不会怀疑别人。

张商英注:怀疑自己的人不明事理,相信自己的人明白事理。

王氏批注:自己心里先有了猜疑,就不会相信忠诚正直人说的好话,这是昏庸黑暗。自己如果诚实守信,必然不猜忌贤能之人,这就是聪明。

【评析】

缺乏自信的人,对自己都疑神疑鬼,让他们相信别人这就更加不现实,当然这种人也不会采纳别人的忠告和意见,他们的行为是昏庸糊涂的;拥有自信的人,绝不会轻易怀疑别人,他们往往会及时采纳别人的意见。

【史例解读】

自信者不疑人

春秋战国时,魏文侯打算征伐中山国,上朝讨论的时候,就叫众人举荐能人。

堂下就有一位大臣举荐了一个人叫乐羊,确实能征善战,但他的儿子在中山国里做大官,就怕他不忍心下手。魏文侯也不好做出决断。后来,魏文侯听说乐羊曾经拒绝儿子要他到中山国任职,而且还听说乐羊劝说儿子不要再跟着荒淫无道的中山国君做事。魏文侯当下不顾群臣的反对,决定重用乐羊,派他带兵去攻打中山国。

乐羊率领军队一直打到中山国的国都,然后驻扎在城下,按兵不动。几个月过去了,乐羊还是没有起兵攻打。这时的魏国,议论四起,可是魏文侯都不听他们的,并不断派人给乐羊送去吃的喝的。一个月后,乐羊发动攻势,没过几天,终于攻下了中山国的都城。魏文侯听到消息很高兴,亲自为乐羊接风。宴席完毕,魏文侯送给乐羊一个大箱子,笑着说要让他回家之后再打开看。乐羊回到家打开箱子一看,原来全是自己在攻打中山国时,大小群臣诽谤自己的奏章。

如果当时魏文侯听信了群臣的话,中途对乐羊采取行动,那么自己托付的事也就无法完成,也就不可能攻下中山国。

【原典】

枉士无直友。

王氏曰:"谄曲、奸邪之人,必无志诚之友。"

【译文】

邪恶之士绝无正直的朋友。

王氏批注:谄媚不正直、奸佞邪恶的小人,一定没有用情专一的朋友。

【评析】

所谓物以类聚,人以群分。心性相似的人总会走到一起。人品、行为不端正的人,所结交的朋友大多也是鸡鸣狗盗之辈。身居高位的人如果品德低下,放荡不羁,那么身边一定会聚集一帮投其所好的奸佞小人或臭味相投的怪诞之徒。在人际交往中,最关键的不是性格,而是品德。三国时期的刘关张,性格相差很大,但相似的人品,使他们桃园结义。所以,要交到真诚的朋友,有忠心的下属,自己首先应该做人正直。

【史例解读】

管宁割席断交

管宁和华歆在年轻的时候,是一对非常要好的同学。他俩成天形影不离,同桌吃饭、同床睡觉,相处得很和谐。

有一次,他俩一块儿去劳动,在菜地里锄草。两个人努力干着活,顾不得停下来休息,一会儿就锄好了一大片。

只见管宁抬起锄头,一锄下去,"咝"一下,碰到了一个硬东西。管宁好生奇怪,将锄到的一大片泥土翻了过来。黑黝黝的泥土中,有一个黄澄澄的东西闪闪发光。管宁定睛一看,是块黄金,他就自言自语地说了句:"我当是什么硬东西呢,原来是锭金子。"接着,他不再理会了,继续锄他的草。

"什么?金子!"不远处的华歆听到这话,不由得心里一动,赶紧丢下锄头奔了过来，拾起金块捧在手里仔细端详。

管宁见状，一边挥舞着手里的锄头干活，一边责备华歆说："钱财应该是靠自己的辛勤劳动去获得，一个有道德的人是不可以贪图不劳而获的财物的。"

华歆听了，口里说："这个道理我也懂。"手里却还捧着金子左看看、右看看，怎么也舍不得放下。后来，他实在被管宁的目光盯得受不了了，才不情愿地丢下金子回去干活。可是他心里还在惦记金子，干活也没有先前努力，还不住地唉声叹气。管宁见他这个样子，不再说什么，只是暗暗地摇头。

又有一次，他们两人坐在一张席子上读书。正看得入神，忽然外面沸腾起来，一片鼓乐之声，中间夹杂着鸣锣开道的吆喝声和人们看热闹吵吵嚷嚷的声音。于是管宁和华歆就起身走到窗前去看究竟发生了什么事。

原来是一位达官显贵乘车从这里经过。一大队随从佩带着武器、穿着统一的服装前呼后拥地护卫着车子，威风凛凛。再看那车饰更是豪华：车身雕刻着精巧美丽的图案，车上蒙着的车帘是用五彩绸缎制成，四周装饰着金线，车顶还镶了一大块翡翠，显得富贵逼人。

管宁对于这些很不以为然，又回到原处捧起书专心致志地读起来，对外面的喧闹完全充耳不闻，就好像什么都没有发生一样。

华歆却不是这样，他完全被这种张扬的声势和豪华的排场吸引住了。他嫌在屋里看不清楚，干脆连书也不读了，急急忙忙地跑到街上去跟着人群尾随车队细看。

管宁目睹了华歆的所作所为，再也抑制不住心中的叹惋和失望。等到华歆回来以后，管宁就拿出刀子当着华歆的面把席子从中间割成两半，痛心而决绝地宣布："我们两人的志向和情趣太不一样了。从今以后，我们就像这被割开的草席一样，再也不是朋友了。"

刘关张桃园结义

汉朝末年，天下大乱，黄巾军在各地起义，严重威胁了朝廷的统治。朝廷多年来吏治腐败，竟然找不到足够的兵将去剿灭叛乱。皇帝只好下旨征兵。

征兵榜文来到涿县，贴在城门上，引起了一个英雄的注意，他驻足观看了许久。这个人名叫刘备，是汉中山靖王的后代，汉景帝玄孙。因为刘备的祖父曾在涿县当官，后来因犯罪被罢官，离开此地，但儿孙留在涿县，成为平民，和皇家失去了联系。

此时的刘备已经28岁了,他看见榜文,沉默许久,不禁发出一阵长叹。正在此时,刘备听到身后有一个炸雷般的声音说:"大丈夫不为国效力,为什么要在这里独自叹息?"

刘备转身一看,身后是一个黑大汉,身高八尺,豹头环眼。刘备上前打招呼,在两人攀谈中刘备得知,黑大汉名叫张飞,字翼德,家中有些田产,平时靠卖酒卖肉为生,仗义疏财,最喜欢结交朋友。

刘备说:"我本是中山靖王之后,汉室宗亲。如今看到黄巾军作乱造反,汉室危在旦夕,心里很焦急。我一心想为国效力,但心有余而力不足,所以叹息。"

张飞说:"大丈夫何必叹息,你说要为国效力,这也正是我心里所想的。我家中有不少钱,咱们这就一起招募些乡勇,共同成就大事,你看怎么样?"刘备听后,又惊又喜,上前激动地握住张飞的手。当下两人一起进了路边酒馆,边喝边谈,聊得十分投机,都有一种英雄惜英雄的感觉。

刘备和张飞正在喝酒谈天的时候,从街上走来一个大汉,推着一辆车子。大汉把车子停在酒馆门口,进入店中,向小二喊道:"快斟酒来吃,吃完了我要进城投军,杀敌报国。"他的声音浑厚嘹亮,给人一种不怒而威的感觉。

刘备打量了一下眼前这位大汉,看到他身长八尺,枣红脸膛上有一对丹凤眼,卧蚕眉,威风凛凛,相貌堂堂,立刻肃然起敬。

刘备上前搭话,得知这个大汉是河东解良人,名叫关羽,字云长。因为一个地方豪强恃强凌弱,他看不过去,打死了那个豪强,然后逃了出来。关羽如今已在江湖上行走了五六年,靠做小买卖为生。如今看到城里张榜招兵,就想报名参军,为国效力。

刘备听了以后大喜,把自己的志向和盘托出,并邀请关羽一起共谋大事。三人畅谈许久,真是志趣相投,惺惺相惜。三人相识只有短短一两个时辰,却很快就成了至交,彼此愿意为对方肝脑涂地。

说到高兴处,张飞提议说:"我家后院有一处桃园,现在正是桃花盛开之时,不如我三人一起去那里,结拜为兄弟,然后共谋大事。"

刘备和关羽都异口同声地喊道:"这样最好了,这样最好了。"三人当天又畅饮到天黑,这才恋恋不舍地相互告别,约定第二天在桃园相见。

第二天,张飞在桃园中备下黑牛和白马准备祭祀。刘备关羽到来后,看到园中桃花盛开,到处一片粉红,景色优美,果然是个好地方。

安礼章第六

在桃园深处，张飞摆好香案，三人一起跪倒在此地，焚香盟誓。结拜完毕，按照年龄排出长幼，刘备年龄最大，为大哥，关羽排行老二，张飞最小，排行最后。三人互相行了跪拜之礼后，六只手紧紧地握在一起，真诚地注视着对方。

【原典】

> 曲上无直下。
>
> 注曰：元帝之臣则弘恭、石显是也。
> 王氏曰："不仁无道之君，下无直谏之士。士无良友，不能立身；君无贤相，必遭危亡。"

【译文】

邪僻的上司必没有公正刚直的部下。

张商英注：汉元帝手下的大臣弘恭、石显，就是不刚直的人。

王氏批注：不施行仁爱、没有道义的君王，手下就没有可以直言劝谏的谋士。人如果没有良善的朋友，就不能存身。君王如果没有贤能的宰相，必定遭受灭亡。

【评析】

常言说："上有所好，下有所效。"有什么样的领导，就会有什么样的下属。一个单位风气的养成，主要看领导的品德。如果领导好大喜功，整个单位就会弥漫严重的夸夸其谈的作风，反之亦然。这就是所谓的"上之所好，民必甚焉"。

【史例解读】

上梁正则下梁正

从前，晋国流行一种讲排场、摆阔气的坏习气，晋文公便带头用朴实节俭的作风来纠正它，他穿衣服绝不穿价格高的丝织品，吃饭也绝不吃两种以上的肉。不久之后，晋国人就都穿起粗布衣服，吃起糙米饭来。

楚灵王喜欢纤细的腰身。因此，朝中大臣都唯恐腰肥体胖，失去宠信，不敢多吃饭，把一日三餐改为只吃一餐。每天起床整装，先要屏住呼吸，然后把腰带束紧。时间久了，一个个饿得头昏眼花，扶住墙壁才能站起来。一年之后，满朝文武都成了面黄肌瘦的废物了。

朱元璋由于出身贫苦农家，不仅深深体谅农民生活的艰辛、物力的艰难，而且身体力行，倡导节俭。明朝建立后，按计划要在南京营建宫室。负责工程的人将图样送给他审定，他当即把雕琢考究的部分全去掉了。工程竣工后，他叫人在墙壁上画了许多触目惊心的历史故事做装饰，让自己时刻不忘历史教训。有个官员想用好看的石头铺设宫殿地面，被他当场狠狠地教训了一顿。

朱元璋用的车舆器具服用等物，按惯例该用金饰的，他都下令以铜代替。主管这事儿的官员说："这用不了多少金子。"朱元璋说："朕富有四海，岂吝惜这点儿黄金。但是，所谓俭约，非身先之，何以率天下？而且奢侈的开始，都是由小到大的。"他睡的御床与中产人家的睡床没有多大区别，每天早膳，只有蔬菜就餐。在朱元璋的影响下，宫中的后妃也十分注意节俭。她们从不盛装打扮，穿的衣裳也是洗过几次的。有个内侍穿着新靴子在雨中行路，被朱元璋发现了，气得他痛骂了内侍一顿。一个散骑舍人穿了件十分华丽的新衣服，朱元璋问他："这衣服用了多少钱？"舍人回道："五百贯。"朱元璋痛心地说："五百贯是数口之家的农夫一年的费用，而你却用来做一件衣服。如此骄奢，实在是太糟蹋东西了。"

【原典】

危国无贤人，乱政无善人。

注曰：非无贤人、善人，不能用故也。

王氏曰："谗人当权，恃奸邪害忠良，其国必危。君子在野，无名位，不能行政；若得贤明之士，辅君行政，岂有危亡之患？纵仁善之人，不在其位，难以匡政、直言。君不圣明，其政必乱。"

【译文】

行将灭亡的国家，绝不会有贤人辅政；陷于混乱的政治，绝不会有善人参与。

张商英注：并不是没有德才兼备、能力很强的人，而是不能任用的缘故。

王氏批注：谗佞小人掌握权力，依靠邪恶的人，谋害忠良的人，国家必然灭亡。君子不当政，没有名望地位，不能够从事政事；如果得到贤能聪明的人辅佐国君行使政事，怎么会有国家灭亡的忧患呢？即使是仁爱善良的人才，得不到自己的职位，也不能够实话实说，匡扶政治。君王不圣明，他的政局肯定动荡。

【评析】

在危机四伏、动荡不安、豺狼当道、邪恶横行的国家，奸人和小人才吃得开，善良的人不愿意同流合污，必然受到迫害，当权者不赏识、也不重用真正有才干的人。

【史例解读】

残暴施政，上下离心

商代的最后一个帝王叫辛，也就是历史上有名的暴君商纣王。纣不但荒淫无度，而且还十分残忍，他对待臣下一律采取重刑，稍有不是，就会被折磨得死去活来。有一种独特的刑具，叫作炮烙，是用铜制成的，长5尺有余，宽约3尺，用刑时，将它放在火上烤红，将人捆在上面，人的身体一接触，马上就会烧得吱吱响，疼痛难忍，一会儿就命归黄泉。

他对待那些诸侯王也十分残忍。当时有不少诸侯不满于纣的暴虐，那些奸佞小臣就把这种情况反映到纣那里，纣为了加强统治，就任命了三公，让他们管领诸侯，这三公就是西伯昌、九侯和鄂侯。

九侯领受了这个监视别人的任务，心里很不高兴，他对纣的做法恨之入骨，但是又不敢不接受。他有个漂亮的女儿，看到父亲整天愁眉不展，就向父亲打听原因，他知道父亲的心病后，就说："父亲别急，女儿可以帮助您解除烦恼，我有办法去劝解纣，让他改变目前这种不得人心的做法。"九侯就同意了。

九侯女儿来到京城，她的容貌使得纣王一见倾心。但纣王根本不听九侯女儿的劝解，有一天，他干脆把她杀了。

九侯知道这一情况后，心如刀绞，就求见纣王。九侯知道自己早晚也会死在这暴君的手下，干脆豁出去了。

九侯在纣面前大胆陈言道："你这个昏庸的君王，现在国家老百姓都被你逼到了死亡的边缘，我的女儿完全是为了社稷来劝解你，你反而杀了她……"

可怜九侯的话还没有说完，纣王就命令手下拖出去杀了。

鄂侯一看到纣竟然杀了为国家做出重大贡献的老臣，不禁老泪纵横，跪到地下说道："君王，九侯所说的话并没有错，你怎么就为了这点儿小事而杀了有功的老臣？"

纣王听完，勃然大怒，说道："难道你们还想串通起来造反吗？给我推出去斩了！"

这样又杀了鄂侯。他觉得杀了还不解气，还命人将九侯和鄂侯剁成肉泥，做成肉饼，派人送到各个诸侯国，并传言道："以后再有谁违抗，就与两侯同论。"诸侯们一个个噤若寒蝉，谁也不敢再向纣进一言了。

【原典】

爱人深者求贤急，乐得贤者养人厚。

注曰：人不能自爱，待贤而爱之；人不能自养，待贤而养之。

王氏曰："若要治国安民，必得贤臣良相。如周公摄政辅佐成王，或梳头、吃饭其间，闻有宾至，三遍握发，三番吐哺，以待迎之。欲要成就国家大事，如周公忧国、爱贤，好名至今传说。

聚人必须恩义，养贤必以重禄；恩义聚人，遇危难舍命相报。重禄养贤，辅国事必行中正。如孟尝君养三千客，内有鸡鸣狗盗者，皆恭养、敬重。于他后遇患难，狗盗秦国狐裘，鸡鸣函谷关下，身得免难，还于本国。孟尝君能养贤，至今传说。"

【译文】

　　深深地爱护人才的，一定急于求取贤才；乐于得到贤才的人，待人一定丰厚。

　　张商英注：人不能自我爱护，等到贤人出现而爱护他们；人不能自我厚养，等待贤人到来而厚养他们。

　　王氏批注：要治理国家，安定人民，必须得到贤能的臣子辅助。如周公主持朝政辅佐周成王。在梳头、吃饭的时候，听说客人来到，洗一次头要三次手握头发，吃一次饭要三次吐出食物，以等待迎接客人。想要成就国家大事，应当像周公那样为国家担忧，亲近贤良的人，美好的声誉才能流传至今。

　　聚揽人才必须依靠恩情仁义，供养贤才必须提供优厚的俸禄。用恩德仁义聚揽人才，遇有危急困难的时候才会舍命报答。用优厚的俸禄供养贤才，那么国事必定公平正直。比如孟尝君供养了三千食客，里边有学公鸡打鸣的和学狗翻墙偷盗的人，他都恭敬地对待，后来孟尝君遇到灾难，学狗偷东西的人盗取了秦国的狐皮大衣，学公鸡打鸣的人在函谷关下学公鸡打鸣，使关门提早打开，孟尝君免于灾难，回到本国。孟尝君能供养贤人，美名流传至今。

【评析】

　　古人将贤才称为"国之大宝"。真正有志于天下、诚心爱才的当权者，不但求贤若渴，而且一旦得到旷世奇才，就不惜钱财，给予丰厚的待遇。凡是开明的君主，都知道人才是事业的第一要务。孟尝君就养了三千食客，凡有一技之长，都被收为门下。三国曹操想统一天下，于是有了历史上著名的"求贤令"。《吕氏春秋》说：最高明的人发现人才，中等的人善于做事，最差的人只想着发财。

【史例解读】

曹操唯才是举

　　赤壁之战后，曹操退回北方。当时作为胜利者的孙、刘两家也在积极巩固和发展自己的势力范围。曹操清楚地看到，若要再和孙、刘重新开战，必须在政治上、军事上、经济上做好充分准备才行，这绝不是短时间内所能办到的。为了加强和巩固自己的权力，他与同时代的其他政治家一样，十分重视严明刑赏，举贤任能。赤壁之战使他在军事上遭到挫折，感到前途多艰，壮志难酬，更需要奖功惩过，提拔英才，励精图治。在他有生之年，身当纷争之世，只有尽自己最大的努力，才能争取实现一统天下的大业。

曹操总结历史经验，认为自古以来的开国皇帝和中兴之君，没有一个不是得到贤才与之共同治理好天下的。而所得贤才，往往是当政的人求、访得来的。有鉴于此，曹操立足现实，指出现在天下未定，正是求贤最迫切的时刻。

后来，曹操下了两道《求贤令》，反复强调他在用人上"唯才是举"的方针。要求人事主管部门和各级地方官吏在选拔人才上，力戒求全责备，只要有真才实学就行。他在这两道令中，又再次提到陈平，陈平并没有较好的品行，但他却能和萧何、曹参及韩信等人辅佐汉高祖成就功业，留名千古。

得士者强，失士者亡

孟尝君养士，是真心爱士，实心养士，诚心用士。孟尝君在薛邑，招揽各诸侯国的宾客以及犯罪逃亡的人，宁肯舍弃家业也给他们丰厚的待遇。一次，孟尝君招待宾客吃晚饭，有一个人遮住了灯亮，那个宾客很恼火，认为饭食的质量肯定不相同，放下碗筷就要辞别而去。孟尝君马上站起来，亲自端着自己的饭食与他的对比，那个宾客惭愧得无地自容，刎颈自杀表示谢罪。

孟尝君每当接待宾客、谈话时，总是在屏风后安排侍史，让他记录孟尝君与宾客谈话的内容，记载所有宾客亲戚的住处。宾客刚刚离去，孟尝君就派使者到宾客亲戚家里抚慰问候，献上礼物。

孟尝君对于来到门下的宾客都一样热情接纳，不挑拣，无亲疏，一律给予优厚的待遇。所以，宾客们都认为孟尝君与自己亲近，情愿归附为他效力。天下的贤士倾心向往，不几年就养了食客三千多人，一时有倾天下之士的美名。他与当时、稍后的赵国平原君赵胜、魏国信陵君魏无忌、楚国春申君黄歇被合称为尚贤好士的"战国四公子"。

田文养士，比他父亲更懂得"得士者强，失士者亡"的道理，"得士者强"就是他养士的目的。要养士必须先得士，得士必须爱士，待之以礼，帮之以利。

【原典】

国将霸者士皆归。

注曰：赵杀鸣犊，故夫子临河而返。

【译文】

国家将要成就霸业，士人阶层必定都返回故土。

张商英注：赵简子杀了窦鸣犊，所以孔子走到黄河边就返了回来。

【评析】

一个国家，如果显示出即将称雄四海的新气象，有识之士就会争先恐后地前来归顺，为之效力。因为当一个国家处于上升期时，就需要大批的人才，而那些有才能的人也看见了建功立业、施展抱负的机会，就前来投奔。所以，人气的多与少，是评判一个事业、一个企业很重要的标准。《吕氏春秋》说："土地从属于城市，城市从属于人民，人民从属于贤者。"

【史例解读】

求贤若渴得高人

春秋五霸之一的秦穆公，之所以能够称霸于诸侯，得益于他身边有百里奚这样的高人辅佐。百里奚饱读诗书，学富五车，但家境贫寒。他一直想外出谋事，却又不舍得扔下妻儿。其妻杜氏深明"好男儿志在四方"的道理，便将家中唯一的一只老母鸡杀掉，让丈夫吃了顿饱饭，为他壮行。百里奚与妻儿依依惜别。

游走天下的百里奚先到齐国，欲求见齐襄公，却没有见到；后来，他又辗转流落到宋国，在这里，他遇到隐士蹇叔——他一生中最重要的朋友。两人一起回到了百里奚的故乡虞国，拜访蹇叔在虞国为官的朋友宫之齐。宫之齐请他们留在虞国做事，但蹇叔认为虞国国君贪小便宜，难成大事，不肯留下来。而被贫困所迫的百里奚，经宫之奇的推荐，当上了虞国的大夫。后来，正如蹇叔所料，虞国国君因贪小便宜，借道给晋献公伐虢，结果晋军在假途灭虢之后，顺手牵羊地灭掉了虞国，百里奚便成了晋国的俘虏。

公元前655年，秦穆公迎娶晋献公的女儿，这是秦晋两国交好的重要标志。百里奚被当作陪嫁的奴仆。但他在送亲路上乘人不备偷偷逃跑了。

细心的秦穆公婚后发现陪嫁的礼单有一个叫百里溪的名字，却不见其人。他一问，身边有个叫公孙枝的晋国人告诉秦穆公："百里溪有治国之才，可惜一直怀才不遇，真所谓英雄无用武之地啊，大王若得此人，必堪大用！"

此时的百里奚已流落到了楚国，在那里被当作奸细抓住，继续做看牛养马的奴仆。求贤心切的秦穆公打听清楚情况之后，就准备了一份送给楚成王的厚礼，以换回百里奚。公孙枝闻讯后急忙来劝阻道："楚国人让百里奚看马，是不知道他的本领，大王要是备了贵重礼品去请他，就是告诉楚王，百里奚是一个很重要的人，楚王一定不会放他离开。"秦穆公恍然大悟，便依照当时普通奴隶的价格，派人带5张羊皮去见楚成王说："老奴百里奚犯了法，现躲在贵国，请允许我们把他赎回去治罪。"于是楚成王把百里奚关进囚车交给秦使。

当秦穆公看到日思梦想的百里奚时，却发现他已是一个白发苍苍的老人，不禁大失所望地问："先生多大岁数？"百里奚答："还不到70岁。"秦穆公叹惜道："唉，先生可惜太老了！"百里奚答："大王如果派我上山打老虎，我确实是老了点儿，如果要我坐下来商讨国家大事，我比姜太公还年轻。"

几番深入长谈之后，秦穆公心悦诚服地感到百里奚确实是一位难得的治国奇才，便诚恳地请他当相国。百里奚告诉穆公："我的朋友蹇叔要比我强许多，大王要是想干一番大事业，就把他请来吧！"秦穆公立即派公子絷前去聘请蹇叔，蹇叔不愿意出来做官，但经不住公子絷再三恳求，便来到秦国。秦穆公与蹇叔一番谈论之后，亦是心悦诚服。第二天，秦穆公便拜蹇叔为右相，百里奚为左相，在二人的协助下，秦国重贤用能，经济和军事实力快速提升，很快称霸诸侯。

【原典】

邦将亡者贤先避。

注曰：若微子去商，仲尼去鲁是也。

【译文】

国家将要走向灭亡，德才兼备的贤人必定先避走他方。

张商英注：微子离开商都，孔子离开鲁国，就是贤人离开国土的例子。

【评析】

一个正在走下坡路、快要灭亡的国家，有志之士一定会纷纷逃离故土，到他乡避难。一个普通人，即使他才德超群，也不能不考虑身家性命，像丧家之犬一样过日子。只有得到明君的录用，他才会实现自己报效祖国的心愿，否则只好"择木而栖"。所以，从人才的流向，也可以从另一个角度看出一个国家的兴亡。

【史例解读】

良鸟择木而栖

赵简子是春秋末期晋国六卿之一，战国七雄之一赵国的奠基人。他出生于世代为晋卿的奴隶主贵族家庭。为人足智多谋，处事机灵善断。

赵简子认为晋国有泽鸣、犊犨，鲁国有孔丘。只有杀了这三人，他就可以夺取天下了。因此就召见泽鸣、犊犨，以政事任命他们，借机杀害。后来，又派人去鲁国聘请孔子。

孔子接到邀请后，便想去晋国实现他的政治理想，他和弟子们已经走到了晋国边境的黄河之滨，听到赵简子杀了辅佐他的贤大夫泽鸣、犊犨，于是取消了投靠赵简子的计划。

孔子对弟子说："泽鸣、犊犨是晋国有贤德的大夫，赵简子还没得志的时候，和他们同闻共见，志同道合，等他得志了，便杀掉他们，然后掌握政权。所以我听说：一个国家之内，如果剖腹取出婴儿，焚烧未长成的草木，那么麒麟就不去那种地方；将沼泽的水取干，然后下去捉鱼，这样蛟龙就不会去那种沼泽；翻倒鸟巢，毁掉鸟卵，那么凤凰便不在那里飞翔。我听说君子知道他同类的下场，都很悲伤。"

所以，从人才的流向就可以看出一个国家的兴亡。孔子说："有智慧有道德的人，首先要回避动荡不安的时代，其次要远离祸乱危险的地域，再次是避开色情的诱惑,最后是回避流言四起的场所。"这是中国古代知识分子自我保护的经验之谈。

【原典】

地薄者,大物不产;水浅者,大鱼不游;树秃者,大禽不栖;林疏者,大兽不居。

注曰:此四者,以明人之浅则无道德;国之浅则无忠贤也。

王氏曰:"地不肥厚,不能生长万物;沟渠浅窄,难以游于鲸鳌。君王量窄,不容正直忠良;不遇明主,岂肯尽心于朝。

高鸟相林而栖,避害求安;贤臣择主而佐,立事成名。树无枝叶,大鸟难巢;林若稀疏,虎狼不居。君王心志不宽,仁义不广,智谋之人,必不相助。"

【译文】

土地贫瘠,不会有大的物产;水浅之处,不会有大鱼游动;秃树之上,不会有大的禽鸟栖息;林木稀疏,不会有大的兽类居住。

张商英注:这四句话,用来说明人浅薄无能,在于没有道德;国家衰微破败,在于没有忠贤。

王氏批注:土地不够肥沃深厚,万物就无法生长;沟渠又浅又窄,鲸鱼大龟就无法游动。君王心胸狭窄,就容不下正直忠良的臣子。遇不到贤明的君主,哪里肯尽心尽力侍奉朝廷。

飞得高的鸟会选择树林栖息,以躲避危险寻求安全。贤能的臣子选择君主而辅佐,以求建立功业成就功名。树上没有枝叶,大鸟难以做巢;林木稀疏,虎狼不会居住。君王志向不够远大,仁义不够宽广,有智慧谋略的人,一定不肯帮忙。

【评析】

这里用自然现象来阐释成功与失败的因果关系,说明人才与事业的紧密关系。假如上至国家机关下至地方当权者，不具备振兴国家的品德和谋略，就必然不会吸引、凝聚大批人才，这正如土壤不肥沃，生产不出甘美之物；水浅的地方，游不来大鱼；没有枝叶的树木，引不来大鸟；树林不茂盛，藏不住虎狼之类的大野兽。法天象地的圣贤，自然不会流连于危乱之邦，浅薄无知的小人，当然不会有什么品德可言。

【史例解读】

贤君惜贤人

齐桓公为了称霸天下，广求天下贤士辅佐。卫国人宁戚听到这个消息也想投奔桓公以施展自己的才华，但他家里贫困，苦于没人举荐自己。最后他心生一计，于是就替卫国商人赶着货车来到齐国。他们赶到齐国国都时，已经是傍晚，只好露宿在城门的外面。

这一天，齐桓公正好到郊外迎接宾客，夜里打开城门，让装载货物的车子让开。迎宾队伍中的随从很多，火把也很明亮。这时，宁戚正在车下喂牛，远远地望见了齐桓公，悲从中来，于是就敲着牛角大声地唱起歌来。

齐桓公听到了歌声，细细品味歌词，说："真是与众不同啊！这个唱歌的人绝对不是一个凡夫俗子！"说罢便下令把宁戚带回去。

齐桓公回到宫中后，侍从们请示桓公如何安置宁戚。齐桓公赐给他衣服帽子，随即召见了他。宁戚见到桓公后便用如何治理国家的话劝说他，桓公非常满意。

第二天，齐桓公再次召见了宁戚。这一次，宁戚又用如何治理天下的话劝说桓公，桓公听了以后更加高兴，准备任用他担任要职。

大臣们听到这个消息后，纷纷劝谏道："宁戚是卫国人，我们对他的底细还不是很了解。大王还是先核实一下，如果他确实是个贤德之人，再任用他也不晚。"

齐桓公笑着摇了摇头，说："不必了。用人而疑之，这正是君主失去天下杰出人才的原因。"

最后，齐桓公没有听从大臣的意见，对宁戚委以重任。

【原典】

山峭者崩，泽满者溢。

注曰：此二者，明过高、过满之戒也。

王氏曰："山峰高峻，根不坚固，必然崩倒。君王身居高位，掌立天下，不能修仁行政，无贤相助，后有败国、亡身之患。

池塘浅小，必无江海之量；沟渠窄狭，不能容于众流。君王治国心量不宽，恩德不广，难以成立大事。"

【译文】

山势过于陡峭，则容易崩塌；沼泽蓄水过满，则会漫溢出来。

张商英注：山峭崩、泽满溢这两个方面，是用来说明过高、过满应当戒惧的。

王氏批注：山峰高拔陡峭，根基就不会坚固，必然崩溃倒掉。君王身居高位，执掌天下，如果不能修行仁义推行政事，没有贤能的人相助，最后一定有国家灭亡、自己遭害的祸患。

池塘水浅洼小，自然没有江河湖海的容量；河沟水渠狭窄，自然不能容纳全部河流。君王治理国家胸怀不够宽厚，恩情仁德不够广博，就难以做成大事。

【评析】

山太高了容易崩裂，水太满了容易外溢，是自然常理。以此来警戒为人切勿得意忘形，以免到手了的权势、财富、功名转眼成空。做人做事，总要有个度，刻意与完美，往往都是画蛇添足，适得其反。当人处在困境之时，大多数人会奋发图强、励精图治；一旦如愿，便放逸骄横。古今英雄，善始者多，善终者少；创业者众多，但真正取得成功的人却没有几个。这可能就是人性的弱点吧。

【史例解读】

颜师古傲气毁前途

隋朝仁寿年间，才学卓著的颜师古由尚书左丞李纲推荐，被任命为安养县尉。

尚书左仆射杨素见颜师古其貌不扬，瘦小年轻，心存轻视，对他说："安养县政务繁重，百姓难治，你能胜任其职吗？"颜师古傲气上来，开口道："我虽不才，却也未把安养小县放在心上，正所谓杀鸡不用牛刀，我胜任有余啊。"

杨素感到惊异，但也心有不快，他训诫颜师古说："为人最忌无所敬畏，骄傲自大，你纵有大才，也用不着盛气凌人。看你的个性，终不是有福之人啊。"

颜师古到任后，政务练达，处事精明，安养县被他治理得很好。他志满之余，忍不住常向人抱怨。

他的好友表示同情，却也开导颜师古。颜师古不听好友良言，仍自高自大，渐渐疏于政务。怨愤之下，他干了几件错事，被人举报而被免官。

颜师古返回长安，在家闲居，一时陷入困境。他整天自怨自艾，精神变得十分颓废。一日，他的一位好友探视他，见他如此消沉，眉头一皱，说："你有此一难，在我看来当是好事，你想听听其中原因吗？"

颜师古目光茫然，木然点头，他的好友接着说："你自恃有才，目空一切，放荡任性，如今丢官在家，应是神灵对你的告诫。若你能从中自察己失，痛改前非，日后当有大的作为。"

颜师古没有反驳，心中还是坚持己见。他四处托人复官，都没如愿，后因家中生活贫困，他只好以教授学生维持生计。

李渊起兵后，颜师古投奔了他，唐太宗即位后，颜师古被任命为中书侍郎。官位渐高，颜师古无忌无理的行为也多了起来，他瞧不起比他官位高的人，对没有才学的官位低的人常出言不逊。一时，许多人都厌恶他。

唐太宗李世民虽爱颜师古的大才，但也对他的缺点提出了中肯的批评，他曾语重心长地对颜师古说："任何人都有他的长处，你应该谦和待人，不该抓住别人的短处不放。"

颜师古口中言是，心中却不以为意，他私下对家人说："我看不惯那些蠢材的德行，难保心有怒气，实不能和他们做到谦让啊。遍观朝臣，又有谁在学问上超过我颜师古的呢？我鄙视他们，难道错了吗？"

颜师古骄纵日甚，对清规戒律从不放在眼里，一年之后，他终因犯了大错被唐太宗免除了官职。

颜师古不汲取以往的教训，旧病复发，随意责怨他人，惹得舆论所不容。唐太宗一再教训他，让他自重，颜师古口是心非，犯错不断。唐太宗从此不再重用他也就不足为奇了。

【原典】

弃玉取石者盲。

注曰：有目与无目同。

王氏曰："虽有重宝之心，不能分拣玉石；然有用人之志，无智别辨贤愚。商人探宝，弃美玉而取顽石，空废其力，不富于家。君王求士，远贤良而用谗佞，枉费其禄，不利于国。贤愚不辨，玉石不分，虽然有眼，则如盲暗。"

【译文】

抛弃美玉、拾取岩石的人，必定是有眼无珠的盲人。

张商英注：有眼无珠和没有眼睛是一样的。

王氏批注：虽然有珍重宝贝的心意，却分辨不出玉石和普通石头。虽然有用人的想法，却没有智慧来分别贤能和愚昧。商人求取宝贝，舍弃美玉而选走顽石，白白地耗费力气，不能使家庭富裕。君王求取人才，远离有德行的人，任用喜欢进逸言、内心恶毒的小人，白白地浪费了俸禄，不利于国家。分辨不出贤能与愚昧、玉石与顽石，虽然长了眼睛，却和瞎眼看不见东西一样。

【评析】

这种事在我们身边时有发生，几乎每个人都有过如此愚蠢的选择。比如说，我们经常为一些身外之物而奋斗不休，为此失去了许多东西，亲情、友情甚至健康，这都是"弃玉取石"的行为。

对于企业招聘员工同样如此。不要完全指望第一次面试就能全面了解一个应聘者。多研究一下他们的应聘材料，了解一下他们的背景，充分地进行面试，才能更有效地避免被表面迷惑。否则，虽然有用人的打算，但不能区分人才的高下，这就和扔了美玉、留下顽石一样。

【史例解读】

因小失大

卫懿公是卫惠公的儿子，名赤，世称公子赤。他爱好养鹤，如痴如醉，不恤国政。不论是苑囿还是宫廷，到处都有丹顶白胸的仙鹤昂首阔步。许多人投其所好，纷纷进献仙鹤，以求重赏。

卫懿公把鹤编队起名，由专人训练它们鸣叫、和乐舞蹈。他还给鹤封有品位，供给俸禄，上等的供给与大夫一样的俸粮，养鹤训鹤的人也均加官晋爵。每逢出游，其鹤也分班随从，前呼后拥，有的鹤还乘有豪华的轿车。为了养鹤，每年耗费大量的资财，为此向老百姓加派粮款，民众饥寒交迫，怨声载道。

有一次，卫懿公正欲载鹤出游，听到敌军压境的消息，惊恐万状，急忙下令招兵抵抗。老百姓纷纷躲藏起来，不肯充军。众大臣说："君主启用一种东西，就足以抵御狄兵了，哪里用得着我们！"懿公问："什么东西？"众人齐声说："鹤"。懿公说："鹤怎么能打仗御敌呢？"众人说："鹤既然不能打仗，没有什么用处，为什么君主给鹤加封供俸，而不顾老百姓死活呢？"

懿公悔恨交加，落下眼泪，说："我知道自己的错了。"命令把鹤都赶散，朝中大臣们都亲自分头到老百姓中间讲述懿公悔过之意，才有一些人聚集到招兵旗下。懿公把玉块交给大夫石祁子，委托他与大夫宁速守城，懿公亲自披挂带领将士北上迎战，发誓不战胜狄人，绝不回朝歌城。但毕竟军心不齐，缺乏战斗力，到了荥泽（朝歌北）又中了北狄的埋伏，很快就全军覆没，卫懿公被砍成肉泥。狄人攻占了朝歌城，石祁子等人护着公子申向东逃到漕邑，立公子申为卫戴公。

朝歌沦陷后，卫大夫弘演前往荥泽为卫懿公收尸，但见血肉模糊，尸体零落不全，只有一只肝尚完好。弘演大哭，对肝叩拜，说："主公一世风光，如今无人收葬，连个棺木也没，臣仅且以身为棺吧！"说着他拔刀剖开自己的肚子，手取懿公之肝纳入腹中，从者只好把弘演的尸体当作懿公的棺材，草草掩埋。

【原典】

> 羊质虎皮者辱。
>
> 注曰：有表无里，与无表同。
>
> 王氏曰："羊披大虫之皮，假做虎的威势，遇草却食；然似虎之形，不改羊之性。人倚官府之势，施威于民；见利却贪，虽妆君子模样，不改小人非为。羊食其草，忘披虎皮之威。人贪其利，废乱官府之法，识破所行谲诈，返受其殃，必招损己、辱身之祸。"

【译文】

羊一样怯懦的本质，却披上虎皮来蒙骗吓人的人，必定是喜欢伪饰的人。

张商英注：有外表没有实体与没有外表是一样的。

王氏批注：羊披着老虎的皮毛，假装老虎的威仪势力，碰到草却吃草。虽然有虎的外形，却改不掉羊的本性。恶人倚仗官府的势力，向百姓显露威严，见到好处却又贪婪。虽然装作君子的模样，终究改不掉小人的胡作非为。羊吃草的时候，忘了披着虎皮的威严，恶人贪图私利，扰乱官府的法纪，如果被识破诡谲狡诈的行为，一定会招来身体受损、名誉受辱的祸殃。

【评析】

要善于观察人，不能被表面现象所迷惑。有些人善于伪装，外表冠冕堂皇，内心却是极度虚伪的；有些人看上去像个正人君子，满口仁义道德，行为上却掩盖不了小人的猥琐和卑鄙，因为人的本性难以改变。

【史例解读】

滥竽充数

古时候，齐国的国君齐宣王爱好音乐，尤其喜欢听吹竽，手下有300个善于吹竽的乐师。齐宣王喜欢热闹，爱摆排场，总想在人前显示做国君的威严，所以每次听吹竽的时候，总是叫这300个人在一起合奏给他听。

有个南郭先生听说了齐宣王的这个癖好，觉得有机可乘，是个赚钱的好机会，就跑到齐宣王那里去，吹嘘自己说："大王啊，我是个有名的乐师，听过我吹竽的人没有不被感动的，就是鸟兽听了也会翩翩起舞，花草听了也会合着节拍颤动，我愿把我的绝技献给大王。"齐宣王听得高兴，不加考察，很痛快地收下了他，把他也编进那支300人的吹竽队中。

这以后，南郭先生就随那300人一块儿合奏给齐宣王听，和大家一样拿优厚的薪水和丰厚的赏赐，心里得意极了。

其实南郭先生撒了个弥天大谎，他压根儿就不会吹竽。每逢演奏的时候，南郭先生就捧着竽混在队伍中，人家摇晃身体他也摇晃身体，人家摆头他也摆头，脸上装出一副动情忘我的样子，看上去和别人一样吹奏得挺投入，还真瞧不出什么破绽来。南郭先生就这样靠着蒙骗混过了一天又一天，不劳而获地白拿薪水。

可是好景不长，过了几年，爱听竽合奏的齐宣王死了，他的儿子齐闵王继承了王位。齐闵王也爱听吹竽，可是他和齐宣王不一样，认为300人一块儿吹实在太吵，不如独奏来得悠扬逍遥。于是齐闵王发布了一道命令，要这300个人好好练习，做好准备，他让300人轮流吹竽给他欣赏。乐师们知道命令后都积极练习，想一展身手，只有那个滥竽充数的南郭先生急得像热锅上的蚂蚁，惶惶不可终日。他想来想去，觉得这次再也混不过去了，只好连夜收拾行李逃走了。

像南郭先生这样不学无术靠蒙骗混饭吃的人，骗得了一时，骗不了一世。假的就是假的，最终逃不过实践的检验而被揭穿伪装。

【原典】

衣不举领者倒。

注曰：当上而下。

王氏曰："衣无领袖，举不能齐；国无纪纲，法不能正。衣服不提领袖，倒乱难穿；君王不任大臣，纪纲不立，法度不行，何以治国安民？"

【译文】

拿衣服时不提领子，势必把衣服拿倒。

张商英注：应当从上面开始，却从下面开始。

王氏批注：衣服没有领口袖子，就不可能完整地提起来；国家没有秩序制度，法律就不能公正。穿衣服不提衣领衣袖，就会提反、提乱而难以穿衣；君王不任用大臣，秩序不能树立，法律不能推行，怎么能治理国家、安定人民呢？

【评析】

做事情要有章法，讲规矩，不能乱来，比如想拿一件衣服，最好抓住领子，一提之下，一件衣服就会顺顺当当。如果抓住其他地方，衣服就会颠三倒四不成样子。同样的道理，治理国家、经营企业也要有规则，有法度，分清上下先后，才会秩序井然，有条有理。

【史例解读】

约法三章

汉元年10月，刘邦的军队在各路诸侯中最先到达霸上。秦王子婴驾着白车白马，用丝绳系着脖子，封好皇帝的御玺和符节，在枳道旁投降。将领们有的说应该杀掉秦王。刘邦说："当初怀王派我攻关中，就是认为我能宽厚容人；再说人家已经投降了，又杀掉人家，这么做不吉利。"于是把秦王交给主管官吏，就向西进入咸阳。

看到那豪华的宫殿、美貌的宫女和大量的珍宝异物，兵士们顿时忘乎所以，昏昏然以为从此可以尽享天下了。连刘邦也情不自禁，为秦宫里所有的一切倾倒，竟想留居宫中，安享富贵。武将樊哙冒死犯颜直谏，直斥刘邦"要做富家翁"。然而，刘邦根本不予理睬，部下的一些贤达志士对此心急如焚。关键时刻，张良向刘邦分析利害，劝道："秦王无道，多做不义的事，所以您才能推翻他而进入咸阳。既然您已经为天下人铲除了祸害，就应该布衣素食，以示节俭。现在大军刚入秦地，您就沉迷在享乐中，这不是和暴秦无异吗？常言道：良药苦口利于病，忠言逆耳利于行。愿沛公听从樊哙等人的话。"张良语气平和，但软中有硬，尤其话中对古今成败的揭示以及"无道"、"和暴秦无异"等苛刻字眼，隐隐地刺疼了刘邦近乎沉醉的心。这种紧打慢唱的做法，果然奏效。刘邦欣然接受了这卓有远见的规劝，下令封存秦朝宫宝、府库、财物，还军霸上，整治军队，以待项羽。

在此期间，刘邦还采纳张良建议，召集诸县父老豪杰，与之约法三章："杀人者处死，伤人及偷盗按情节轻重判罪。"此外，其他的秦法全部废除，各地方官吏维持原任，一切照常。

刘邦又说："我奉命前来的目的是为了除暴安良，别无他图，请诸位不要害怕。"另外，刘邦还派人与秦吏一起巡行各地，晓谕此意。结果，刘邦博得了秦民的一致拥戴，争先恐后用牛羊酒食慰劳军士。刘邦见状，又传话出去："军中粮食充足，不要劳民破费了。"秦地百姓听罢此言，越发高兴，唯恐刘邦不为秦地之王。

刘邦采纳张良的建议，采取一系列安民措施，赢得了民心，为他日后经营关中，并以此为根据地与项羽争雄天下，奠定了良好的政治基础。

【原典】

走不视地者颠。

注曰：当下而上。

王氏曰："举步先观其地，为事先详其理。行走之时，不看田地高低，必然难行；处事不料理顺与不顺，事之合与不合；逞自恃之性而为，必有差错之过。"

【译文】

走路不看地面的人一定会跌倒。

张商英注：应当往下却往上。

王氏批注：迈开脚步之前先看看地面，做事之前先审慎条理。走路的时候，不看田地的高低，肯定不好走路；做事的时候不思考顺利不顺利，处事合理不合理，自以为是地做事，一定会有错误和过失。

【评析】

　　成功者都明白一个道理：做成一件事，绝对要经历层层考验，必须考虑周全，同时要认清当前形势把握好前进的方向，但是脚踏实地地做事业同样重要。失败者常犯的一个错误，就是行动与想法往往不能统一，要么好高骛远，所定下的目标与自己的个人情况相悖，仰着脖子看太阳，掉到了沟里去；要么埋头苦干，不观察周围的环境，闷着头只看见眼前一点儿小利，最后撞南墙而头破血流。

　　《淮南子》说：成就一件事情很难，失败很容易；成好名很难，而毁了自己很容易。千里长堤，可以毁于小小的蚁穴，很大的屋子可以被烟囱里的火焚烧。所以，要告诫自己：战战兢兢，日慎一日。

【史例解读】

聪明反被聪明误

　　相传东汉末年，杨彪的儿子杨修是个文学家，才思敏捷，灵巧机智，后来成为"一代奸雄"东汉相国曹操的谋士，官居主簿，替曹操典领文书，办理事务。

　　曹操多猜疑，生怕人家暗中谋害自己，常吩咐左右说："我梦中好杀人，凡我睡着的时候，你们切勿近前！"有一天，曹操在帐中睡觉，故意落被于地，一近侍慌取被为他覆盖。曹操即刻跳起来拔剑把他杀了，复上床睡。睡了半天起来的时候，假装做梦，佯惊问："何人杀我近侍？"大家都以实情相告。曹操痛哭，命厚葬近侍。人们都以为曹操果真是梦中杀人，唯有杨修识破了他的意图，临葬时指着近侍尸体而叹惜说："丞相非在梦中，君乃在梦中耳！"曹操听到后更加厌恶杨修。

　　曹操出兵汉中进攻刘备，困于斜谷界口，欲要进兵，又被马超拒守，欲收兵回朝，又恐被蜀兵耻笑，心中犹豫不决，正碰上厨师进鸡汤。曹操见碗中有鸡肋，因而有感于怀。正沉吟间，夏侯惇入帐，禀请夜间口号。曹操随口答道："鸡肋！鸡肋！"惇传令众官，都称"鸡肋！"行军主簿杨修见传"鸡肋"二字，便教随行军士收拾行装，准备归程。有人报知夏侯惇。惇大惊，遂请杨修至帐中问道："公何收拾行装？"杨修说："以今夜号令，便知魏王不日将退兵归也，鸡肋者，食之无肉，弃之有味。今进不能胜，退恐人笑，在此无益，不如早归，来日魏王必班师矣。故先收拾行装，免得临行慌乱。"夏侯惇说："公真知魏王肺腑也！"遂亦收拾行装。于是寨中诸将，无不准备归计。曹操得知此情后，唤杨修问之，杨修以鸡肋之意对。曹操大怒说："你怎敢造谣言，乱我军心！"命刀斧手推出斩之，将首级号令于辕门外。

【原典】

> 柱弱者屋坏，辅弱者国倾。
>
> 注曰：才不胜任，谓之弱。
>
> 王氏曰："屋无坚柱，房宇歪斜；朝无贤相，其国危亡。梁柱朽烂，房屋崩倒；贤臣疏远，家国倾乱。"

【译文】

房屋梁柱软弱，屋子会倒塌；才力不足的人掌政，国家会倾覆。

张商英注：才能不能胜任职务被称之为软弱无能。

王氏批注：屋子如果没有坚固的立柱支撑，房屋楼宇就会倒塌；朝廷里没有贤能的宰相，国家就有灭亡的危险。屋梁和立柱腐朽溃烂，房屋会崩溃倒掉；贤能的臣子离开了，国家就会倾倒覆亡。

【评析】

这里阐释的是人才对于国家或者事业的重要性。作为一个管理者，重任在肩，职位越高，就越重视给他人留下好的印象。因为管理者处在众目睽睽之下，既是组织领导者，又是示范引导者，其所作所为很容易引起下属的效仿。因此，管理者必须成为组织中的榜样和标杆，这是塑造"贤者"形象的需要，也是规范和激励下属的需要。

《易经》说：德行很薄位置却很尊贵，智慧不够图谋却很大，力量不大负担却很沉重，没有不失败的。

【史例解读】

小人不可大受而可小知

明朝正统十四年，在今河北怀来县的土木堡，曾发生过一场明朝军队同瓦剌军队的大战。战斗的结果，明朝的皇帝成为瓦剌的阶下囚，50万明军全军覆没。

历史上把这一事件称为"土木之变"。

明英宗朱祁镇在位时，蒙古族的瓦剌部迅速强大，经常侵扰明朝北部边境。公元1449年，瓦剌部首领也先率大军南下，进攻明朝。前线告急，震动朝廷。宦官王振力主明英宗亲自率军迎战，企图侥幸取胜。大臣们竭力反对，明英宗不听。经过两天仓促准备，王振挟持英宗，率领50万大军从北京出发。明军一路上被狂风暴雨袭击，将士饱受饥寒，士气大减；前线又时有战败消息传来，军中一片混乱。到达大同以后，王振得知各地明军惨败的真相，慌了手脚，竟不战自退，急令班师回朝。王振为了显示自己的权威，便邀英宗"临幸"他的老家。可是大军刚出发，王振又后悔了，怕毁坏自己田里的庄稼，于是又下令从原路折回。这就使瓦剌军赢得了时间，逼近明军。

当明军退到土木堡时，被瓦剌军包围。土木堡是一个没有水源的地方，50万饥渴交迫的将士陷入绝境。瓦剌军假装撤退，并派人赴明军讲和，王振信以为真，急令移营就水。这时，瓦剌骑兵突然从四面八方杀来，明军丢盔弃甲，仓皇奔逃，自相践踏，死者不计其数。明英宗被俘。祸首王振在乱军之中，被护卫军樊忠杀死。

【原典】

足寒伤心，人怨伤国。

注曰：夫冲和之气，生于足，而流于四肢，而心为之君，气和则天君乐，气乖则天君伤矣。

王氏曰："寒食之灾皆起于下。若人足冷，必伤于心；心伤于寒，后有丧身之患。民为邦本，本固邦宁；百姓安乐，各居本业，国无危困之难。差役频繁，民失其所；人生怨离之心，必伤其国。"

【译文】

脚下受寒，心肺受损；人心怨恨，伤害国家政权。

张商英注：元气，从脚上产生然后流通于四肢，而心为元气的主宰，人体内元气充和那么身心就会安泰，人体内元气失调那么身心就会受到伤害了。

王氏批注：寒冷的疾病都是从脚上引起的。如果脚受冻，必定伤及心肺。心肺被寒气所伤，过后会有丧生的危险。民众是邦国的根基，根基稳固国家才能安宁。百姓安宁，从事本业，国家就没有危急困顿的灾难。频繁的驱使人民劳作，民众丧失住处。众人产生怨恨叛离的心志，一定会伤害到国家。

【评析】

人无脚不立，国无民不成。足为人之根，民为国之本。可惜人们往往注重头面，却忽略其手足，就像昏君贪婪其权势，忽视其臣民一样。鉴于此，才有"得人心者得天下"的古训。孟子也曾经说过："民为贵，君为轻。"

中国有多次改朝换代，都是因为民怨沸腾。强大的明王朝，最终因李自成领导农民起义被推翻；现在又有多少公司，因员工的不满而濒临破产。就是这样一个简单的道理，让许多领导反复栽倒在同一块石头上而不自省。

【史例解读】

水能载舟亦能覆舟

秦二世元年7月，有一批被征发到渔阳屯戍的闾左九百多人，行至大泽乡（今安徽宿县东南），为大雨所阻，不能如期到达戍所。按照秦律，失期当斩，所以人人惶恐。戍卒中有两名屯长，一是陈胜，字涉，阳城（今河南商水西南）人；一是吴广，字叔，阳夏（今河南太康）人。他们用"鱼腹丹书"、"篝火狐鸣"的计策，策动戍卒起义，提出"大楚兴、陈胜王"的口号，起兵反秦。

起义军迅速攻下了好几个县城，由于不断有百姓参加，部队发展得很快，当攻占陈县（今河南睢阳）时，已拥有步兵数万，骑兵千余，战车六七百辆，陈胜就自立为王，国号张楚（意为张大楚国），任命吴广为假王，率军向西进攻荥阳（今属河南省），命武臣、张耳、陈余等北伐赵地，邓宗南征九江郡（治所寿春，即今寿县），周市夺取魏地。在全国范围内，尤其是旧楚国境内，百姓和旧贵族也纷纷起兵反秦。

吴广围攻荥阳不下，陈胜另派周文为将军西向击秦。当周文进抵戏（今陕西临潼东北，离首都咸阳仅百余里），秦二世才慌忙令少府章邯将修筑秦始皇坟墓的刑徒和奴隶编成军队迎战。义军由于缺乏战斗经验，又孤军深入，接连受挫，周文自杀。

随着反秦战争的发展，起义军内部的弱点和矛盾也逐步暴露了出来，陈胜变得骄傲，听信谗言，诛杀故人，与起义群众日益疏远，派往各地的将领也不再听从他的指挥。围攻荥阳的假王吴广也与义军将领田臧意见不合，田臧竟假藉陈胜的命令杀死吴广，结果导致这支队伍全军覆灭。章邯既在荥阳获胜，乘胜猛扑陈县，陈胜接战不利，突围逃至城父（今安徽蒙城西北），为叛徒庄贾杀害。此后陈胜的部将吕臣率领的苍头军虽两度收复陈县，处死庄贾，但张楚政权已不复存在。陈胜、吴广起义虽不到一年而败亡，但因此而在全国燃起反秦烈火，不久就推翻了秦王朝的统治。

【原典】

山将崩者，下先隳；国将衰者，人先弊。

注曰：自古及今，生齿富庶，人民康乐，而国衰者，未之有也。

王氏曰："山将崩倒，根不坚固；国将衰败，民必先弊，国随以亡。"

【译文】

大山将要崩塌，根基会先毁坏；国家将要衰亡，人民会先贫困。

张商英注：从古代到现在，家丁兴旺，百姓健康安乐，而国家却衰弱的，从来没有这样的例子。

王氏批注：大山将要崩溃倒掉，一定是根基不够牢固。国家将要衰败，民众一定首先穷困，国家随之灭亡。

【评析】

民为国之本，人民安居乐业就是国家存在的基石。天下大治之道在于养民、安民，欲国强必先富民，如果看见平民百姓为衣食而发愁，就是国家将走向衰败的前兆。当权者或管理者应当记住这个教训：民以食为天，国以民为本。越是底层的人就越应该对他们关心和爱护，你对他们好，他们才会敬重你，否则，只会自取灭亡。

【史例解读】

民生凋敝则国衰

唐朝后期，中央集权势力衰微，各地藩镇势力兴起，朝廷与地方藩镇之间进行了长期集权与分权的斗争。朝廷内部宦官专权，政治腐败，地方藩镇争战扰攘。然而，不论是中央政权统治，还是藩镇割据势力统治，同样都很黑暗。地方藩镇与朝廷宦官、大臣相勾结，形成不同的政治派别，相互倾轧，政局动荡混乱，更加深了人民的痛苦。这时的唐王朝已是千疮百孔，凋敝不堪，人民大众煎熬在死亡线上，最终逼得百姓揭竿而起。公元859年，袭甫在浙东领导起义；公元868年，庞勋领导徐泗地区的戍兵在桂林起义。这两次起义虽然被唐朝镇压了下去，但却鼓舞了人民群众的斗志，为黄巢领导的唐末农民起义拉开了序幕。

农民起义军一致推举黄巢为统帅，号称"冲天大将军"，建立霸业，任命官署，斗争锋芒直指以"天"为象征的地主阶级政权。从878年2月起，黄巢率领起义军横扫淮河南北各地，并乘虚南下渡过长江，攻取虔州、吉州、饶州、信州和福州。农民军所到之处，焚官府、杀贪官、济贫农，得到人民的支持，队伍扩大到几十万人。

革命政权建立后，黄巢没有乘胜追击，也没有消灭关中附近的禁军，而是陶醉在胜利之中，这就使逃到四川的唐僖宗站稳了脚，并集结了残余势力，联络各地军阀武装，向农民军反扑过来。在起义高潮中一些暂时投降的节度使，也乘机起兵。农民军没有根据地，很快陷入唐军的包围之中。在艰苦的条件下，起义军首领朱温叛变。后来，唐朝统治者又勾结沙陀族和党项族的贵族武装力量向农民军进攻。由于寡不敌众，农民军退出长安，在河南坚持斗争。

公元884年6月，农民军又退到山东。在莱芜以北狼虎谷一战中农民军多数阵亡，黄巢自杀。农民起义失败。

黄巢领导的农民起义虽然失败，但它具有深远的历史意义。这次起义基本上瓦解了唐政府的腐朽统治，打击了大地主庄田经济，扫荡了门阀残余，使残存的士族门阀"丧亡且尽"。土地集中和农民逃亡的问题因而缓和，自耕农增多，佃户的身份地位稍有改变。这就为五代、北宋社会经济的发展提供了有利条件。

【原典】

根枯枝朽，人困国残。

注曰：长城之役兴，而秦国残矣！汴渠之役兴，而隋国残矣！

王氏曰："树荣枝茂，其根必深。民安家业，其国必正。土浅根烂，枝叶必枯。民役频繁，百姓生怨。种养失时，经营失利，不问收与不收，威势相逼征；要似如此行，必损百姓，定有雕残之患。"

【译文】

树根干枯，枝条就会腐朽；人民困窘，国家将受伤害。

张商英注：长城的劳役兴起了，秦国就衰败了。京杭汴渠的劳役兴起了，隋国就衰败了。

王氏批注：大树茂盛，他的根一定扎得很深；人民的家产安定，国家一定稳定。

如果土壤浅薄，树根腐烂，那树枝树叶一定干枯。劳役人民太过频繁，百姓就会产生怨恨。春季误了种田养蚕，商人经商失败，不问人民有没有收入，用威权势力逼着百姓纳税。如果这样办的话，一定损害到百姓，国家一定有灭亡的隐患。

【评析】

作为统治者并不难，最大的智慧其实就一句话：人民生活富裕，国家自然繁荣昌盛。昏聩的管理者仰仗手中的权力，竭泽而渔，最终只会落得家破国亡的命运。

【史例解读】

民困则国亡

元朝后期，以蒙古族贵族为主的统治阶级，对各族特别是汉族人民的掠夺和奴役十分残酷。他们疯狂地兼并土地，把广阔的良田变为牧场，农民失去土地沦为奴婢。官府横征暴敛，苛捐杂税名目繁多，农民苦不堪言。

元朝统治者挥霍无度，到处搜罗民间美女，天天供佛炼丹。政府财政入不敷出，滥发货币，祸国殃民。加上黄河连年失修，多次决口，真是民不聊生，出现了"饿死已满路，生者与鬼邻"的悲惨局面。

在这种情况下，农民起义便相继爆发。首先是农民刘福通，利用白莲教暗中串连穷人，进行农民起义的发动工作。有一次，元政府强迫征集15万农民，挖掘黄河河道，监督挖河的官吏乘机克扣河工"食钱"，河工们累死累活，还要挨饿受冻，因而怨声载道、群情激愤。刘福通派了数百名教徒，借民夫身份在工地上进行宣传发动。他们一面传播"石人一只眼，挑动黄河天下反"的歌谣，一面凿了个一只眼石头人埋在工地上，民工在挖泥时很快将一只眼石头人挖出，起义的烈火随即点燃。

公元1351年4月，北方红巾军起义终于爆发。在刘福通的领导下，红巾军攻占府衙，捕杀贪官污吏，开仓散米以赈济贫民，受到了群众的热烈拥护，因而吸引了大量的群众加入到起义军队伍中。在不断的胜利进军中，农民革命力量得到迅速发展，全国各地纷纷响应。虽然，红巾军起义最终失败了，但是这次起义无疑加速了元朝的灭亡。

【原典】

与覆车同轨者倾，与亡国同事者灭。

注曰：汉武欲为秦皇之事，几至于倾；而能有终者，末年哀痛自悔也。桀纣以女色而亡，而幽王之褒姒同之。汉以阉宦亡，而唐之中尉同之。

　　王氏曰："前车倾倒，后车改辙；若不择路而行，亦有倾覆之患。如吴王夫差宠西施，子胥谏不听，自刎于姑苏台下。子胥死后，越王兴兵破了吴国，自平吴之后，迷于声色，不治国事；范蠡归湖，文种见杀。越国无贤，终被齐国所灭。与覆车同往，与亡国同辙，必有倾覆之患。"

【译文】

与倾覆的车子走同一轨道的车，也会倾覆；与灭亡的国家做相同的事，也会灭亡。

张商英注：汉武帝想要效法秦始皇做的事情，几乎使汉王朝崩溃，而能够得到好的结局，是由于他在晚年有了哀痛和自我悔悟的缘故。夏桀、商纣王因为贪恋女色而亡国，而周幽王因为宠爱褒姒误国与此相同。汉朝因为阉宦弄权而亡国，而唐朝的宦官担任护军中尉误国与此相同。

王氏批注：前面的车子翻掉了，后面的车子就改换车道。如果不选择别的路行进，也有翻车的隐患。比如吴王夫差宠爱西施，伍子胥劝谏却不听取，只好自刎于姑苏台下。伍子胥死后，越王发动大军攻破了吴国。可自从平定吴国之后，越王沉迷于声乐美色，不治理国事。范蠡泛舟而去，文种又被杀害。越国没有贤能臣子，最终被齐国消灭。与翻掉的车子走一条路，与亡国的国君做同样的事，必定有倾倒覆亡的隐患。

【评析】

跟着前面翻覆的车辙走，最后也会翻覆；跟着失败的人学习，最后只能是失败；与前代亡国之君做同样的事，也要灭亡。这里不是说失败的经验不能借鉴，而是强调人们不应该重走前人失败的老路。历史的教训必须铭记，就是为了趋吉避凶，避免失败的发生，正所谓"前事不忘，后事之师"。只有向成功的人靠拢，自己才会逐步取得成功，所以一定要与那些比自己更成功的人合作，他们能带给你的，除了有形的帮助外，更有一些无形的影响力。

【史例解读】

前事不忘，后事之师

嫡长子继承制是宗法制度最基本的一项原则，即王位和财产必须由嫡长子继承，嫡长子是嫡妻（正妻）所生的长子。

西周天子的王位由其嫡长子继承，而其他的庶子为别子，他们被分封到全国各个重要的战略要地。由嫡长子继承王位可以确保周王朝世世代代大宗的地位，庶子对嫡子的大宗来说是小宗，而在自己的封地内又为大宗，其继承者也必须是嫡长子。西周的嫡长子继承制目的在于解决权位和财产的继承与分配，稳定社会的统治秩序。

在我国历史上，皇帝多子，皇权巨大，皇子争皇权是必然的。历代皇帝在这些问题上都非常犯难，弟杀兄、子杀父、勾结大臣、宦官、制造假象，可以说皇子争当皇帝是无所不用其极。历史上废长立幼带来国乱的不乏其例。三国时刘表废长子刘琦，而立幼子刘琮，导致兄弟反目。袁绍也是废长立幼，导致兄弟相争。

曹操的幼子曹植，从小就聪颖智慧，10岁的时候，便诵读诗、文、辞赋数十万言，出言为论，下笔成章，深得曹操的宠爱。曹操曾经认为，在诸子中曹植"最可定大事"，曾想要立他为太子。有一天，曹操将此事告诉了贾诩，想征求他的意见。可是贾诩就是不开口，最后被逼急了才说："刚才我想到了其他一些人、一些事，比如说袁绍和刘表。"意思很明白：袁绍和刘表因为废长立幼导致混乱，甚至灭亡，今天这个事就是"与覆车同轨者倾"，曹操是个聪明人，一听就懂，哈哈大笑起来，再也不提立曹植之事。

【原典】

见已往，慎将来；恶其迹者，预避之。

注曰：已失者，见而去之也；将来者，慎而随之也。恶其迹者，急履而恶迹，不若废履而无行。妄动而恶，不若绌心而无动。

王氏曰："圣德明君，贤能之相，治国有道，天下安宁。昏乱之主，不修王道，便可寻思平日所行之事，善恶诚恐败了家国，速即宜先慎避。"

【译文】

发现已经发生了的错误，就要谨慎地对待将要发生的更大的错误；厌恶前人有过的劣迹，就必须尽量地避免重蹈覆辙。

张商英注：对于已经发生的错误，发现后就要除掉它。对于将要发生的错误，要慎重地消灭它。对于所厌恶的那些前人有过的劣迹，与其急着行走却厌恶道路，还不如停止脚步而不要行走；与其胡乱行动却厌恶思考，还不如沉心思考而不要乱动。

王氏批注：有道德的君主、贤能的宰相，治理国家有方法，国家就安宁。昏庸的君主，如果不能修行仁义之道，那就静想平时的所作所为，唯恐做坏事使国家衰败，就应该及时地避免这种情况。

【评析】

这里依然是警告人们要以史为鉴，注意吸取前人失败的经验教训，认真谨慎地做出重大决策。知道过去已经发生了的不幸事故或者错误，一旦发现类似的苗头出现，就应当慎之又慎，防止它再次发生，使之消灭在萌芽状态；厌恶前人有过的劣迹，就应当尽力避免重蹈覆辙。

【史例解读】

张良博古通今勇进谏

汉三年冬，楚军兵围汉王于荥阳，双方久战不决。楚军竭力截断汉军的粮食补给和军援通道。汉军粮草匮乏，渐渐难撑危机。汉王刘邦大为焦急，询问群臣有何良策。谋士郦食其献计道："昔日商汤伐夏桀，封其后于杞；武王伐纣，封其后于宋。秦王失德弃义，侵伐诸侯，灭其社稷，使之无立锥之地。陛下诚能复立六国之后，六国君臣、百姓必皆感戴陛下之德，莫不向风慕义，愿为臣妾。德义已行，陛下便能南向称霸，楚人只得敛衽而朝。"这其实是一种"饮鸩止渴"的夸夸其谈，当时刘邦并没有看到它的危害性，反而拍手称赞，速命人刻制印玺，欲使郦食其巡行各地分封。

在这关键时候，张良外出归来，拜见刘邦。刘邦一边吃饭，一边把实行分封的主张说与张良，并问此计得失如何。张良听罢，大吃一惊，忙问："这是谁给陛下出的计策？"他沉痛地摇摇头接着说："照此做法，陛下的大事就要坏了。"刘邦顿时惊慌失色道："为什么？"张良伸手拿起酒桌上的一双筷子，连比带划地讲了起来。他说："第一，往昔商汤、周武王伐夏桀殷纣后封其后代，是基于完全可以控制、必要时还可以致其于死地的考虑，然而如今陛下能控制项羽并于必要时致其死地吗？第二，昔日周武王克殷后，表商容之闾（巷门），封比干之墓，释箕子之囚，是意在奖掖鞭策本朝臣民。现今汉王所需的是旌忠尊贤的时候吗？第三，武王散钱发粟是用敌国之积蓄，现汉王军需无着，哪里还有能力救济饥贫呢？第四，武王翦灭殷商之后，把兵车改为乘车，倒置兵器以示不用，今陛下鏖战正急，怎能效法呢？第五，过去，马放南山阳坡，牛息桃林荫下，是因为天下已转入升平年代。现今激战不休，怎能偃武修文呢？第六，如果把土地都分封给六国后人，则将士谋臣各归其主，无人随陛下争夺天下。第七，楚军强大，六国软弱必然屈服，怎么能向陛下称臣呢？"

张良的分析，真是字字珠玑，精妙至极，且切中要害。他看到古今时移势异，因而得出绝不能照抄照搬"古圣先贤"之法的结论。尤其重要的是，张良认为封土赐爵是一种很有吸引力的奖掖手段，赏赐给战争中的有功之臣，用以鼓励天下将士追随汉王，使分封成为一种维系将士之心的重要措施。如果反其道而行之，还靠什么激励将士从而取得胜利呢？张良精辟入里的分析，较之昔日请立韩王，处心积虑的思想认识，显然是一个飞跃，而且在中国古代政治思想史上占有重要一页。难怪1700年之后，还被明人李贽情不自禁地赞叹为"快论"。

张良借着谏阻分封，使刘邦茅塞顿开，恍然大悟，以致辍食吐哺，大骂郦食其："臭儒生，差一点儿坏了老子的大事！"然后，下令立即销毁已经刻制完成的六国印玺，从而避免了一次重大决策失误，为尔后汉王朝的统一减少了不少麻烦和阻力。

不能不承认，张良是一位明察秋毫的谋略家和富有远见的政治家。

治天下者以史为鉴

唐太宗李世民在位期间，使唐朝经济发展，社会安定，政治清明，人民富裕安康，出现了空前的繁荣。由于他在位时年号为贞观，所以人们把他统治的这一段时期称为"贞观之治"。"贞观之治"是我国历史上最为璀璨夺目的时期。

唐太宗以史为鉴吸取隋朝灭亡的教训，非常重视老百姓的生活。他强调以民为本，常说："民，水也；君，舟也。水能载舟，亦能覆舟。"太宗即位之初，下令轻徭薄赋，让老百姓休养生息。唐太宗爱民如子，从不轻易征发徭役。他患有气疾，不适合居住在潮湿的旧宫殿，但他还坚持在隋朝的旧宫殿里住了很长一段时间。

后来，在唐太宗的带领下，全国上下一心，经济很快得到了好转。到了贞观八九年，牛马遍野，百姓丰衣足食，夜不闭户，道不拾遗，出现了一片欣欣向荣的升平景象。同时，唐太宗十分注重人才的选拔，严格遵循德才兼备的原则。太宗认为只有选用大批具有真才实学的人，才能达到天下大治，因此他求贤若渴，曾先后五次颁布求贤诏令，并增加科举考试的科目，扩大应试的范围和人数，以便使更多的人才显露出来。由于唐太宗重视人才，贞观年间涌现出了大量的优秀人才，可谓是"人才济济，文武兼备"。正是这些栋梁之才用他们的聪明才智，为"贞观之治"的形成做出了巨大的贡献。

【原典】

畏危者安，畏亡者存。夫人之所行，有道则吉，无道则凶。
吉者，百福所归；凶者，百祸所攻；非其神圣，自然所钟。

注曰：有道者，非己求福，而福自归之；无道者，畏祸愈甚，而祸愈攻。岂以神圣为之主宰？乃自然之理也。

王氏曰："得宠思辱，必无伤身之患；居安虑危，岂有累己之灾。恐家国危亡，重用忠良之士；疏远邪恶之徒，正法治乱，其国必存。

行善者，无行于己；为恶者，必伤其身。正心修身，诚信养德，谓之有道，万事吉昌。

心无善政，身行其恶；不近忠良，亲谗喜佞，谓之无道，必有凶危之患。

为善从政，自然吉庆；为非行恶，必有危亡。祸福无门，人自所召；非为神圣所降，皆在人之善恶。"

安礼章第六

【译文】

害怕发生危机，常能得到安全；害怕遭到灭亡，反而能够生存。人的所作所为，符合道德则吉，不符合道德则凶。

吉祥的人，各种各样的好处都到他那里；不吉祥的人，各种各样的厄运灾祸都向他袭来。这并不是什么奥妙的事，而是自然之理。

张商英注：行之有道的人，并不是自己去祈求幸福，而是幸福自然就会归向他。行之无道的人，对灾祸畏惧得越厉害，灾祸就越光顾他。这中间哪有什么神圣作主宰，而是自然而然的规律。

王氏批注：得到宠信时警惕受到羞辱，就不会有伤及自身的祸患；处在安全的环境而思虑可能出现的危险，怎么会有牵连自己的灾祸呢？害怕国家危亡，就重用贤能良善的人，疏远邪恶奸佞的人，树立法度，治理祸乱，国家就可以生存。

做善事的人，行为不会恶劣。做恶事的人，必然伤及自身。端正心志，修养身心，诚实信用，修养德行，这就是遵守道德了，自然万事吉祥。

内心没有善意，做尽坏事，不亲近忠诚善良的臣子，却亲近奸佞小人，这就是违背道德，必然有凶险祸患。

参与政事做慈善的事，自然吉祥如意。为非作歹，就有危险。灾祸和幸福并没有特别的原因，是人自己招致的。并不是神灵降下来的祸福，都是因为人心的善恶。

【评析】

一个人的行为只要合乎道义，符合自然规律，就会万事如意，否则凶险莫测。

品德高尚的人，不用求福，福报也会不请自来；多行不义之人，有心避祸，但却难逃劫难。一个人得到的是凶是吉，并非源自神灵的庇护，而是源于自然的因果关系，祸福无门，惟人自召，世无地狱，人心所造。所以成败在谋，安危在德。

《淮南子》说：圣人为善，不是为名，但名就随之而来；不是为利，但利也自然来到，这就是有道则吉。

【史例解读】

知忧患方可立身

春秋时期的鲁国，有个叫公父文伯的大夫。他的母亲叫敬姜，是一位很有见识的妇女。公父文伯年轻的时候，就做了大官。别人都夸奖他，他也非常得意。

有一天，公父文伯办完公事，兴冲冲地回家拜见母亲。他一进家门，就看见母亲正在摇着纺车纺麻线。那操劳不息的样子，活像穷苦百姓家的老婆婆。公父文伯"哎呀"一声走向前去，低头对母亲说："像我们这样做官的人家，主人还要摇车纺麻线，要是让人知道了，非笑话不可，还会怪我不孝敬、不侍奉母亲呢！"

敬姜听了，停下手里的活计，抬起头来，惊讶地上下打量了一番做了大官的儿子，摇摇头说："你连怎么做人还不懂呢！让你这样幼稚无知的人做官，鲁国会有灭亡的危险！"公父文伯惊讶地问："母亲，您为什么这样说？真有这样严重吗？"敬姜叫儿子坐在纺车对面，郑重地说："从前，圣明的君王，安置黎民百姓，常常要选择贫瘠的地方让他们去居住，让他们在那里生息。什么道理呢？那是因为大家为了生活，就得干活；为了生活得好，就得创造；要想创造，就得用心思考，思考就会产生智慧。反过来说，安逸享乐的生活，常常会使人放荡；放荡，就会忘记好的德行；忘记了好的德行，就必然产生坏心。"

公父文伯听得入了神儿。敬姜停了停，又继续说："你可以细心想一下，在土地肥美的地方往往有许多人不能成才，原因就是由于他们安逸放荡啊！在土地贫瘠的地方倒有许多聪明善良的人，原因就是他们能吃苦耐劳啊……"敬姜问儿子："我希望你天天勤勤恳恳地做事，不断上进，培养好的德行，还多次提醒你，'千万不能毁了前辈艰苦创下的功业'，你还记得吗？"公父文伯说："记得。"敬姜又说："那你现在为什么又认为当了官就要享乐了呢？依你这样的态度，去做君主委任的官职，怎么能不叫我忧心忡忡呢！我深怕你会因失职而犯罪啊！"公父文伯赶忙安慰母亲说："我一定听从母亲的教诲，不贪图享乐。可这跟您纺麻线有什么关系呀？"

敬姜有点儿不高兴地说："我看你做了官以后，整天显出得意的样子，不知约束自己，总喜欢讲排场，把先辈艰苦创业的事都忘了。动不动就说什么'怎么不自我享乐呢？'这样下去，早晚有一天，你会犯罪的！我正是为你担心，才起

安礼章第六

早贪黑地纺麻线，为的是不让你忘了过去，遇事谦让生活勤俭。你懂了吗？"公父文伯红着脸说："懂了，母亲。"敬姜说："这就好。你不要因为少年得志，就贪图眼前享乐，否则将来犯了罪，自己倒霉不说，咱们家也要断了后啊！"

不义之事不要为

康熙登基的时候，年仅8岁，还不能料理国家大事，因此，国家的一切大事都由鳌拜、索尼、苏克萨哈、遏必隆四位辅政大臣来代理。其中，拿大主意的是鳌拜。

鳌拜这个人专横跋扈、野心勃勃，他利用其他三位辅政大臣的软弱退让，极力扩大自己的权势。他明目张胆地提拔重用向他巴结献媚的人，排斥陷害不肯顺从他的人。他还经常在康熙皇帝面前耀武扬威，滥用权力，多次擅自以皇帝的名义假传圣旨。而且，鳌拜的心腹党羽遍布从中央到地方的许多重要机构，谁也奈何他不得。

康熙年龄稍大一些的时候，便立志要做一个像汉武帝、唐太宗那样有作为的皇帝，因此，他决心改变目前大权旁落的状况。康熙亲政后不久，就下令取消了辅政大臣的辅政权，鳌拜的权力因此而受到一些限制。鳌拜虽然已经意识到康熙是要夺回权力，但他仍然认为"主幼好欺"，不但没有收敛，反而更加肆无忌惮。康熙忍无可忍，决心采取果断措施除掉鳌拜。

康熙开始行动了。他一方面把近身侍卫索额图、明珠提拔为朝廷大臣，作为自己的左膀右臂，以便通过他们联络朝廷内外反对鳌拜的势力；另一方面又给鳌拜封官加爵，以麻痹他对自己的警觉。康熙还挑选了一百余名身强力壮的贵族子弟入宫加以培养，不到一年时间，这些少年侍卫就一个个学得拳术精湛、武艺高强。与此同时，一个擒拿鳌拜的计划也酝酿出来了。

在一个鳌拜入朝之日，康熙事先把少年侍卫召来，让他们待在自己身边等候命令。接着又历数鳌拜的罪状，布置擒捉之法，只等鳌拜来自投罗网。

不多时，鳌拜入朝，康熙传令要单独召见他。鳌拜一直把康熙看成是一个年幼无知、只图玩乐的纨绔之辈，因此丝毫没有怀疑，欣然前往。到了内廷，鳌拜看见康熙端坐在宝座上，两旁站立的全是一班少年侍卫，根本不当回事儿，仍旧摆出一副傲慢的架势。少年侍卫们一拥而上，把鳌拜团团围住。直到此时，鳌拜才大吃一惊，全力挣扎。少年侍卫们你一拳，我一脚，轮番向鳌拜攻击，将鳌拜打得气喘吁吁、汗流浃背，最后，鳌拜不得不束手就擒。

鳌拜目中无人，自高自大，为非作歹，招来大家的怨恨，最终没有好下场，实在是咎由自取。

【原典】

务善策者，无恶事；无远虑者，有近忧。

王氏曰："行善从政，必无恶事所侵；远虑深谋，岂有忧心之患。为善之人，肯行公正，不遭凶险之患。凡百事务思虑远行，无恶亲近于身。

心意契合，然与共谋；志气相同，方能成名立事。如刘先主与关羽、张飞；心契相同，拒吴、敌魏，有定天下之心；汉灭三分，后为蜀川之主。"

【译文】

专心致力善策谋划的人，没有险恶的事情发生；没有长远谋虑的人，必定有眼前的忧患出现。

王氏批注：推行政事的时候做善事，就没有不好的事情侵扰；长远地思考谋划，就没有搅扰人心的忧患。做善事的人，如果能践行公平正义，就不会遭遇凶险。凡各种事情，思索忧患，做长远打算，就没有险恶的事情降临到身上。

彼此想法契合，然后才能一起商议；彼此志向气节相同，才能建立功名，成就事业。如刘备和关羽、张飞意气相投，对抗东吴，抵挡曹魏，有安定天下的志向；汉朝覆没，天下一分为三，而刘备也最终成为蜀汉的开国之主。

【评析】

人生在世，立身为本，处世为用。立身要以仁德为根基，处事要以谋略为手段。以仁德为出发点，同时又善用权谋，有了机遇，可保成功；一个人如果没有长远的打算，一定会有近在眼前的忧患。人们当前的许多忧患，其实都是因为在此之前没有很好计划造成的。成功者之所以成功的一个重要的原因，就在于他们凡事皆能从长计议，预先有所准备。孔子云："人无远虑，必有近忧；但行好事，莫问前程。"说的也正是这个意思。

【史例解读】

未雨绸缪顾大局

唐朝郭子仪爵封汾阳王，王府建在首都长安的亲仁里。汾阳王自落成后每天都是府门大开，任凭人们自由进出，而郭子仪不允许其府中的人对此加以干涉。有一天，郭子仪帐下的一名将官调到外地任职，来王府辞行。他知道郭子仪府中百无禁忌，就一直走进了内宅。恰巧，他看见郭子仪的夫人和她的爱女梳妆打扮，而王爷郭子仪正在一旁侍奉她们，她们一会儿要王爷递毛巾，一会儿要他去端水，使唤王爷就好像奴仆一样。这位将官当时不敢讥笑郭子仪，回家后，他禁不住讲给他的家人听。于是一传十，十传百，没几天整个京城的人都把这件事当成笑话来谈论。郭子仪听了倒没有什么，他的几个儿子听了却觉得大丢王爷的面子，他们决定对父亲提出建议。

他们相约一起来找父亲，要他下令，像别的王府一样，关起大门，不让闲杂人等出入。郭子仪听了哈哈一笑，几个儿子哭着跪下来求他，一个儿子说："父王您功业显赫，普天下的人都尊敬您，可是您自己却不尊重自己，不管什么人，您都让他们随意进入内宅。孩儿们认为，即使商朝的贤相伊尹、汉朝的大将霍光也无法做到您这样。"

郭子仪听了这些话，收敛了笑容，对他的儿子们语重心长地说："我敞开府门，任人进出，不是为了追求浮名虚誉，而是为了自保，为了保全我们全家人的性命。"

儿子们感到十分惊讶，忙问其中的道理。

郭子仪叹了一口气，说道："你们光看到郭家显赫的声势，而没有看到这声势有被丧失的危险。我爵封汾阳王，往前走，再没有更大的富贵可求了。月盈而蚀，盛极而衰，这是必然的道理。所以，人们常说要急流勇退。可是眼下朝廷尚要用我，怎肯让我归隐；再说，即使归隐，也找不到一块能够容纳我郭府一千余口人的隐居地呀。可以说，我现在是进不得也退不得。在这种情况下，如果我们紧闭大门，不与外面来往，只要有一个人与我郭家结下仇怨，诬陷我们对朝廷怀有二心，就必然会有专门落井下石、陷害贤能的小人从中添油加醋，制造冤案。那时，我们郭家的九族老小都要死无葬身之地了。"

由此可见，正因为郭子仪具有很高的政治眼光和德行修养，才能善于忍受各种复杂的政治环境，必要时牺牲掉局部利益，确保全家安乐。人们若能像郭子仪那样时刻保持谨慎的态度，祸患自然不会产生。所以，未雨绸缪，防患于未然是很有必要的。

【原典】

同志相得，同仁相忧。

注曰：舜有八元、八凯。汤则伊尹。孔子则颜回是也。文王之闳、散，微子之父师、少师，周旦之召公，管仲之鲍叔也。

王氏曰："君子未进贤相怀忧，谗佞当权，忠臣死谏。如卫灵公失政，其国昏乱，不纳蘧伯玉苦谏，听信弥子瑕谗言，伯玉退隐闲居。子瑕得宠于朝上大夫，史鱼见子瑕谗佞而不能退，知伯玉忠良而不能进。君不从其谏，事不行其政，气病归家，遗子有言：'吾死之后，可将尸于偏舍，灵公若至，必问其故，你可拜奏其言。'灵公果至，问何故停尸于此？其子奏曰：'先人遗言：见贤而不能进，如谗而不能退，何为人臣？生不能正其君，死不成其丧礼！'灵公闻言悔省，退子瑕，而用伯玉。此是同仁相忧，举善荐贤，匡君正国之道。"

【译文】

志向相同的人，自然情投意合；志趣相同而又共事的人，必定能患难与共。

张商英注：虞舜时就有八元、八凯，商汤时有伊尹，孔子有弟子颜回，周文王与闳夭、散宜生，微子与箕子、比干，周公旦与召公奭，管仲与鲍叔牙，就是这样的人。

王氏批注：有道德的人没有官爵，贤能的宰相就会怀有忧虑；谄媚奸佞的人把持权柄，忠臣的大臣会拼死劝谏。例如春秋时候，卫灵公对政治失察，国家昏庸混乱，不接纳蘧伯玉的劝谏，却听从信服弥子瑕谄媚的话。蘧伯玉退出朝政不再过问政事，弥子瑕被宠信，位居大夫之列。史鱼见到弥子瑕谄媚奸佞却不被罢官，知道蘧伯玉忠诚善良却不能做官。国君不听从他的劝谏，做事不能行使职权，气病回家。临死前对儿子说："我死以后，把尸体放到偏房，灵公如果来到，肯定会问缘由，你就可以禀奏说话了。"灵公果然问为什么把尸体停在这里，他的儿子禀奏说："父亲遗言，见到贤人却不能举荐，见到小人却不能斥退，怎么算得上臣子？活着的时候没有能够匡扶君主，死了以后就没有理由按照礼制安葬。"灵公听到这话就省悟过来，罢免弥子瑕，而任用蘧伯玉。这就是志趣相投而又共事的人，必定能患难与共，举荐贤人，匡扶国君。

【评析】

人作为社会群体的一部分，其间的关系是复杂多变的，这些变化都是有因果联系的。比如志同道合的人聚集一起自然会觉得情投意合，如鱼得水。仁善情怀、侠肝义胆的人，必定能患难与共，肝胆相照。

【史例解读】

刘备"三低"得人才

有些人看上去平平常常，甚至还给人"窝囊"、不中用的弱者感觉，但这样的人并不可小看。有时候，越是这样的人，越是在胸中隐藏着高远的志向抱负，而他这种表面的"无能"，正是他心高气不傲、富有忍耐力和能成大事有策略的表现。这种人往往能高能低、能上能下，具有一般人所没有的远见卓识和深厚城府。

刘备一生有"三低"的行动，奠定了事业的基础。一低是桃园结义，与他在桃园结拜的人，一个是酒贩屠户张飞，另一个是在逃的杀人犯，因正在被通缉而流窜江湖的关羽。而刘备曾被皇上认为是皇叔，却肯与他们结为异姓兄弟，这样一来，两条浩瀚的大河向他奔涌而来，一条是五虎上将张翼德，另一条是儒将武圣关云长。刘备的事业，从这两条河开始汇成汪洋大海。

二低是三顾茅庐。为一个未出茅庐的后生诸葛亮，刘备竟前后三次登门求见。

不说身份名位，只论年龄，刘备差不多可以称得上是长辈，长辈喝了两碗晚辈精心调剂的闭门羹,连关羽和张飞都在咬牙切齿。他却毫无怨言,一点儿都不觉得丢了脸面,这又一低,得到了一张宏伟的建国蓝图,一个千古名相。

三低是礼遇张松。益州别驾张松,本来是想卖主求荣,把西川献给曹操,曹操自从破了马超之后,志得意满,数日不见张松,见面就要问罪,差点儿将其处死。而刘备派赵云、关云长迎候于境外,自己亲迎于境内,宴饮三日,泪别长亭,甚至要为他牵马相送。张松深受感动,终于把原本打算送给曹操的西川地图献给了刘备。这再一低,不费吹灰之力得到西川。

刘备胸怀大志,却平易近人礼贤下士,慢慢成就了自己的事业。与之相反,曹操心高气傲,目中无人,白白丢掉了富饶的天府之国,因此耽误了统一中国的大计。

【原典】

同恶相党。

注曰:商纣之臣亿万,盗跖之徒九千是也。

王氏曰:"如汉献帝昏懦,十常侍弄权,闭塞上下,以奸邪为心腹,用凶恶为朋党。不用贤臣,谋害良相;天下凶荒,英雄并起。曹操奸雄,董卓谋乱,后终败亡。此是同恶为党,昏乱家国,丧亡天下。"

【译文】

共同作恶的人,必定在政治上结成朋党。

张商英注:商纣王的亿万臣民,盗跖的九千徒众,就是这样的人。

王氏批注:比如汉献帝昏庸懦弱,十常侍操纵政权,隔绝朝廷内外的联系,任用险恶奸诈的人为亲信,用穷凶极恶的人结为集团、派别。不任用贤良的臣子,却设计陷害忠良的大臣;国家闹荒灾,英雄纷纷起义。曹操是奸诈的英雄,董卓谋求动乱,最后汉朝失败灭亡了。这就是共同作恶的人,必定在政治上结成朋党,使国家昏庸混乱以至于灭亡。

【评析】

为非作歹，作恶多端的人肯定要狼狈为奸，勾结在一起。这样国家和人民肯定会遭殃。

【史例解读】

祸乱源自结党营私

东汉末年，皇帝即位之时大都还是小孩子，权力被外戚掌握，皇帝长大之后培养宦官势力与外戚争权，这样就陷入了恶性循环。

汉灵帝时，皇帝最信任的宦官是张让、赵忠等人，他们的官职都是中常侍，所以就被称为十常侍。他们玩弄小皇帝于股掌之中，以至汉灵帝称："张常侍是我父，赵常侍是我母。"十常侍横征暴敛，徇私舞弊，他们的父兄子弟遍布天下，横行乡里，祸害百姓。人民不堪剥削、压迫，纷纷起来反抗。当时一些比较清醒的官吏，已看出宦官集团的黑暗腐败，导致大规模农民起义。

汉灵帝死后，外戚大将军何进拥立少帝。十常侍挑拨何后（何进妹）与太皇太后薄氏的关系。结果何进虽然在和薄氏的政治斗争中取胜却更担心十常侍，最终因为何后的原因无可奈何。何进招外兵逼宫。十常侍先发制人，在宫廷政变中杀了何进却被何进的部下全部围杀。

但是，外兵已经引入京城，皇帝被权臣掌握。东汉皇族势力群龙无首，最终导致了东汉的灭亡。

【原典】

同爱相求。

注曰：爱利，则聚敛之臣求之；爱武，则谈兵之士求之。爱勇，则乐伤之士求之；爱仙，则方术之士求之；爱符瑞，则矫诬之士求之。凡有爱者，皆情之偏、性之蔽也。

王氏曰："如燕王好贤，筑黄金台，招聚英豪，用乐毅保全其国；隋炀帝爱色，建摘星楼宠萧妃，而丧其身。上有所好，下必从之；

> 信用忠良，国必有治；亲近谄佞，败国亡身。此是同爱相求，行善为恶，成败必然之道。"

【译文】

有相同爱好的人，自然会互相访求。

张商英注：喜爱财物，那么聚敛钱财的人就会寻求他。喜爱武力，那么谈论用兵的人就会寻求他。喜爱勇敢，那么喜欢伤人的人就会寻求他。喜爱神仙，那么从事方术的人就会寻求他。喜爱吉祥的征兆，那么喜欢假借名义进行诬罔的人就会寻求他。大凡有所喜爱，都是偏颇的感情、迂拙的性格。

王氏批注：比如燕昭王喜欢贤臣，搭筑黄金台，招徕汇聚英雄豪杰，拜乐毅为将领保全了国家；隋炀帝喜好女色，建筑摘星楼以宠爱萧妃，最后失掉生命。上位的人有所喜好，下位的人必定跟从。信任忠良之臣，国家一定可以治理。亲近谄媚邪恶的人，一定国破人亡。这就是有相同爱好的人会相互访求，行善就成功、作恶就失败的自然道理。

【评析】

心性所致，必有所爱。尤其是领导，他的个人喜好会影响一群人。晋惠帝爱财，身边全是巧取豪夺的贪官污吏。秦武王好武，大力士任鄙、孟贲加官晋爵。燕王喜欢贤德之人，就筑黄金台，招纳英雄豪杰，国家因而富强。隋炀帝喜欢美女，就建摘星楼宠爱萧妃，导致国破家亡。大凡有所痴爱的人，性情一般都比较偏激怪诞，这种人往往情被物牵，智为欲迷。

【史例解读】

君子之交淡如水

在春秋时期，楚国有一位著名的音乐家，他的名字叫俞伯牙。俞伯牙从小非常聪明，天赋极高，又很喜欢音乐，他拜当时很有名气的琴师成连为老师。

学习了三年，俞伯牙琴艺大长，成了当地有名气的琴师。但是俞伯牙常常感到苦恼，因为在艺术上还达不到更高的境界。俞伯牙的老师成连知道了他的心思后，便对他说："我已经把自己的全部技艺都教给了你，而且你学习得很好。至于音乐的感受力、悟性方面，我自己也没学好。我的老师方子春是一代宗师，他琴艺高超，对音乐有独特的感受力。他现住在东海的一个岛上，我带你去拜见他，跟他继续深造，你看好吗？"俞伯牙闻听大喜，连声说："好！"

他们准备了充足的食品，乘船往东海进发。一天，船行至东海的蓬莱山，成连对伯牙说："你先在蓬莱山稍候，我去接老师，马上就回来。"说完，成连划船离开了。

过了许多天，成连没回来，伯牙很伤心。他抬头望大海，大海波涛汹涌，回首望岛内，山林一片寂静，只有鸟儿在啼鸣，像在唱忧伤的歌。伯牙不禁触景生情，有感而发，仰天长叹，即兴弹了一首曲子，曲中充满了忧伤之情。

从这时起，俞伯牙的琴艺大长。其实，成连老师是让俞伯牙独自在大自然中寻求一种感受。

俞伯牙身处孤岛，整日与海为伴，与树林飞鸟为伍，感情很自然地发生了变化，陶冶了心灵，真正体会到了艺术的本质，创作出传世之作，成了一代杰出的琴师，但真正能听懂他曲子的人却不多。

有一次，俞伯牙乘船沿江旅游。船行到一座高山旁时，突然下起了大雨，船停在山边避雨。伯牙耳听淅沥的雨声，眼望雨打江面的生动景象，琴兴大发。伯牙正弹到兴头上，突然感到琴弦上有异样的颤动，这是琴师的心灵感应，说明附近有人在听琴。伯牙走出船外，果然看见岸上树林边坐着一个叫钟子期的打柴人。

伯牙把子期请到船上，两人互通了姓名，伯牙说："我为你弹一首曲子听好吗？"子期立即表示洗耳恭听。伯牙即兴弹了一曲《高山》，子期赞叹道："多么巍峨的高山啊！"伯牙又弹了一曲《流水》，子期称赞道："多么浩荡的江水啊！"伯牙又佩服又激动，对子期说："这个世界上只有你才懂得我的心声，你真是我的知音啊！"于是两个人结拜为生死之交。

伯牙与子期约定，待周游完毕要前往他家去拜访他。一日，伯牙如约前来子期家拜访他，但是子期已经不幸因病去世了。伯牙闻听悲痛欲绝，奔到子期墓前为他弹奏了一首充满怀念和悲伤的曲子，然后站起来，将自己珍贵的琴砸碎于子期的墓前。从此，伯牙与琴绝缘，再也没有弹过琴。

【原典】

同美相妒。

注曰：女则武后、韦庶人、萧良娣是也。男则赵高、李斯是也。

【译文】

同样是容貌美好的人，必然互相嫉妒。

张商英注：女人中唐朝的武后、韦庶人、萧良娣，就是这样的人。男人中秦朝的赵高、李斯，就是这样的人。

【评析】

人都说女人生来爱嫉妒，这话看似有些偏激，但这绝非空穴来风、有意贬低女人，女人之间最容易因为各种事情而产生嫉妒。也许我们可以克制自己不去嫉妒别人，但却不能保证别人就不嫉妒我们。

【史例解读】

因妒成恨

贾南风，其貌不扬，晋武帝称她"丑而短黑"，不宜做太子妃。然而，她却成为太子司马衷的妃子，继而成为皇后。贾南风之父是西晋的开国元勋贾充，这是她能够与皇太子联姻的主要原因。作为太子妃，贾南风过于残酷，曾亲手杀过人。

当贾南风还是太子妃的时候，因为嫉妒宫女的美貌，曾经亲手砍杀了几个宫女，又用铁戟掷怀了孕的美女，用刀刃划破其肚子，胎儿立即随着号哭和鲜血落在地上。她的公公，当时的皇帝司马炎听说此事之后，气得不知如何是好，下令囚禁贾南风这个凶狠的妒妇。

当时不少大臣都上书求情营救她，说："贾南风年纪小，嫉妒是女人的正常心理，等年事稍长，自然也就会改过的。"

司马炎的皇后杨芷也劝他说："贾南风是贾充的亲生女儿，贾充为国家立下了汗马功劳，贾南风杀死宫人是不对，不过是太年轻、容易吃醋罢了，怎么也不能忘了她的父辈对朝廷的贡献，就暂且饶她这一次吧。"这样贾南风才没有被废掉，也就留下了无穷无尽的后患。

唯女子与小人难养也

楚王一直都非常宠爱一个叫郑袖的妃子。后来，楚王得到一个美女，十分宠爱她。郑袖知道楚王喜欢她，为了投其所好，所以也喜欢她，而且比楚王还要关心。无论是衣服首饰还是珍宝玩物，都精心为她挑选、为她置办。

楚王知道以后赞许郑袖说："郑袖知道我爱新人，她爱新人爱得比我还厉害，这是孝子用来供养父母亲、忠臣用来侍奉君主的德行啊。"

这话传到郑袖耳朵里，郑袖知道楚王不认为自己对新人有嫉妒了，就跑到新人那里，装作好心指点她说："大王非常喜欢你呀，但是大王喜欢别人掩着鼻子，如果你接近大王，一定要掩着鼻子，那么大王便会更宠爱你了。"

美女信以为真，每次和楚王见面的时候都掩着鼻子。楚王觉得很奇怪，便问身边的人，他们都说不知道原因。

后来，楚王又问郑袖，郑袖也说不知道，但楚王总是能看到他们在一起谈笑风生，认为她一定知道其中的原因，便竭力追问，郑袖才说："前不久新人曾经和臣妾说过厌恶大王的气味。"楚王听了以后强压心中怒火，但脸上还是出现了不悦的表情。

有一天，楚王同时召见郑袖和新人，郑袖知道以后，就提前到达，告诉大王身边的侍从说："你们要听大王的话，大王如果有什么吩咐，你们一定要马上执行，不得有误！"侍卫从命。

一会儿，新人来了，楚王让她近前，她习惯性的掩住了鼻子，楚王想起郑袖的话，不禁开始皱眉头。在说话过程中，新人多次和楚王靠得很近，但每次都是掩着鼻子，楚王越想越生气，发怒道："把她的鼻子割掉！"

侍从听到大王下令，毫不迟疑地走过来就把美女的鼻子割掉了。郑袖就这样除掉了心腹大患。

既生瑜，何生亮

赤壁之战结束，孙刘联军大胜，曹操败走。孙刘两家此时为各自利益都盯住了荆襄之地。刘备没有领地，急着取荆襄之地为基业，而孙权也想全取荆襄之地，这样可以据长江之险，与曹操抗衡。刘备屯兵于油江口，准备夺取荆州。周瑜看到刘备屯兵，知道他有夺取荆州的意思，便亲自前往油江与刘备谈判，而且打定主意谈判若是破裂，就先打刘备，再取南郡。刘备在孔明的授意下，承诺只有当东吴攻不下南郡的时候，自己才能攻打荆州，而心中其实非常忧虑，他怕东吴攻下南郡之后，自己没有容身之处。

诸葛亮却安慰他说："先让周瑜去厮杀，早晚教主公在南郡城中高坐。"那时曹操虽走，却留下猛将曹仁把守南郡，心腹大将夏侯惇把守襄阳，攻打难度非常大。周瑜在攻打南郡的时候，也确实付出了惨重的代价，吃了好几次败仗，自己也身中毒箭，但是他最终还是将曹仁击败。

当他来到南郡城下，准备进城的时候，却发现城池已被赵云夺取。这时，又有探马来报，荆州守军和襄阳守军都被诸葛亮用计调出，城池已都被刘备夺取。周瑜十分愤怒："不杀诸葛村夫，怎能解我心头之恨！"

刘备夺取了荆州之地后，周瑜要鲁肃去讨说法，刘备狡辩道："荆州是刘表的地盘，如今刘表虽然死了，可是他儿子还活着，我作叔叔的辅佐侄子取回自己的地盘怎么不行？"

这听起来似乎有理，但不久刘表之子刘琦死了。鲁肃再去讨说法时，诸葛亮又一席强辩，说什么刘备是皇族，本就该有土地，何况刘备还是刘表的族弟，这是弟承兄业，刘备在赤壁之战中也曾尽力之类的话，鲁肃不知如何应答。

刘备最后说荆州算暂时借东吴的，但要取了西川再还，并且立下文书。此时刘备夫人去世，周瑜便鼓动孙权用嫁妹（孙尚香）之计将刘备骗到东吴，然后杀掉刘备，继而夺取荆州，但没想到这条计策被诸葛亮识破，便将计就计让刘备与吴侯之妹成了亲。当岁末年终，刘备依诸葛亮之计携夫人几经周折离开东吴时，周瑜亲自带兵追赶，却被云长、黄忠、魏延等将追得无路可走，蜀国岸上军士齐声大喊："周郎妙计安天下，赔了夫人又折兵！"把周瑜气得再次金疮迸裂。

过了一段时间，刘备没有丝毫取川的迹象，此时曹操为了瓦解孙刘联盟，表奏周瑜为南郡太守，程普为江夏太守。

于是周瑜再遣鲁肃去讨荆州。

诸葛亮再次狡辩一番，为自己找理由。周瑜设下"假途灭虢"之计，名为替刘备收川，其实是要夺荆州，不想又被诸葛亮识破。

周瑜上岸不久，就有几路人马杀来，都言道"活捉周瑜"，周瑜气得金疮再次迸裂，昏沉将死，临终作书与孙权荐鲁肃代己之职，同时，周瑜聚众将说："吾非不欲尽忠报国，奈天命已绝矣。汝等善事吴侯，共成大业。"死前，仰天长叹："既生瑜，何生亮！"

【原典】

同智相谋。

注曰：刘备、曹操、翟让、李密是也。

【译文】

聪明和智慧相同的人，一定会相互谋划算计对方。

张商英注：汉末的刘备和曹操，隋末的翟让和李密就是这样的人。

【评析】

常言道："人往高处走，水往低处流。"人选择对手时，总是高看一眼，即会选择那些在智谋、权术相当，或者稍高一些的人为对手，而不会选择那些不如自己的人。因为只有实力相当的两个人相互切磋才能展示各自的能力。所以，找到一个真正够资格的对手是智者最大的荣幸。

【史例解读】

英雄惜英雄

有一次，关羽和张飞都不在，刘备一个人在后园里给菜浇水，许褚、张辽带着几十人来到了后园，对刘备说："丞相有命令，请使君去一趟。"刘备非常吃惊地问："有什么急事？"许褚回答说："不知道。丞相只是让我来请你。"刘备没有办法，只能和他们两个人进了丞相的府中去见曹操。

见到曹操后，曹操笑着对刘备说："在家做什么大事呢？"吓得刘备面如土色。

曹操抓住刘备的手，走到了后园，对刘备说："玄德学园圃不容易啊！"

刘备这才放心下来，回答说："闲着没事消遣罢了。"

曹操接着说："刚才见到梅树上的梅子已经变成青色了，忽然感慨去年征战张绣的时候，路上缺水，将士们都口渴了，我就心头想了一个计策，手中的鞭子指着前面说：'前面有个梅林。'军士们听了，纷纷口中积满了口水，于是就不渴了。今天见到梅子，不可不观赏一番，而且还是煮酒正熟的时候，所以请使君到这里的小亭一相会。"

刘备这才心神安定了。于是两个人走到了小亭里面，那里已经摆好了酒杯，盘子上面放着青梅，还有一壶煮好的酒。两个人对着坐下了，开怀畅饮。宴中曹操谈起天下的英雄豪杰，刘备正在韬光养晦，故作无知状，东拉西扯。但曹操指着刘备说："天下英雄，唯使君与操耳。"刘备一听，吃了一惊，手中所执匙箸，不觉落于地下。因为刘备知道曹操的为人，这是将他视为未来的对手，肯定没什么好结果。此时正值乌云四起，天雨将至，雷声大作。刘备于是从容拾起筷子说："一震之威，乃至于此！"

曹操没有把当时强大的袁术、刘表等放在眼里，而是将落魄的刘备作为潜在对手，确实有英雄惜英雄之意。

【原典】

同贵相害。

注曰：势相轧也，视同敌也。

王氏曰："同居官位，其掌朝纲，心志不和，递相谋害。"

【译文】

同等权势地位的人，必然互相排挤。

张商英注：势力相互倾轧。

王氏批注：共同居于高官位置，在掌控朝廷纲纪时，志气心意合不来，就互相算计。

【评析】

正所谓："一山不容二虎。"权力具有极强的排他性。所以，同样的享有荣华富贵、具有同等权势地位的人，永远都不能和谐相处，他们往往会互相排挤，彼此倾轧，甚至不择手段地伤害对方，最后两败俱伤。

【史例解读】

一山不容二虎

韩非出身于韩国的贵族世家，与李斯同为荀况学生，其学说为秦王政赏识，后遭李斯所害。著《孤愤》、《五蠹》等55篇，收集《韩非子》，为先秦法家思想集大成者、政治理论家。他认为君王应该凭借权利、威势以及一整套驾驭臣下的权术，保证法令的贯彻、施行统一，以巩固君主的地位。

韩非天生口吃，但文章却写得非常好。他和李斯曾一起跟随荀子学习，继承了荀子关于"人性恶"的学说，主张治国以刑罚、奖赏为基本手段。李斯自认为学问不如韩非。

韩非本来是韩国的贵族子弟，他生活的年代里，韩国日益衰落。韩非曾经一连几次向国君上书，陈述自己振兴国家的政治主张，但都没有被国君采纳。

韩非痛心疾首地说："唉！现在国君不依靠严明的法令统治国家，不凭借强大的王权驾驭大臣，不致力于富国强兵来吸引四方的贤才，而是天天和那些只会说空话、不会做实事的人在一起，奋勇杀敌立下大功的人反而比他们地位低，这怎么能治理好国家呢？"

韩非经常感叹说："那些儒生们一个个只会舞文弄墨，专门破坏国家的法制，而那些所谓的'侠客'们也都凭借自己有些武功，违抗政府的禁令，这些人都应该得到应有的惩治。国君在天下太平时宠信那些徒有虚名的人，一遇到困难才想起平时备受冷落的将士，这只能白白养活没有用的人，让有功之臣伤心。看来韩国是没有什么希望了！"

韩非考察了历史发展的变化得失，写了十几万字的文章。后来这些文章流传到秦国，秦王读了《孤愤》、《说难》两篇文章，赞叹不绝："见解真是太深刻了，我如果能亲眼见到写文章的人，就算是死了也心甘情愿。"

李斯说："这些文章都是我的老同学韩非写的，他是韩国的贵族子弟，不过一直没受到韩王重用。"

秦王立即给韩王写信，要韩非来秦国，并且以武力相威胁。韩王本来就没任用韩非，这时就顺便做个人情，派遣韩非出使秦国。秦王高兴极了，立即把韩非安置下来。

李斯十分嫉妒韩非的才能，担心他被重用后，自己的位置会被他取代，于是就想在秦王面前诋毁他。

秦王还没有任用韩非之前，李斯就对秦王说："大王，韩非是韩国的贵族子弟，如今您要实现吞并六国、统一天下的伟大目标，韩非自然要先替他们韩国考虑，为他们国家献计策。您把他留在咱们国家，以后他回到韩国肯定会对咱们不利。您不如找个借口把他抓起来杀了，免得留下祸患。"

秦王一听，觉得有道理，就派人把韩非抓了起来。李斯趁机让人给韩非送去毒药，逼他自杀。韩非想要面见秦王替自己辩解，李斯当然不会让他这么做，韩非就这样服毒而死。

后来秦王悔悟过来，立即派人去赦免韩非，可这时韩非已经死了。

【原典】

同利相忌。

注曰：害相刑也。

【译文】

追逐共同的利益就会相互疑忌。

张商英注：使用刑罚，相互迫害。

【评析】

在处于危难之中的时候,他们还可和平相处,互相扶持协作;一旦发了财、得到了权势,就开始互相诽谤,相互猜疑,甚至相互迫害,双方变成了冤家对头。并非他们前世有仇,而是利益使然。

【史例解读】

勾践见利忘义杀忠良

勾践是中国历史上最著名的忍辱负重的君王,也是最著名的忘恩负义的君王。纪元前494年,吴国大举进攻越国,越国不能抵抗,为了保全国家,国王勾践被迫给吴王夫差当奴隶,3年后依靠一号智囊范蠡的智慧才得以返国。

勾践回国后,在范蠡和另一位智囊文种的辅佐下励精图治,秘密重整军备,十年生计,十年教训,于纪元前473年打败了比越国强大10倍的吴国,报了20年前的血海深仇。吴国覆亡的第二天,看透了勾践本性的范蠡即行逃走,临逃走时写了一封信给越国的宰相文种,信上说:"狡兔死、走狗烹;飞鸟尽、良弓藏。勾践颈项特别长而嘴像鹰喙,这种人只可共患难不可同享乐,你最好尽快离开他。"

文种看完信后大大地不以为然,不相信世上会有这种冷血动物,可他不久就相信了,但已经迟了。勾践亲自送一把剑(吴国宰相伍子胥自杀的那把剑)给文种,质问他说:"你有七个灭别人国家的方法,我只用了三个就把吴国灭掉,还剩下四个方法,你准备用来对付谁?"

文种除了自杀外别无选择。假如范蠡没有先见之明,结局一定不会比文种更好。当时的越国刚刚逃离草昧时代,人才极端匮乏,像样的就只有文种和范蠡两人。勾践虽然只杀了一人,越国的政治家已被剪除罄尽,性质比刘邦要恶劣得多,造成的危害也要大得多。

【原典】

同声相应,同气相感。

注曰:五行、五气、五声散于万物,自然用应感也。

【译文】

相同的声音会产生共鸣；相同的气韵会相互感应。

张商英注：金、木、水、火、土五种元素，寒、暑、燥、湿、风五种气，宫、商、角、徵、羽五种声音，散发到万物之中，自然是相互感应的。

【评析】

有共同语言的自然易于沟通，共同的志向和爱好才能使人们团结在一起。企业单位之间也是一样，凡是可以发展为合作伙伴的公司，在业务上总是相似的。彼此间能够合作总是好事情，彼此间能够多一些关心和尊重，社会也会因此而和谐起来。

【史例解读】

揭竿起义得人心

宋朝消灭了后蜀，宋将王全斌等人指使宋兵对当地居民进行无法无天地抢掠活动，使受害的蜀民强烈不满。尽管王全斌等多位将领因此受到处罚，仍时常有一些蜀兵和蜀民自发组织起来反抗宋兵。

淳化四年（公元993年），爆发了王小波、李顺领导的农民起义，给宋朝统治者以沉重的打击。

王小波是青城县农民。青城县除出产粮食外，还盛产茶叶。茶农以种茶为生。宋太宗时期推行"榷茶"法，由朝廷专门强行收购茶叶，致使许多茶农失业，而朝廷官员和地主商人却趁机牟利。贫富差距拉大，许多种茶的人和种庄稼的人难以生活。

淳化四年2月，王小波在青城县领导一百多号破产的农民和失业的茶农起义，他号召说："现在的人穷的穷、富的富，太不合理！今天我们起义，就是要均贫富！"

起义军的行动，立即得到广大农民的拥护，短短几天时间发展到一万多人。王小波指挥大家攻下青城后，起义军队伍迅速扩大，接着又打下邛州（今四川省邛崃）、蜀州（今四川崇庆）、眉州（今四川眉山）的彭山。随后攻取永康、双流、新津、温江、郫县等地。起义队伍增加到几万人。

彭山县令齐元振，是被朝廷赐予玺书奖励的清官。起义农民从这个所谓的清官家中搜出一大批金帛。起义军把县令齐元振和一些土豪劣绅处死，为民除了害，参加起义的农民就更多了。可是，在12月份进攻江原县（今四川省崇庆东南）时，王小波中箭，不治身亡。起义者并没有因王小波牺牲而气馁，又推举他的内弟李顺为首领，继续与官府斗争。

淳化五年（994年）初，李顺带领义军在两天内攻下汉州（今四川广汉）、彭州（今四川彭县），对成都构成了威胁。起义军乘胜前进，只用十多天时间便攻克成都。李顺在成都建立了农民政权，号称"大蜀"，自己称为"大蜀王"，立年号"应运"。

大蜀政府最高长官为"中书令"，军事最大官职为"枢密使"。李顺没有贪图享受，仍继续指挥义军扩大成果。农民军占领的地盘越来越大，北至剑关，南至巫峡，全归于义军手中。义军发展到几十万人之多。

起义军的壮举，使宋太宗又恨又怕，派宦官王继恩率兵镇压起义军。起义军的主要力量放在进攻上，忽视了防守。所以，当朝廷军队打来时，防线很快被攻破，农民军成千上万人牺牲，李顺也在战斗中英勇地牺牲了。李顺牺牲后，张仓余领导剩下的几十万义军坚持战斗，先后攻下嘉州（今四川乐山）、戎州（今四川宜宾）、泸州、渝州（今重庆市）、涪州（今四川涪陵）、万州（今四川万县市）等地。

宦官王继恩没有镇压住农民起义，宋太宗又派王全斌带兵入川对付义军。农民军受到宋兵前后夹击，损失惨重，两万多人战死。张仓余只好率一万来人退守嘉州。但宋军追至嘉州时，大蜀嘉州知州王文操叛离义军投降朝廷，张仓余被捕，英勇就义。

【原典】

同类相依，同义相亲，同难相济。

注曰：六国合纵而拒秦，诸葛通吴以敌魏。非有仁义存焉，特同难耳。

王氏曰："圣德明君，必用贤能良相；无道之主，亲近谄佞谏臣；

楚平王无道，信听费无忌，家国危乱。唐太宗圣明，喜闻魏征直谏，国治民安，君臣相和，其国无危，上下同心，其邦必正。

强秦恃其威勇，而吞六国；六国合兵，以拒强秦；暴魏仗其奸雄，而并吴蜀，吴蜀同谋，以敌暴魏。此是同难相济，递互相应之道。"

【译文】

同一类人，互相依存。人品相近的人，相互亲近。处于同样困难下的人会相互帮助。

张商英注：韩、魏、齐、楚、燕、赵六国南北联合而抗拒秦国，诸葛亮通好吴国以抵抗魏国，这中间并不是有仁义存在，只是共同处在危难的处境中罢了。

王氏批注：圣明的君王，一定任用贤能的臣子；无道的君王，一定亲近谗佞的小人。楚平王不行仁道，信任费无忌，国家因此危亡。唐太宗圣明，喜欢听魏征的直言劝谏，因此国家得到治理，人民安居乐业。君王臣子相处和睦，国家就没有危险，上位者和下位者心志相同，邦国就一定稳固。

强大的秦国倚仗威势想要吞并六国；六国联合军队，以对抗秦国；残暴的魏国仰仗弄权欺世想吞并吴国和蜀国，吴国蜀国共同谋划，以对抗魏国。这是同样处于困难下的人会相互帮助的道理。

【评析】

同一类人相互依存，道义和信仰相同的人相互亲近。一个好领导，他的团队中总是有与他志向、品德相同的一伙人。

古人的择友之道，我们可以借鉴，但也不需要完全照搬，更不必为其所束缚，对友人过于苛刻。择友的标准各有不同，也应该从个人实际出发，慎重选择，急来的朋友，去得也快。所以朋友可多交，不可滥交。

【史例解读】

上下同心，其邦必正

晋襄公六年，赵宣子的父亲赵衰去世。于是，赵盾便继任了父亲的职位,开始执政晋国,那时他才30岁左右。赵盾初执国政,便在内政方面采取了一系列革新措施,表现出了卓越的政治才能和胆识。

后来,赵宣子以晋国正卿的身份把韩献子推荐给晋灵公,任命他为司马。河曲之战时,赵宣子让人用他乘坐的战车去干扰军队的行列,韩献子把赶车的人抓了起来,并且杀掉了他。

大家都说:"韩厥一定没有好结果。他的主人早晨刚让他升了官,晚上他就杀了主人的车夫,谁还能使他保住这个官位呢?"

赵宣子召见了韩厥,并且以礼相待,说:"我听说侍奉国君的人以义相结,而不结党营私。出于忠信,为国推举正直的人,这是以义相结。举荐人才而徇私情,这是结党营私。军法是不能违犯的,犯了军法而不包庇,这叫作义。我把你推荐给国君,怕的是你不能胜任。推举的人不能胜任,还有什么结党营私比这更严重的呢!侍奉君主却结党营私,我还凭什么来执政呢?我因此借这件事情来观察你,你努力吧。假如能坚持这样去做,那么将来掌管晋国的,除了你还有谁呢?"

赵宣子遍告大夫们说:"你们诸位可以祝贺我了!我推荐韩厥非常合适,我现在才知道自己可以不犯结党营私的罪了。"

孙刘联盟共抗曹

三国形成时期,孙权、刘备联军于汉献帝建安十三年(208年)在长江赤壁(今湖北蒲圻西北,一说今嘉鱼东北)一带大败曹操军队,此战为奠定三国鼎立基础的著名战役。

曹操基本统一北方后,作玄武池训练水兵,并对可能发生动乱的关中地区采取措施,随即于建安十三年七月出兵十多万南征荆州(约今湖北、湖南),欲一统南北,便率领二十多万人马(号称80万)南下。此时孙权已自江东统军攻克夏口(今武汉境),打开了西入荆州的门户,正相机吞并荆、益州,再向北发展;而依附荆州牧刘表的刘备,"三顾茅庐"得诸葛亮为谋士,以其隆中对策,制定先占荆、益,联合孙权,进图中原的策略,并在樊城大练水陆军。

曹操军劳师困、水土不服、短于水战、战马无粮等弱点,坚定了孙权抗曹的决心。

孙权不顾主降派张昭等人的反对,命周瑜为大都督,程普为副都督,鲁肃为赞军校尉，率3万精锐水兵，与刘备合军共约5万，溯江而上，进驻夏口。

曹操乘胜取江陵后，又以刘表大将文聘为江夏太守，仍统本部兵，镇守汉川（今江汉平原）。益州牧刘璋也遣兵给曹操补军，开始向朝廷交纳贡赋。曹操更加骄傲轻敌，不听谋臣贾诩暂缓东下的劝告，送信恐吓孙权，声称要决战吴地。冬，亲统军顺长江水陆并进。

孙刘联军在夏口部署后，溯江迎击曹军，遇于赤壁。曹军步骑面对大江，失去威势，新改编及荆州新附水兵，战斗力差，又逢疾疫流行，以致初战失利，慌忙退向北岸，屯兵乌林（今湖北洪湖境），与联军隔江对峙。

曹操下令将战船相连，减弱了风浪颠簸，利于北方籍兵士上船，欲加紧演练，待机攻战。周瑜鉴于敌众己寡，久持不利，决意寻机速战。

部将黄盖针对曹军"连环船"的弱点，建议火攻，得到赞许。黄盖立即遣人送伪降书给曹操，随后带船数十艘出发，前面10艘满载浸油的干柴草，以布遮掩，插上与曹操约定的旗号，并系轻快小艇于船后，顺东南风驶向乌林。

接近对岸时，戒备松懈的曹军皆争相观看黄盖来降。此时，黄盖下令点燃柴草，各自换乘小艇退走。火船乘风闯入曹军船阵，顿时一片火海，迅速延及岸边营屯。联军乘势攻击，曹军伤亡惨重。曹操深知已不能挽回败局，下令烧余船，引军退走。

孙刘联军水陆并进，追击曹军。曹操引军离开江岸，取捷径往江陵，经华容道（今潜江南）遇泥泞，垫草过骑，得以脱逃。曹操留曹仁守江陵，满宠屯当阳，自还北方。

周瑜等与曹仁隔江对峙，并遣甘宁攻夷陵（今宜昌境）。曹仁分兵围甘宁。周瑜率军往救，大破曹军，后还军渡江屯北岸，继续与曹仁对峙。刘备自江陵回师夏口后，溯汉水欲迂回曹仁后方。曹仁自知再难相持，次年被迫撤退。

赤壁之战，曹操自负轻敌，指挥失误，加之水军不强，且军中出现瘟疫，终致战败。孙权、刘备在强敌面前，冷静分析形势，结盟抗战，扬水战之长，巧用火攻，创造了中国军事史上以弱胜强的著名战例。

安礼章第六

【原典】

同道相成。

注曰：汉承秦后，海内凋敝，萧何以清静涵养之。何将亡，念诸将俱喜功好动，不足以知治道。惟曹参在齐，尝治盖公、黄老之术，不务生事，故引参以代相位耳。

王氏曰："君臣一志行王道以安天下，上下同心施仁政以保其国。萧何相汉镇国，家给馈饷，使粮道不绝，汉之杰也。卧病将亡，汉帝亲至病所，问卿亡之后谁可为相？萧何曰：'诸将喜功好勋俱不可，惟曹参一人而可。'萧何死后，惠皇拜曹参为相，大治天下。此是同道相成，辅君行政之道。"

【译文】

治理国家的思想与方法相同的人，必定能相互补充、相互成全。

张商英注：西汉在秦灭亡后建立起来，当时全国各地贫困不堪，萧何用清静无为的政策养民富国。萧何将要死亡时，考虑众位将领都喜欢立功，不具备掌握治理国家的方法。只有曹参在齐国，曾经研究盖公传授的治道贵在清静无为的黄老之术，不致力于大兴各种事功，所以萧何推荐曹参代替自己的相位。

王氏批注：君王臣子心志相同施行王道以安定天下，上位者与下位者同心协力施行仁政以保全国家。萧何任大汉宰相治理国家，家家生活富足，运粮饷的车子在道路上络绎不绝，是大汉的人杰。在因病卧床将要死去的时候，皇帝亲自到病床前，问说："你离去以后，谁可以接任宰相？"萧何说："诸位将领喜好功勋都不可以，只有曹参一人可以。"萧何死去后，汉惠帝拜曹参为国相，天下大治。这就是治理国家的思想与方法相同的人，能相互补充，辅助君王推行政事的道理。

【评析】

所谓道不同，不相为谋。为了共同的目标，人们就会聚集起来，团结起来，组成一个团体，再难的事业也能成功。如果两个人办同一件事怀有不同的目的，那么根本就不可能合作成功。比如在战场上有的人往前冲，有的人往后退，那么此仗必败。

【史例解读】

道不同，不相为谋

相传伯夷、叔齐是商朝末年孤竹国国君的长子和三子，生卒年无考。孤竹国国君在世时，想立叔齐为王位的继承人。他死后叔齐要把王位让给长兄伯夷，伯夷说："要你当国君是父亲的遗命，怎么可以随便改动呢？"于是伯夷逃走了。叔齐仍不肯当国君，也逃走了。百姓就推孤竹国君的二儿子继承了王位。

伯夷、叔齐兄弟之所以让国，是因为他们对商纣王当时的暴政不满，不愿与之合作。他们隐居渤海之滨，等待清平之世的到来。后来听说周族在西方强盛起来，周文王是位有道德的人，兄弟二人便长途跋涉来到周的都邑岐山（今陕西岐山县）。此时，周文王已死，武王即位。武王听说有二位贤人到来，派周公姬旦前往迎接。周公与他们立书盟誓，答应给他们兄弟第二等级的俸禄和与此相应的职位。他们二人相视而笑说："奇怪，这不是我们所追求的那种仁道呀！"

如今周朝见到商朝政局败乱而急于坐大，崇尚计谋而行贿赂，依仗兵力而壮大威势，用宰杀牲畜、血涂盟书的办法向鬼神表示忠信，到处宣扬自己的德行来取悦于民众，用征伐杀戮来求利，这是用推行错误的行为来取代商纣的残暴统治。

他们二人对投奔西周感到非常失望。当周武王带着装有其父亲周文王的棺材挥军伐纣时，伯夷拦住武王的马头进谏说："父亲死了不埋葬，却发动起战争，这叫作孝吗？身为商的臣子却要弑杀君主，这叫作仁吗？"周围的人要杀伯夷、叔齐，被统军大臣姜尚制止了。

周武王灭商后，成了天下的宗主。伯夷、叔齐却以自己归顺西周而感到羞耻。为了表示气节，他们不再吃西周的粮食，隐居在首阳山（今山西永济西），以山上的野菜为食。

周武王派人请他们出山，并答应天下相让，他们仍拒绝出山仕周。后来，一位山中妇人对他们说："你们仗义不食周朝的米，可是你们采食的这些野菜也是周朝的呀！"

　　妇人的话提醒了他们，于是他们就连野菜也不吃了。到了第七天，快要饿死的时候，他们唱了一首歌，歌词大意是："登上那首阳山呐，采集野菜充饥。西周用残暴代替残暴啊，还不知错在自己。神农、舜、禹的时代忽然隐没了，我们的归宿在哪里？哎呀，我们快死去了，商朝的命运已经衰息。"

　　于是他们饿死在首阳山脚下。

【原典】

> 同艺相窥，同巧相胜。
>
> 注曰：李醯之贼扁鹊，逢蒙之恶后羿是也。规，非之也。
>
> 王氏曰："同于艺业者，相窥其好歹；共于巧工者，以争其高低。巧业相同，彼我不伏，以相争胜。"

【译文】

　　才能技艺相同的人，必是互相嫉妒。巧夺天工、技术相同的人，必定会想方设法压服对方。

　　张商英注：李醯杀害扁鹊，逢蒙憎恶后羿，就是这样的事。规，是加以反对的意思。

　　王氏批注：技艺相同的人，相互窥探对方的好坏。同样有精巧工艺的人，彼此争斗手艺的高低。技巧相同就互不顺服，以争斗分出胜负。

【评析】

　　这里讲的是为人处事的道理。拥有同样的技艺、做同样职业的人，往往相互嫉妒，竞争激烈，瞧不起对方，这是人性使然。妒忌是人类的天性，自古文人相轻，武夫相讥，尤其是同行中的师兄弟，更是要争出个高低，有时甚至会演变成残酷的斗争。这都是因为才能和技艺不相上下就不能相容的结果。

【史例解读】

妒贤嫉能，害人害己

后羿曾经有一个徒弟，名叫逢蒙。逢蒙很聪明也很勤奋，很快就把后羿的本领都学到手了。但是逢蒙却是个嫉妒心很强的人，连自己的师父也嫉妒。

对于后羿登峰造极的射箭技术，逢蒙虽然学了个八九不离十，但是跟师父相比总有一些差距。有一次，后羿带着逢蒙去打猎，时值深秋，一群大雁从他们头上经过，逢蒙有意卖弄自己的箭法，连珠炮似的射向领头的3只大雁，逢蒙的箭法果然了得，随着几乎分不清前后的三声弓响，3只大雁也几乎是不分先后地应声坠落，再一看，每只箭都正中雁的头部。逢蒙正在得意，没想到后羿立刻也抽出一只箭，只听"嗖"的一声，金色的箭像一道闪电划过苍穹，眨眼之间，被逢蒙的箭吓得四处乱飞的雁群中，却已经有3只大雁落在地上，逢蒙大吃一惊，跑过去一看，原来后羿"一箭三雁"，他只用一只箭就同时把3只大雁的喉咙都射穿了。逢蒙这才知道原来后羿的箭法果然是神妙莫测，自己再练一千年都未必赶得上。

从此逢蒙的心中就埋下了阴影。他原来一心想超越后羿，代替后羿成为天下第一神箭手，但是现在他知道自己无论如何也达不到后羿的水平，更别说超过他了。要想让自己成为天下第一，除非后羿死了。逢蒙的心思从此不再放在学射上，而是整天琢磨着怎么弄死后羿。

一个黄昏，后羿打猎归来，经过一片密林时，忽然里面飞出一只箭，不偏不倚向着后羿闪电般射过来，后羿连忙弯弓搭箭，只听"叮"的一声，两只箭在半空相遇，一起飞上天又坠落下来。紧接着，第二只箭又飞了过来，后羿再次用自己的箭把它挡住了，一连挡了9只箭，后羿的箭已经用光了，只见逢蒙从密林里走来，正拿着第十只箭，恶狠狠地瞄准了后羿，说："后羿！你去死吧！"话音未落，箭已经飞驰而去。后羿已经来不及躲闪，但那本来射向他喉咙的箭不知怎么却到了他的嘴里，后羿立刻从马背上倒了下去。逢蒙奸笑着走过去，对着后羿说："现在我终于可以成为天下第一神箭手了！哈哈哈哈！"

正当逢蒙得意狂笑的时候，冷不防一只箭顶在了他的喉咙上，原来是后羿。逢蒙一看，吓得脸都白了，后羿说："枉你跟我学了这么多年的箭，竟然连我这一招都不知道。"

逢蒙浑身发软，不停地道歉求饶，后羿不齿他的为人，觉得杀了他有辱自己的神箭，不屑一顾地走了。

这之后过了很久，逢蒙都不敢再动杀机，但是想到自己的箭法永远比不上后羿，他的心里就像被人捅了一刀，妒火终于使理智崩溃，也让他彻底丧失了最后一丝良知。他用钱买通后羿的一个家奴，在后羿思念嫦娥痛苦不堪的时候用酒把后羿灌醉，然后用一根坚硬无比的桃木棒打死了后羿。

智慧过人遭人妒

唐朝的孔颖达，字仲达，是冀州人，出身官宦人家，自幼受到传统的儒学教育，以精通五经著称于世，对南北朝经学之"南学"、"北学"均有颇深造诣。尤其精通《左传》、郑玄注《尚书》、《毛诗》、《礼记》和王弼注《易》，并且通晓天文历法。

隋朝大业初年，孔颖达参加考试，成绩上等，被授为博士。隋炀帝征召儒学之官，集合在东都洛阳，让朝中学士和他们讨论商议国事。孔颖达年纪最小，但道理说得最出色。那些年纪大资望高的儒者耻于孔颖达超过了他们，暗地里派遣刺客刺杀他，孔颖达藏在杨元感家中才得以幸免于难。

等到唐太宗即位，孔颖达屡次上诉忠言，因此得到了国子司业的职位，后任祭酒的职务。太宗来到太学视察，命令孔颖达讲经。太宗认为他讲得好，下诏表彰他。后来他辞官回家，死在家中。同样一个孔颖达，不同的君主，有不同的心胸，对人才的态度也不一样。隋炀帝时期由于他本人的妒贤嫉能，使得社会中妒忌成风。孔颖达只因才高于人，受人妒忌，几乎丧命。而到了唐初，由于唐太宗重视人才，他才有了和隋朝时完全不同的命运。

【原典】

此乃数之所得，不可与理违。

注曰：自"同志"下皆所，行可预。智者，知其如此，顺理则行之，逆理则违之。

王氏曰："齐家治国之理，纲常礼乐之道，可于贤明之前请问其礼；听问之后，常记于心，思虑而行。离道者非圣，违理者不贤。"

【译文】

这些都是从自然之理中得出的结论,是不能与事物发展变化的规律相违背的。

张商英注:从"同志相得"这条以下都是能够实行的,所能够预知的。聪明的人知道事物的发展变化规律是这样,所以顺应事物发展变化的规律就去实行它,违背事物发展变化的规律就避开它。

王氏批注:治理国家的道理,三纲、五常、礼节、音乐的道理,可以在有贤能的人跟前请教。听过之后,时时记在心上,思考之后再行动。远离大道的人算不上圣人,违背规律的人算不上贤人。

【评析】

上述种种,也不是人们百无聊赖才这样做,实乃事物发展变化的客观规律,或因形势所逼,或因人性使然,都是不以人的主观意愿为转移的。真正有智慧的人应对这些道理有深刻的洞察,凡符合这些道理的,就顺势发展;凡违背这些道理的,就因势利导,随机应变。

【史例解读】

非学无以广才

宋朝末年,出了一个叫方仲永的神童,方家世世代代都是种田人,到了5岁,仲永还未见过笔墨纸砚呢!

可有一天,奇怪的事发生了。仲永早上一起床,就哭哭啼啼地向妈妈要笔墨纸砚。妈妈以为是小孩子耍性子,就没有理他。过了一会儿,仲永哭得更厉害了。他的爸爸问明情况,感到惊奇,就从邻居家借来写字的工具,看看儿子究竟要干什么。仲永熟练地研上墨,铺好纸,就像读书多年的秀才一样。然后他拿起笔沾上墨汁,大笔一挥,在白纸上写下四句诗,又在诗上加了个题目。这情况把仲永的父亲看呆了,他马上拿起儿子作的诗,让乡里的读书人看。那些人读了,惊叹不已,连声称赞:"好诗!好诗!"大家又把仲永招来,指定题目,让他当场作诗。仲永毫无难色,稍一思索,便出口成诗,而诗的文采、内容都很有水准,让人信服。于是,仲永5岁作诗的美名传扬四方,被誉为"神童"。

仲永的才华传到城里,有很多人感到奇异,就招来仲永,令他作诗。这些人常给仲永父亲些钱财作为奖励,这使仲永父亲非常高兴。后来,仲永父亲每天牵着仲永轮流拜访城里的人,借此机会表现他的作诗才能,以博取人家的奖励。有人建议说:"让仲永去读书吧。"仲永父亲说:"既然是神童,有天赐的才华,又何必去读书浪费钱呢?"这样,仲永终没能读一天书。

仲永到了十二、三岁时,著名诗人王安石又去看望仲永,并叫他当场作一首诗,却发现文采与辞藻都已经大不如前。又过7年后,仲永已经变得和普通人一样了。

方仲永这个"神童"虽然厉害,但因为不学无术而变得智力连平常人都不如,因为知识是学不完的,而他没跟上知识的步伐而至自己落伍,变成一个不为人知的人。再有天赋的人,不努力、不学习,都是不可能有所作为的。有句话是这样说的:"天才等于1%的天赋加上99%的汗水。"不管是有天赋的人,还是普通人,都要努力学习更新知识,才会有成就。如果仅靠自己的小聪明作为资本去炫耀,从此停滞不前,那么,他也将浪费掉宝贵的光阴,最终一事无成。

【原典】

释己而教人者逆,正己而化人者顺。

注曰:教者以言,化者以道。老子曰:"法令滋彰,盗贼多有。"教之逆者也。"我无为,而民自化;我无欲,而民自朴。"化之顺者也。

王氏曰:"心量不宽,见责人之小过;身不能修,不知己之非为。自己不能修政,教人行政,人心不伏。诚心养道,正己修德,然后可以教人为善,自然理顺事明,必能成名立事。"

【译文】

把自己放在一边,单纯去教育别人,别人就不接受他的大道理;如果严格要求自己,进而去感化别人,别人就会顺服。

张商英注：教育别人是用言语，感化别人是用道理。老子说："法律命令越来越多，盗贼也就越来越多。"这是对教育的抗议。"我不作为，而人民自然顺化；我不贪婪，而人民自然淳朴。"这是对感化的顺从。

王氏批注：心胸度量不够宽厚，指责别人小的过错；不能修养自身，不知道自己不道德的行为。自己不能正直做事，却教育别人行为端正，人心就不会服从。内心至诚，顺从道义，端正自己修养德行，然后可以教育别人要做善事，自然顺应道理，事情显明，必定能建立功名，成就大事。

【评析】

自己做不到，却让人家去做，只要求别人而从不要求自己的人，没有人会听他的，这就违背了常理；如果自己以身作则，凡是要求别人的，自己都能首先做到，做事公正无私，这样的人天下都会敬从，这样就事事顺遂。如果领导不能"正己而化人"、"身先士卒"，光靠颁布众多法令来统治，那么违法作乱的人是杀不完的，最终必将走向灭亡。

隋朝末年杨玄感起兵造反，几乎每战必胜，为什么呢？《资治通鉴》说出了其中的道理："玄感每战，身先士卒，所向摧陷。"凡是能让将士效死命者，都是这种"身先士卒"的人。同样，企业领导如果能做到"身先士卒"，那么他的事业没有不成功的。

【史例解读】

赵鞅身先士卒

赵鞅，世称赵简子，又名志父、赵孟，春秋末期晋国六卿之一，战国七雄之一赵国的奠基人。

赵鞅亲自统帅三军讨伐卫国，但是到了发动进攻的时候，他自己却躲在了屏障和盾牌后面。赵鞅击鼓进军，但是士兵们发现自己的主帅不见了，便站在原地一动不动。

赵鞅扔下鼓槌，感叹道："哎！士兵变坏竟然快到了这种地步。"

行令官烛过听到了赵鞅的叹息后，摘下头盔，横拿着戈，走到他面前说："这只不过是您有些地方没有做到罢了，士兵们并没有什么不好的！"

赵鞅一听这话，勃然大怒，拔出剑架在烛过的脖子上，说："我不委派他人而亲自统帅大军，而你却当面说我有些地方没有做到。你说，我哪些地方没有做到？要是有道理便好，没理就治你死罪！"

烛过面无惧色地回答道："贤君献公，即位5年就兼并了19个国家，用的就是这样的士卒。惠公在位两年，纵情声色，残暴傲慢，为秦国袭击我国，晋军溃逃到离国都只有70里的地方，用的也是这样的士卒。文公即位3年，以勇武砥砺士卒，所以3年以后，士卒都变得非常坚毅果敢。结果文公在城濮之战中大败楚军，围困卫国，夺取曹国，安定周天子，名扬天下，成为天下霸主，用的也是这样的士卒。所以我说您只不过是有些地方没有做到罢了，士兵们有什么不好的呢？"

赵鞅恍然大悟，撤下剑说："哦，多谢您的指教，我明白了自己有哪些地方没有做到。"于是离开了屏障和盾牌，站到了弓箭的射程之内，结果只击鼓一次，士兵们便攻上了城墙，战斗大获全胜。

战斗结束后，赵鞅重赏了烛过。他感叹道："兵车千辆不如烛过一言！"

【原典】

逆者难从，顺者易行；难从则乱，易行则理。

注曰：天地之道，简易而已；圣人之道，简易而已。顺日月，而昼夜之；顺阴阳，而生杀之；顺山川，而高下之；此天地之简易也。顺夷狄而外之，顺中国而内之，顺君子而爵之，顺小人而役之；顺善恶而赏罚之。顺九土之宜，而赋敛之；顺人伦，而序之；此圣人之简易也。夫乌获非不力也，执牛之尾而使之欲行，则终日不能步寻丈尺；以环桑之枝贯其鼻，三尺之绳縻其颈，童子服之，风于大泽，无所不至者，盖其势顺也。

王氏曰："治国安民，理顺则易行；掌法从权，事逆则难就。理事顺便，处事易行；法度相逆，不能成就。"

【译文】

违背自然之理的，必然难以使人顺从，顺应自然之理的，必然易于推行；难以使人顺从的，必然导致天下大乱，易于推行的，必然得到天下大治。

张商英注：天地的运行法则，只是简易罢了；圣人的治世法则，只是简易罢了。顺应日月的变化而分为白昼或黑夜；顺应阴阳的变化而掌握生或杀；顺应山川的地势而使它们高或低，这是天地运行的简易法则。顺应夷狄的特点而将他们置于边远外地，顺应华夏的特点而将他们置于中原内地；顺应君子的特点而让他们为官，顺应小人的特点而役使他们；顺应善人恶人的特点而对他们进行赏赐或惩罚；顺应各种土壤适宜种植的情况而进行赋税征收；顺应人伦关系而确立尊卑长幼秩序，这是圣人治世的简易法则。乌获并不是力气不大，假如拉住牛的尾巴而使它行走，那么牛一天也走不了十尺八尺。等到用桑木做的圆环穿住牛的鼻子，用三尺长的绳子系住它的脖子，让童子驱赶着它，在大泽之中奔跑，就会没有不能到达的地方，这就是顺着势头的缘故。

王氏批注：治理国家安定人民，道理顺服则简单易行。执掌法度控制政权，违背事理就难以推行。处理事物依从适宜，做事情就简单易行；与法律制度相违背，就不能做成功。

【评析】

不听从领导指挥的下属最难管理，更别提成就什么丰功伟绩了，因为这些人很容易发生变乱；而听从领导指挥的下属最容易管理，很容易上下同心，这样事业就容易成功。人们如果没有统一的思想，就如同一盘散沙，很难聚拢在一起，任何事业都做不成，如有风吹草动，则一哄而散。

【史例解读】

武王伐纣

商朝最后一个国王叫纣，他是中国历史上有名的暴君。他兴建宠丽的琼楼瑶台，整日"以酒为池，以肉为林"，和爱妃妲己以及贵族们宴饮做乐。为了满足自己的享受，纣王加重赋税，使社会矛盾越来越尖锐。百姓起来反抗，他就用重刑镇压。

他设置了"炮烙"酷刑，把反对他的人绑在烧得通红的铜柱上活活烙死。叔父比干规劝他，他竟凶狠地挖出了比干的心。纣王的残暴统治激起了人们的强烈反抗，动荡不安的社会像烧开了的水那样沸腾。

这个时候，活动在渭河流域的姬姓周部落逐渐强大起来，首领周武王姬发正在积极策划灭商。他继承父亲文王遗志，重用姜尚等人，使国力增强。当商的军队主力远在东方作战，国内军事力量空虚之时，周武王联合各个部落，率领兵车300辆，虎贲（卫军）3000人，士卒4.5万人，进军到距离商纣王所居的朝歌只有70里的牧野（今河南淇县西南），举行了誓师大会，列数纣王罪状，鼓励军队同纣王决战。

周文王在完成翦商大业前夕逝世，其子姬发继位，是为周武王。他即位后，继承其父遗志，遵循既定的战略方针，并加紧予以落实：在孟津（今河南孟津东北）与诸侯结盟，向朝歌派遣间谍，准备伺机兴师。

当时，商纣王已感觉到周人对自己构成的严重威胁，决定对周用兵。然而这一拟定中的军事行动，却因东夷族的反叛而化为泡影。为平息东夷的反叛，纣王调动部队倾全力进攻东夷，结果造成西线兵力的极大空虚。与此同时，商朝统治集团内部的矛盾呈现白炽化，商纣饰过拒谏，肆意胡为，残杀王族重臣比干，囚禁箕子，逼走微子。武王、姜尚（姜子牙）等人遂把握这一有利战机，决定乘虚蹈隙，大举伐纣，经过牧野之战，一战而胜，结束了商王朝的统治，开始了百姓安居乐业、统治稳定的周王朝。

【原典】

详体而行，理身、理家、理国可也。

注曰：小大不同，其理则一。

王氏曰："详明时务得失，当隐则隐；体察事理逆顺，可行则行；理明得失，必知去就之道。数审成败，能识进退之机；从理为政，身无祸患。体学贤明，保终吉矣。"

【译文】

身体力行地运用自然之理，修身养性、序齿齐家、治理国家，都是能够胜任的。

张商英注：事情大小各不相同，它们的治理原则却是一样的。

王氏批注：明了当前形势成功还是失败，应该隐退就隐退；观察事情推行的时机和阻碍，应该推行就推行。看清楚是好处还是坏处，必然知道仕进和隐退的道理。审理成功或者失败，能参透前行或者退出的机会。顺应事理执掌国政，自身就没有祸患。学习并实践智慧和能力，可以保证一生吉祥。

【评析】

上述这些道理，虽然体现于大大小小各种不同的事物中，但其根本原理是相同的，它会让你洞察时事，领会事物的发展趋势，了解祸福得失的法则，明确进退成败之道。这些道理虽然并不深奥，却是千百年来无数人用血泪换来的至理名言。今天的人们只要用心体会并能身体力行，无论自己修身养性、创办公司，还是为官从政，都能够得心应手，无往而不胜。

【史例解读】

明哲保身

张良素来体弱多病，自从汉高祖入都关中，天下初定，他便托辞多病，闭门不出，屏居修炼道家养生之术，并随着刘邦皇位的逐渐稳固，逐步从"帝者师"退居至"帝者宾"的地位，遵循着可有可无、时进时止的处事原则。在汉初翦灭异姓王的残酷斗争中，张良极少参与谋划。在西汉皇室的明争暗斗中，张良也恪守"疏不间亲"的遗训。

张良对名利淡泊处之，假托神道，可谓用心良苦。对此，宋代史学家司马光曾评论道："生与死就如同白昼与黑夜，自古及今，从来没有超然独立于这必然性之外的。以子房之明辨达理，应足以知晓神仙之说实为虚诞，然而他却有游仙的思想！这其实是因为他太过聪明了，因为他深知当面对功名之际，为人臣者的难处。当初被汉高祖所称赞的，只有三杰而已，然而最终韩信被诛、萧何系狱，这难道不是因为不懂得急流勇退的缘故吗？故子房托于神仙，遗弃人间，视功名为外物，置荣利而不顾。这就是所谓的'明哲保身'啊！"

汉十年，汉王朝高层出现了新的危机。原来，高祖欲废吕后之子刘盈，改立戚夫人之子赵王如意，因遭大臣反对而没有结果。吕后让其兄建成侯吕泽逼迫张良，令其谋划。张良无奈，只得道破玄机，说出了心里话。他说："皇上数度在危困之中采用臣的计谋化险为夷，如今天下安定，以其好恶改易太子，这是他们骨肉之间的事，与我们何关呢？"吕泽再三威逼出策，张良只好授意吕氏迎请"商山四皓"为太子羽翼。

汉十二年的一天，高祖刘邦设宴群臣，太子刘盈跪在身边侍候，忽见四位须眉皓白、衣冠楚楚的老人跪在太子身后，这就是刘邦仰慕已久而屡求不应的四位隐士。宴后，刘邦无可奈何地对戚夫人说："我虽想换太子，但有这四人辅佐，太子羽翼已成，难动了！"

张良的计策不仅成功，也为自己谋得了一个金蝉脱壳的计策。此后，张良索性托病下朝，杜门谢客，假托神道。如此数年，直至汉惠帝六年病逝于长安。

功成身退才能善始善终

公元前496年，吴王阖闾派兵攻打越国，但被越国击败，阖闾也伤重身亡，阖闾让伍子胥选后继之人，伍子胥独爱夫差，便选其为王。此后，勾践闻吴国要建一水军，不顾范蠡等人的反对，出兵要灭此水军，结果被夫差奇兵包围，大败，大将军也战死沙场。夫差要捉拿勾践，范蠡出策：假装投降，留得青山在不愁没柴烧。夫差也不听老臣伍子胥的劝告，留下了勾践等人。勾践等人3年饱受侮辱，终被放回越国。范蠡回国后，与文种等为勾践制定了结好齐、晋、楚，表面卑事吴国，暗中积蓄力量的兴越方略。经"十年生聚"、"十年教训"，越国迅速强盛，吴国则实力削弱。周敬王42年（公元前478年），范蠡、文种建议越王勾践乘隙攻吴。越军以两翼动、中央突破、连续进攻的战法，大败吴军。就这样，越国吞并了吴国。

为了庆祝胜利，越王勾践下令在国都内设置高台，大摆宴席，宴请各位有功之臣。酒宴之中，众人难免得意忘形，到处是行酒猜令，整个高台是一片欢声笑语，好不热闹。只是越王勾践显得有些沉默少语，端着酒杯好久不喝一口，像有什么心事。

灭吴首席功臣范蠡十分敏感地捕捉到了越王的反常心态。他知道，作为一国之君所必有的猜疑之心又完全占有了越王的心胸。他现在考虑的已经不是什么共享欢乐，而是怎样确保自己的江山不更姓易名。想到这里，范蠡不由地感叹道："这说明大王不想把灭吴强国之功归于众人的努力，不想与大家共享欢乐。若不及时引退，恐怕凶多吉少。"

第二天清早，范蠡便到宫中向越王勾践辞行。越王勾践坚决不同意，他用毫无商量余地的口气说道："我将与您平分越国，共同治理。如果您不答应的话，我就杀了您全家。"

范蠡心知越王勾践的真实意图所在，他无所顾忌地坚持要离越王而去。他说："大王自然可以下令施行您的命令，可臣下仍然要按照自己的意愿去做。"

第二天一大早，越王勾践见范蠡没有上朝，便立即命人到范蠡家中去请。谁知已经晚了，范蠡已于昨天晚上携带着家眷和金银细软远走他乡了。

范蠡深知"大名之下难久居"、"久受尊名不祥"，所以明智地选择了功成身退，"自与其私徒属乘舟浮海以行，终不反"。范蠡曾遣人致书文种，谓："飞鸟尽，良弓藏；狡兔死，走狗烹。越王为人长颈鸟喙，可与共患难，不可与共乐，子何不去？"文种未能听从，不久果被勾践赐剑自杀。传说范蠡改名陶朱公，后以经商致富。

中华传统文化核心读本书目

【处世经典】

《论语全集》
享有"半部《论语》治天下"美誉的儒家圣典
传世悠久的中国人修身养性安身立命的智慧箴言

《大学全集》
阐述诚意正心修身的儒家道德名篇
构建齐家治国平天下体系的重要典籍

《中庸全集》
倡导诚敬忠恕之道修养心性的平民哲学
讲求至仁至善经世致用的儒家经典

《孟子全集》
论理雄辩气势充沛的语录体哲学巨著
深刻影响中华民族精神与性格的儒家经典

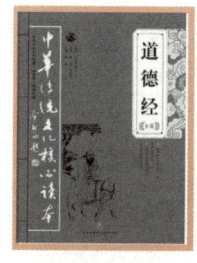

《礼记精粹》
首倡中庸之道与修齐治平的儒家经典
研究中国古代社会情况、典章制度的必读之书

《道德经全集》
中国历史上最伟大的哲学名著,被誉为"万经之王"
影响中国思想文化史数千年的道家经典

中华传统文化核心读本书目

《菜根谭全集》
旷古稀世的中国人修身养性的奇珍宝训
集儒释道三家智慧安顿身心的处世哲学

《曾国藩家书精粹》
风靡华夏近两百年的教子圣典
影响数代国人身心的处世之道

《挺经全集》
曾国藩生前的一部"压案之作"
总结为人为官成功秘诀的处世哲学

《孝经全集》
倡导以"孝"立身治国的伦理名篇
世人奉为准则的中华孝文化经典

【成功谋略】

《孙子兵法全集》
中国现存最早的兵书,享有"兵学圣典"之誉
浓缩大战略、大智慧,是全球公认的成功宝典

《三十六计全集》
历代军事家政治家企业家潜心研读之作
中华智圣的谋略经典,风靡全球的制胜宝鉴

中华传统文化核心读本书目

《鬼谷子全集》
风靡华夏两千多年的谋略学巨著
成大事谋大略者必读的旷世奇书

《韩非子精粹》
法术势相结合的先秦法家集大成之作
蕴涵君主道德修养与政治策略的帝王宝典

《管子精粹》
融合先秦时期诸家思想的恢弘之作
解密政治家齐家治国平天下的大经大法

《贞观政要全集》
彰显大唐盛世政通人和的政论性史书
阐述治国安民知人善任的管理学经典

《尚书全集》
中国现存最早的政治文献汇编类史书
帝王将相视为经时济世的哲学经典

《周易全集》
八八六十四卦，上测天下测地中测人事
睥睨三千余年，被后世尊为"群经之首"

中华传统文化核心读本书目

《素书全集》
阐发修身处世治国统军之法的神秘谋略奇书
以道家为宗集儒法兵思想于一体的智慧圣典

《智囊精粹》
比通鉴有生活，比通鉴有血肉，堪称平民版通鉴
修身可借鉴，齐家可借鉴，古今智慧尽收此囊中

【文史精华】

《左传全集》
中国现存的第一部叙事详细的编年体史书
在"春秋三传"中影响最大，被誉为"文史双巨著"

《史记·本纪精粹》
中国第一部贯通古今、网罗百代的纪传体通史
享有"史家之绝唱，无韵之离骚"赞誉的史学典范

《庄子全集》
道家圣典，兼具思想性与启发性的哲学宝库
汪洋恣肆的传世奇书，中国寓言文学的鼻祖

《容斋随笔精粹》
宋代最具学术价值的三大笔记体著作之一
历史学家公认的研究宋代历史必读之书

中华传统文化核心读本书目

《世说新语精粹》
记言则玄远冷隽，记行则高简瑰奇
名士的教科书，志人小说的代表作

《古文观止精粹》
囊括古文精华，代表我国古代散文的最高水准
与《唐诗三百首》并称中国传统文学通俗读物之双璧

《诗经全集》
中国第一部具有浓郁现实主义风格的诗歌总集
被称为"纯文学之祖"，开启中国数千年来文学之先河

《山海经全集》
内容怪诞包罗万象，位列上古三大奇书之首
山怪水怪物怪，实为先秦神话地理开山之作

《黄帝内经精粹》
中国现存最早、地位最高的中医理论巨著
讲求天人合一、辨证论治的"医之始祖"

《百喻经全集》
古印度原生民间故事之中国本土化版本
大乘法中少数平民化大众化的佛教经典